高效毁伤系统丛书·智能弹药理论与应用

智能弹药动力装置设计

Engine Design for Intelligent Ammunition

陈雄 许进升 蔡文祥 马虎 薛海峰 编著

内容简介

本书详细阐述了在智能弹药中常用的固体火箭发动机、固体火箭冲压发动机、微小型涡轮喷气发动机以及脉冲爆震发动机等动力装置的工作原理、设计方法、以及国内外有关智能弹药动力装置设计的研究成果。

版权专有　侵权必究

图书在版编目(CIP)数据

智能弹药动力装置设计 / 陈雄等编著. -- 北京：北京理工大学出版社，2021.6
(高效毁伤系统丛书. 智能弹药理论与应用)
ISBN 978-7-5682-9953-4

Ⅰ. ①智… Ⅱ. ①陈… Ⅲ. ①智能技术-应用-弹药-动力装置-系统设计 Ⅳ. ①TJ410.2

中国版本图书馆 CIP 数据核字(2021)第 129718 号

出版发行 / 北京理工大学出版社有限责任公司
社　　址 / 北京市海淀区中关村南大街 5 号
邮　　编 / 100081
电　　话 / (010) 68914775（总编室）
　　　　　 (010) 82562903（教材售后服务热线）
　　　　　 (010) 68944723（其他图书服务热线）
网　　址 / http：//www.bitpress.com.cn
经　　销 / 全国各地新华书店
印　　刷 / 北京捷迅佳彩印刷有限公司
开　　本 / 710 毫米 × 1000 毫米　1/16
印　　张 / 22.75　　　　　　　　　　　责任编辑 / 刘　派
彩　　插 / 1　　　　　　　　　　　　　文案编辑 / 国　珊
字　　数 / 452 千字　　　　　　　　　　　　　　 / 刘　派
版　　次 / 2021 年 6 月第 1 版　2021 年 6 月第 1 次印刷　责任校对 / 周瑞红
定　　价 / 108.00 元　　　　　　　　　　责任印制 / 李志强

图书出现印装质量问题，请拨打售后服务热线，本社负责调换

《高效毁伤系统丛书·智能弹药理论与应用》
编写委员会

名誉主编： 杨绍卿　朵英贤

主　　编： 张　合　何　勇　徐豫新　高　敏

编　　委：（按姓氏笔画排序）

丁立波　马　虎　王传婷　王晓鸣　方　中

方　丹　任　杰　许进升　李长生　李文彬

李伟兵　李超旺　李豪杰　何　源　陈　雄

欧　渊　周晓东　郑　宇　赵晓旭　赵鹏铎

查冰婷　姚文进　夏　静　钱建平　郭　磊

焦俊杰　蔡文祥　潘绪超　薛海峰

丛书序

智能弹药被称为"有大脑的武器",其以弹体为运载平台,采用精确制导系统精准毁伤目标,在武器装备进入信息发展时代的过程中发挥着最隐秘、最重要的作用,具有模块结构、远程作战、智能控制、精确打击、高效毁伤等突出特点,是武器装备现代化的直接体现。

智能弹药中的探测与目标方位识别、武器系统信息交联、多功能含能材料等内容作为武器终端毁伤的共性核心技术,起着引领尖端武器研发、推动装备升级换代的关键作用。近年来,我国逐步加快传统弹药向智能化、信息化、精确制导、高能毁伤等低成本智能化弹药领域的转型升级,从事武器装备和弹药战斗部研发的高等院校、科研院所迫切需要一系列兼具科学性、先进性,全面阐述智能弹药领域核心技术和最新前沿动态的学术著作。基于智能弹药技术前沿理论总结和发展、国防科研队伍与高层次高素质人才培养、高质量图书引领出版等方面的需求,《高效毁伤系统丛书·智能弹药理论与应用》应运而生。

北京理工大学出版社联合北京理工大学、南京理工大学和陆军工程大学等单位一线的科研和工程领域专家及其团队,依托爆炸科学与技术国家重点实验室、智能弹药国防重点学科实验室、机电动态控制国家级重点实验室、近程高速目标探测技术国防重点实验室以及高维信息智能感知与系统教育部重点实验室等多家单位,策划出版了本套反映我国智能弹药技术综合发展水平的高端学术著作。本套丛书以智能弹药的探测、毁伤、效能评估为主线,涵盖智能弹药目标近程智能探测技术、智能毁伤战斗部技术和智能弹药试验与效能评估等内容,凝聚了我国在这一前沿国防科技领域取得的原创性、引领性和颠覆性研究成果，这些成果拥有高度自主知识产权，具有国际领先水平，充分践行了国家创新驱动发展战略。

经出版社与我国智能弹药研究领域领军科学家、教授学者们的多次研讨，《高效毁伤系统丛书·智能弹药理论与应用》最终确定为12册，具体分册名称如下：《智能弹药系统工程与相关技术》《灵巧引信设计基础理论与应用》《引信与武器系统信息交联理论与技术》《现代引信系统分析理论与方法》《现代引信地磁探测理论与应用》《新型破甲战斗部技术》《含能破片战斗部理论与应用》《智能弹药动力装置设计》《智能弹药动力装置试验系统设计与测试技术》《常规弹药智能化改造》《破片毁伤效应与防护技术》《毁伤效能精确评估技术》。

《高效毁伤系统丛书·智能弹药理论与应用》的内容依托多个国家重大专项，汇聚我国在弹药工程领域取得的卓越成果，入选"国家出版基金"项目、"'十三五'国家重点出版物出版规划"项目和工业和信息化部"国之重器出版工程"项目。这套丛书承载着众多兵器科学技术工作者孜孜探索的累累硕果，相信本套丛书的出版，必定可以帮助读者更加系统、全面地了解我国智能弹药的发展现状和研究前沿，为推动我国国防和军队现代化、武器装备现代化做出贡献。

《高效毁伤系统丛书·智能弹药理论与应用》
编写委员会

前　言

性能可靠、工作稳定的智能弹药武器系统动力装置对于智能弹药总体最为重要，已成为智能弹药系统研究的热点问题。为了总结经验，扩大交流与合作，本书将国内外有关智能弹药动力装置设计的研究成果编辑成册，为从事智能弹药动力装置研究工作的工程技术人员及相关专业的师生提供参考。本书针对智能弹药系统中常用的固体火箭发动机、固体火箭冲压发动机、微小型涡轮喷气发动机以及脉冲爆震发动机，介绍上述动力装置的工作原理、设计方法及手段。

本书较为全面地介绍了固体火箭发动机的基本概念、关键技术，重点介绍了固体火箭发动机总体性能、部件设计及部件匹配技术，针对新型的固体火箭冲压发动机、微小型涡轮喷气发动机以及冲压旋转爆震发动机的设计方法进行了相应的介绍。全书共分9章。其中，第1~5章由陈雄教授撰写，第6、7章由许进升副教授撰写，第8章及第9章分别由蔡文祥与马虎副教授撰写。薛海峰老师负责全书数据的处理工作。全书由陈雄教授负责统稿并最终定稿。

由于作者水平有限，难免有不妥及疏漏之处，敬请读者批评指正。

本书得到"2020年度国家出版基金项目《高效毁伤系统丛书·智能弹药理论与应用》"项目支持，在此特表感谢。

编著者
2021年6月

目　录

第 1 章　绪论 ········· 001
  1.1　喷气推进装置的分类 ········· 003
    1.1.1　吸气式发动机 ········· 003
    1.1.2　火箭发动机 ········· 004
    1.1.3　组合发动机 ········· 005
  1.2　固体火箭发动机的基本结构与特点 ········· 007
    1.2.1　固体火箭发动机的基本结构 ········· 007
    1.2.2　固体火箭发动机的特点 ········· 011
  1.3　固体火箭发动机的工作过程及主要性能参数简介 ········· 013
    1.3.1　固体火箭发动机的工作过程 ········· 013
    1.3.2　主要性能参数简介 ········· 014
  1.4　固体火箭推进技术的发展与应用 ········· 015
    1.4.1　固体火箭推进技术的发展简史 ········· 015
    1.4.2　我国现代固体火箭推进技术的发展 ········· 017
    1.4.3　固体火箭推进技术的应用与发展现状 ········· 019

第 2 章　固体火箭发动机的性能参数 ········· 029
  2.1　推力、推力系数和特征速度 ········· 030
    2.1.1　推力的基本公式 ········· 030

- 2.1.2 真空推力和最佳推力 ……………………………………… 033
- 2.1.3 推力系数 …………………………………………………… 035
- 2.1.4 特征速度和等效排气速度 ………………………………… 041
- 2.1.5 推力的影响因素 …………………………………………… 042

2.2 总冲和比冲 …………………………………………………………… 044
- 2.2.1 总冲 ………………………………………………………… 044
- 2.2.2 比冲 ………………………………………………………… 045
- 2.2.3 比冲的影响因素 …………………………………………… 047

2.3 火箭的理想飞行速度 ………………………………………………… 049
- 2.3.1 变质量系统的运动方程 …………………………………… 050
- 2.3.2 火箭的理想飞行速度 ……………………………………… 051
- 2.3.3 火箭的最大理想飞行速度 ………………………………… 052
- 2.3.4 火箭飞行性能与多级火箭 ………………………………… 052

2.4 固体火箭发动机的效率与实际性能参数 …………………………… 057
- 2.4.1 固体火箭发动机的效率 …………………………………… 057
- 2.4.2 固体火箭发动机性能参数的修正 ………………………… 061
- 2.4.3 固体火箭发动机的实际性能参数预估 …………………… 070
- 2.4.4 预估固体火箭发动机实际比冲的统计法 ………………… 072
- 2.4.5 固体火箭发动机实际性能参数的测量与计算 …………… 073

第3章 固体火箭发动机装药设计 ……………………………………… 075

3.1 推进剂型号与装药药型的选择 ……………………………………… 076
- 3.1.1 推进剂选择 ………………………………………………… 076
- 3.1.2 装药药型的选择 …………………………………………… 080

3.2 单孔管状药的装药设计 ……………………………………………… 081
- 3.2.1 装药尺寸与设计参量的关系 ……………………………… 082
- 3.2.2 不同约束条件下的装药设计方法 ………………………… 087

3.3 星孔药的装药设计 …………………………………………………… 094
- 3.3.1 装药尺寸与设计参量的关系 ……………………………… 094
- 3.3.2 星孔装药设计方法 ………………………………………… 105

3.4 轮孔药的装药设计 …………………………………………………… 108
- 3.4.1 装药尺寸与设计参量的关系 ……………………………… 108
- 3.4.2 轮孔装药设计方法 ………………………………………… 115

3.5 复合药型装药设计 …………………………………………………… 118
- 3.5.1 变截面星孔装药设计 ……………………………………… 118

  3.5.2 双燃速推进剂装药设计 ……………………………………… 122
  3.5.3 双推力装药设计 ………………………………………………… 126
 3.6 装药的包覆 …………………………………………………………… 128
  3.6.1 包覆层的主要功能 ……………………………………………… 128
  3.6.2 包覆材料的选择 ………………………………………………… 129
  3.6.3 包覆的工艺方法 ………………………………………………… 131
 3.7 装药结构完整性设计 ………………………………………………… 133
  3.7.1 固体推进剂黏弹性力学特征 …………………………………… 133
  3.7.2 描述固体推进剂力学性能的几种本构模型 …………………… 134
  3.7.3 推进剂力学性能的温度效应 …………………………………… 139
  3.7.4 固体推进剂载荷分析 …………………………………………… 141
  3.7.5 推进剂药柱的破坏分析 ………………………………………… 143

第 4 章 固体火箭发动机结构设计 …………………………………………… 147

 4.1 概述 ……………………………………………………………………… 148
 4.2 燃烧室壳体结构 ……………………………………………………… 148
  4.2.1 圆筒段结构 ……………………………………………………… 149
  4.2.2 封头结构 ………………………………………………………… 150
  4.2.3 连接结构 ………………………………………………………… 151
  4.2.4 密封结构 ………………………………………………………… 152
  4.2.5 挡药板设计 ……………………………………………………… 154
 4.3 燃烧室壳体壁厚的确定 ……………………………………………… 155
  4.3.1 筒体壁厚的确定 ………………………………………………… 155
  4.3.2 封头壁厚的确定 ………………………………………………… 156
  4.3.3 带椭球形封头的壳体应力分析 ………………………………… 157
 4.4 燃烧室壳体爆破压强 ………………………………………………… 161
 4.5 壳体安全系数与可靠性概率 ………………………………………… 162
 4.6 燃烧室壳体低应力破坏 ……………………………………………… 163
 4.7 纤维缠绕壳体设计 …………………………………………………… 165
  4.7.1 缠绕壳体壁厚计算的假设 ……………………………………… 165
  4.7.2 纤维缠绕壳体壁厚计算 ………………………………………… 165

第 5 章 固体火箭发动机内弹道参数计算 …………………………………… 169

 5.1 零维内弹道微分方程 ………………………………………………… 171
  5.1.1 装药燃烧阶段内弹道方程 ……………………………………… 171

5.1.2　拖尾段内弹道方程 …………………………………………… 173
　5.2　平衡压强 ………………………………………………………………… 174
　　　5.2.1　平衡压强的计算公式 ………………………………………… 174
　　　5.2.2　平衡压强的影响因素 ………………………………………… 177
　5.3　燃烧室压强的稳定性分析 ……………………………………………… 179
　　　5.3.1　燃烧室压强稳定的一般条件 ………………………………… 180
　　　5.3.2　装填参量不变时燃烧室压强的稳定条件 …………………… 181
　　　5.3.3　装填参量变化时燃烧室压强的稳定条件 …………………… 184
　5.4　固体推进剂装药的几何参数计算 ……………………………………… 185
　　　5.4.1　圆孔装药几何参数 …………………………………………… 186
　　　5.4.2　星孔装药几何参数 …………………………………………… 188
　　　5.4.3　平衡压强随时间变化的计算 ………………………………… 194
　5.5　零维内弹道计算与分析 ………………………………………………… 195
　　　5.5.1　压强 - 时间曲线微分方程分析 ……………………………… 195
　　　5.5.2　四阶龙格 - 库塔法介绍 ……………………………………… 196
　　　5.5.3　计算步骤 ……………………………………………………… 196
　　　5.5.4　后效段计算 …………………………………………………… 197
　　　5.5.5　固体火箭发动机压强 - 时间曲线的特征 …………………… 200
　　　5.5.6　燃烧室头部压强计算 ………………………………………… 201
　5.6　特殊装药发动机的内弹道 ……………………………………………… 202
　　　5.6.1　双室双推力发动机和两次点火发动机 ……………………… 203
　　　5.6.2　单室双推力发动机 …………………………………………… 203
　　　5.6.3　不同推进剂串联组合装药发动机的内弹道 ………………… 205
　5.7　一维内弹道 ……………………………………………………………… 207
　　　5.7.1　一维内弹道方程组 …………………………………………… 207
　　　5.7.2　一阶常系数微分方程组的龙格 - 库塔解法 ………………… 208
　　　5.7.3　一维内弹道方程组的求解 …………………………………… 209
　5.8　内弹道性能的预示精度 ………………………………………………… 210
　　　5.8.1　内弹道参数的随机偏差预估 ………………………………… 211
　　　5.8.2　提高内弹道预示精度的途径 ………………………………… 216

第6章　特殊固体火箭发动机 ……………………………………………………… 221
　6.1　概述 ……………………………………………………………………… 222
　6.2　单室双推力固体发动机与单室多推力固体发动机 ………………… 223
　　　6.2.1　实现单室双推力的可能途径 ………………………………… 223

  6.2.2 单室双推力固体发动机设计 …………………………………… 228
  6.2.3 单室多推力固体发动机 ………………………………………… 233
 6.3 无喷管固体发动机 ……………………………………………………… 235
  6.3.1 无喷管固体发动机的意义 ……………………………………… 235
  6.3.2 无喷管固体发动机设计 ………………………………………… 236
 6.4 多次点火脉冲固体发动机 ……………………………………………… 243
  6.4.1 脉冲固体发动机的特点 ………………………………………… 244
  6.4.2 应用脉冲固体发动机的意义 …………………………………… 244
  6.4.3 脉冲固体发动机设计 …………………………………………… 247
  6.4.4 脉冲固体发动机的关键技术 …………………………………… 249

第7章 固体冲压发动机设计基础 …………………………………………… 251

 7.1 火箭冲压发动机 ………………………………………………………… 253
  7.1.1 基本组成及作用 ………………………………………………… 253
  7.1.2 火箭冲压发动机分类 …………………………………………… 254
 7.2 火箭冲压发动机的主要性能参数 ……………………………………… 255
  7.2.1 有效推力 F_{ef} ……………………………………………………… 256
  7.2.2 推力系数 ………………………………………………………… 258
 7.3 整体式火箭冲压发动机 ………………………………………………… 259
  7.3.1 整体式冲压发动机 ……………………………………………… 259
  7.3.2 整体式固体火箭冲压发动机 …………………………………… 260
  7.3.3 整体式固体火箭冲压发动机典型结构方案举例 ……………… 262
 7.4 贫氧固体推进剂 ………………………………………………………… 265
  7.4.1 贫氧固体推进剂的特点 ………………………………………… 266
  7.4.2 贫氧固体推进剂组分的选择 …………………………………… 266
 7.5 火箭冲压发动机的发展与展望 ………………………………………… 268
 7.6 混合火箭发动机 ………………………………………………………… 269

第8章 涡喷发动机设计基础 …………………………………………………… 271

 8.1 研究背景及意义 ………………………………………………………… 273
  8.1.1 微型涡喷发动机 ………………………………………………… 274
  8.1.2 燃烧室设计技术 ………………………………………………… 277
  8.1.3 微型涡喷发动机实验技术 ……………………………………… 280
 8.2 燃烧室初步设计 ………………………………………………………… 282
  8.2.1 初步设计理论与方法 …………………………………………… 282

  8.2.2 气动热力参数计算 ·· 290
  8.2.3 内外环腔沿程气动热力参数 ······························ 293
  8.2.4 火焰筒内沿程气动热力参数 ······························ 297
  8.2.5 火焰筒壁温计算 ·· 299

第9章 冲压旋转爆震发动机 ·· 303

 9.1 爆震波基本概念 ··· 304
  9.1.1 爆燃波与爆震波的区别 ···································· 304
  9.1.2 爆震波基本理论 ·· 305
 9.2 爆震发动机分类 ··· 307
  9.2.1 爆震燃烧热循环效率 ······································· 307
  9.2.2 爆震发动机种类 ·· 308
 9.3 冲压旋转爆震发动机工作原理 ································ 310
  9.3.1 工作原理 ·· 310
  9.3.2 技术优势 ·· 311
 9.4 冲压旋转爆震发动机进气道及隔离段设计 ··············· 312
  9.4.1 超声速进气道分类 ·· 312
  9.4.2 超声速扩压段设计 ·· 314
  9.4.3 亚声速扩压段和隔离段设计 ····························· 315
  9.4.4 外罩型面设计 ··· 317
 9.5 冲压旋转爆震发动机燃烧室设计 ···························· 318
  9.5.1 旋转爆震燃烧室设计准则 ································ 318
  9.5.2 旋转爆震燃烧实验方法 ···································· 320
 9.6 冲压旋转爆震发动机尾喷管设计 ···························· 325
  9.6.1 塞式喷管的类型 ·· 325
  9.6.2 塞式喷管的工作原理 ······································· 326
  9.6.3 塞式喷管的设计 ·· 328

参考文献 ·· 331

索引 ·· 335

第 1 章

绪　论

喷气式发动机（jet propulsion）是火箭、导弹等航空航天飞行器的典型动力装置。喷气推进装置将喷射某种物质（工作物质，简称工质）所引起的反作用力作为推动飞行器运动的推力，反作用力正比于工质的喷出速度和喷射工质的质量流率。

喷气推进系统产生的推力是一种直接反作用力，不同于需要借助外界物体才能产生的间接反作用力（例如在水中划船时，推动船运动的力需要借助船外的水）。为了产生持续一定时间的反作用力，喷气推进系统喷射的工质和转变为工质射流动能的能量（能源）必须具有一定的储量。

1.1 喷气推进装置的分类

根据推进原理的不同,可以将喷气推进装置分为吸气式发动机(air-breathing engine)、火箭发动机(rocket engine)和组合发动机(combination of rocket and air-breathing engines)三种类型,如图1-1所示。

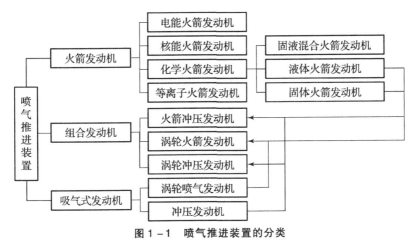

图1-1 喷气推进装置的分类

1.1.1 吸气式发动机

吸气式发动机将自身携带的燃料与吸入的空气中的氧燃烧,产生的高温高压燃烧产物经过喷管加速后成为高速气流后通过喷射获得反作用推力。因为吸气式发动机需要利用空气中的氧气,所以只能在大气层中工作,且其工作性能除了与发动机相关外,还与飞行器的速度、高度等飞行条件密切相关。吸气式发动机又称为通管推进装置(duct propulsion device),包括涡轮喷气发动机(turbojet)和冲压发动机(ramjet)等,如图1-2所示。

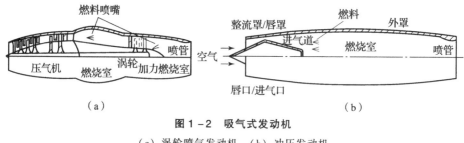

图1-2 吸气式发动机
(a) 涡轮喷气发动机;(b) 冲压发动机

1.1.2 火箭发动机

火箭发动机自身携带包含燃料与氧化剂在内的全部能源和工质(组成推进剂),不需要依靠空气中的氧。因此,火箭发动机既能在大气层内工作,也能在大气层以外的宇宙空间中工作,其工作性能与飞行器的飞行条件关系不大。目前,火箭发动机仍然是人类在大气层以外飞行或者宇宙航行唯一可用的推进装置。

火箭推进装置的能源可以来自化学能、电能、核能和太阳能等,目前最成熟、应用最广泛的是采用化学能的化学火箭推进装置。

化学火箭推进装置的能源是化学推进剂,推进剂燃烧后转变为高温(2 000~4 000 K)气体后通过喷管膨胀,将气体流速加速到1 800~4 300 m/s。高速向后喷出,产生推动飞行器运动的反作用推力。因此,化学火箭发动机的推进剂既是能源载体,其燃烧产物又作为推进工质,两者是同一物质产生的,而核能、太阳能和电能火箭发动机的能源和工质往往是不同的物质。例如,核能火箭发动机的能源是核反应堆(裂变、聚变或放射性同位素衰变),工质通常是液氢,经反应堆加热后,在喷管中膨胀加速,最后喷射出去产生推力。太阳能火箭发动机利用聚焦太阳能加热工质,电弧加热火箭利用电弧加热工质。电能火箭发动机的电能也可以由化学能、太阳能或核能转变而来。

所有的化学火箭发动机都是热力发动机,热量传给工质通常是在定压或接近定压的条件下完成的。根据推进剂的物理状态不同,可以将化学火箭推进装置分为固体火箭发动机(solid propellant rocket engine)、液体火箭发动机

(liquid propellant rocket engine)和固液混合火箭发动机（hybrid propellant rocket engine）。

1. 固体火箭发动机

固体火箭发动机使用固体推进剂，燃烧剂和氧化剂预先均匀混合，制成一定形状和尺寸的固体药柱（装药），直接安放或浇注在燃烧室中。固体火箭发动机的基本组成包括点火装置、装药、燃烧室和喷管等，如图 1-3（a）所示。

2. 液体火箭发动机

液体火箭发动机使用的液体推进剂由液体燃烧剂和液体氧化剂组成。液体推进剂可以是单组元（reactant）推进剂（如肼），也可以是分别贮存在各自的贮箱中的双组元推进剂（如液氢和液氧）。液体火箭发动机工作时，液体燃料和液体氧化剂通过输送系统输入燃烧室，经喷注系统喷注雾化与混合后在燃烧室中点燃并燃烧。因此，液体火箭发动机的主要组成部分是液体燃烧剂和液体氧化剂及它们各自的贮箱、输送系统（包括调节系统）、喷注系统、燃烧室和喷管等，如图 1-3（b）所示。

3. 固液混合火箭发动机

固液混合火箭发动机采用固体燃烧剂和液体氧化剂，主要组成包括液体氧化剂及其贮箱、输送系统（包括燃气发生器、调节系统）、喷注系统、固体燃料药柱、燃烧室和喷管等，如图 1-3（c）所示。

目前，固体火箭和液体火箭推进技术得到了广泛的应用。固体火箭发动机是最简单的化学火箭发动机，其固有的优点使之应用更广泛。

1.1.3 组合发动机

顾名思义，组合发动机是由不同类型推进装置组合而成的。组合发动机综合了不同类型发动机的优点，克服其不足，以达到改善推进系统综合性能、拓宽工作范围的目的，满足飞行器的发展要求。组合发动机于20世纪60年代开始发展，目前已成功应用。用于组合的推进装置有涡轮喷气发动机、冲压发动机和火箭发动机等，分别组合成涡轮火箭发动机（火箭发动机作为涡轮喷气发动机的燃气发生器，单位迎风面积比推力大）、涡轮冲压发动机（由涡轮喷气发动机与冲压发动机组合而成，前者的加力燃烧室同时也是后者的燃烧室。涡轮冲压发动机兼有涡轮喷气发动机在小马赫数时的高效率和冲压发动机在马

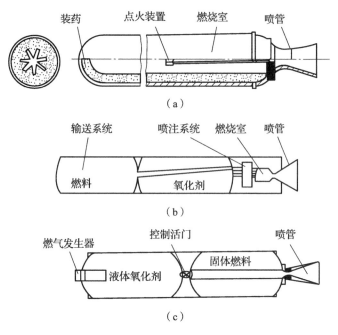

图 1-3 化学火箭推进装置
(a) 固体火箭发动机；(b) 液体火箭发动机；(c) 固液混合火箭发动机

赫数大于2时的优越性能）和火箭冲压发动机（以火箭发动机为冲压发动机的高压燃气发生器，可以在较大的空气燃料比范围内工作，适合超声速飞行）等。

表 1-1 为典型化学火箭发动机与吸气式发动机的性能比较。从表中可见，在飞行高度较低时，吸气式发动机由于具有高比冲，可以使飞行器达到更大的射程，因而比火箭发动机有优势；而火箭发动机所具有的高推重比、高迎风面积比推力、推力与飞行高度无关等独特优点，可以使飞行器具有更大的加速能力（机动）并能够在稀薄空气区域和宇宙空间飞行。

表 1-1 典型化学火箭发动机与吸气式发动机的性能比较

性能	火箭发动机	涡轮喷气发动机	冲压发动机
典型推重比	75∶1	5∶1 （带加力燃烧室）	7∶1 （高度10 km，马赫数3）
推进剂或燃料比耗量 /(kg·h^{-1}·N^{-1})	0.8~1.4	0.05~0.15	0.2~0.4

续表

性能		火箭发动机	涡轮喷气发动机	冲压发动机
单位迎风面积比推力 /(N·m^{-2})		239 500 ~ 1 197 500	119 750 (海平面,低马赫数)	129 330 (海平面,马赫数2)
推力	随飞行高度增加	稍有增大	减小	减小
	随飞行速度增加	接近常数	增大	增大
	随空气温度升高	常数	减小	减小
飞行速度与排气速度的关系		无关,飞行速度可大于排气速度	飞行速度总小于排气速度	飞行速度总小于排气速度
高度极限/km		无,适合空间飞行	14 ~ 17	20(马赫数3) 30(马赫数5) 45(马赫数12)
典型比冲 /(N·s·kg^{-1})		2 640	15 600	13 720

本书主要研究固体火箭推进装置的工作过程及其基本原理,为固体火箭发动机及火箭系统设计奠定必要的理论基础。重点介绍在智能弹药领域成功应用的其他动力装置,如冲压发动机、微型涡轮喷气发动机、脉冲爆震发动机等。

1.2 固体火箭发动机的基本结构与特点

1.2.1 固体火箭发动机的基本结构

固体火箭发动机主要由固体推进剂装药、燃烧室、喷管和点火装置等组成,如图1-3(a)所示。

1. 固体推进剂装药

常用的固体推进剂有三类,即双基(DB)推进剂、复合推进剂和复合改性双基推进剂。固体推进剂中包含燃烧剂和氧化剂,自身能够形成封闭的化学反应系统,是固体火箭发动机的能源和工质源。固体推进剂以药柱(装药)

的形式直接放置在发动机的燃烧室中,药柱可以是单根,也可以是多根;可以在燃烧室中自由装填,也可以贴壁浇注与燃烧室黏结在一起。对于自由装填情况,通常需要一些支撑装置(如挡药板、固药板等)使药柱固定。与液体火箭发动机相比,固体火箭发动机的推力控制和调节非常困难,在设计中通常不考虑工作过程参数的调节问题,发动机的推力方案(推力变化规律)需要通过设计特定形状的装药来实现。因此,装药的几何形状和尺寸必须保证其燃烧面变化规律符合预期的推力变化要求。为了达到控制燃烧面积变化规律的目的,需要用被称为包覆层的阻燃材料对装药的某些部位进行包覆,图1-4为固体火箭发动机常见装药药型。

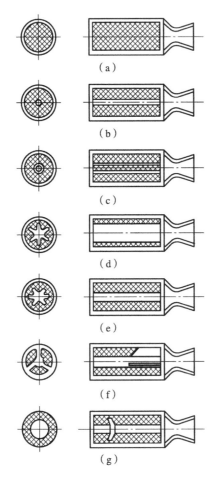

图 1-4　固体火箭发动机常见装药药型

(a) 端面燃烧装药;(b) 沿内表面燃烧的圆管型装药;(c) 套管式装药;
(d) 星型装药;(e) 车轮型装药;(f) 管状开槽型装药;(g) 锥柱型装药

2. 燃烧室

燃烧室是固体火箭发动机的主体，用来装填推进剂装药和连接其他部件，也是装药燃烧的空间。因此，燃烧室不仅要有一定的容积，还需要具有对高温、高压气体的承载能力。燃烧室的形状与装药结构有密切关系，通常都是长圆筒形的，也有制成其他形状的，如球形（图1-5）或椭球形。燃烧室是整个飞行器受力结构的一部分，大多采用高强度的金属材料制造，如各种合金钢、铝合金或钛合金等，也有采用玻璃纤维缠绕加树脂成型的玻璃钢结构的，以大幅减轻燃烧室壳体质量。

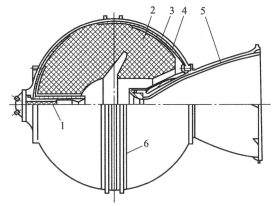

图1-5 典型的球形燃烧室固体火箭发动机

1—点火器；2—装药；3—壳体；4—绝热层；
5—喷管；6—固定发动机的组件

固体火箭发动机通常不使用液体冷却剂，为了防止壳体材料因过热而破坏，必须采取热防护措施。通常是在壳体内表面粘贴绝热层或采用喷涂法将厚浆涂料喷涂在壳体内表面使其成型为绝热层。为了改善绝热层（或壳体）与推进剂的黏结性能，一般在推进剂与绝热层或壳体之间加装衬层作为过渡层。

3. 喷管

喷管是燃烧室高温高压燃气的出口，是火箭发动机能量转换的一个重要部件，直接影响发动机的性能。为了使燃气的流动能够从亚声速加速到超声速，固体火箭发动机通常采用截面形状先收敛后扩张的拉瓦尔喷管，由收敛段、喉部和扩张段三部分组成。对于中小型火箭，多采用最简单的锥型喷管；而工作时间长、推力大、质量流率大以及采用高能推进剂的大型火箭，一般使用特型喷管（如双圆弧型、抛物线型等），其型面需要仔细设计，以减少能量损失。

喷管的基本功能有两个：①通过喷管的喷喉面积大小来控制燃气的质量流率，以达到控制燃烧室内燃气压强的目的；②通过这种先收敛后扩张的特殊几何形状使亚声速流动的燃气在喷管中膨胀加速到超声速气流，高速喷出后产生反作用推力。此外，为了控制飞行器的飞行方向和姿态，还可以利用喷管实现推力矢量控制。固体火箭发动机上的推力矢量控制一般有三种形式：在喷管扩张段向燃气流喷入气体或液体，通过改变喷管内表面的压强分布产生侧向控制力；在喷管出口截面上安装燃气舵或可旋转的斜切喷口（图1-6）；将整个喷管或其一部分做成可摆动或可转动的（图1-7）。

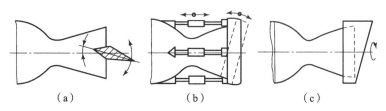

图1-6 产生控制力和控制力矩的装置示意图
（a）燃气舵；（b）环形舵；（c）斜切旋转喷口

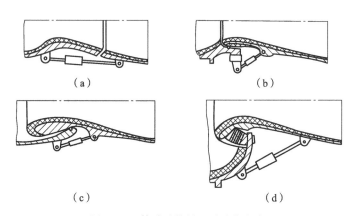

图1-7 转动喷管的几种结构方案

为了减轻结构质量，还可以取消喷管组件，成为无喷管固体火箭发动机，这时，装药药柱通道的燃烧表面起着喷管型面的作用，如图1-8所示。

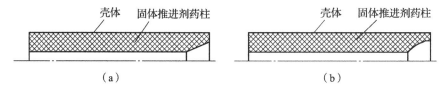

图1-8 无喷管固体火箭发动机

在火箭发动机的整个工作过程中，喷管始终承受着高温、高压、高速燃气流的冲刷，特别是喉部的工作环境十分恶劣，常出现烧蚀或沉积现象。烧蚀和沉积会使喷管的局部尺寸改变，从而影响发动机的性能。因此，需要在喷管喉部采用耐高温、耐冲刷的材料（如石墨、钨渗铜、无纺布针刺碳化等）做喉衬，并在其他内表面采取相应的热防护措施。

4. 点火装置

固体火箭发动机的启动由点火装置来完成，通常安装在燃烧室的头部或者喷管座上。点火装置的作用是提供足够的热量并建立一定的点火压强，使装药的全部燃烧表面瞬时点燃，尽早进入稳定燃烧。点火装置一般由电发火管和点火剂（烟火剂或黑火药）组成，封装在塑料盒或有孔的金属盒中。通电后，电发火管点燃点火剂，产生高温气体和一定数量的灼热凝聚相微粒，使装药的局部燃烧表面首先点燃，然后通过火焰传播点燃装药全部燃烧表面。对于尺寸较大的装药，可采用小型的点火发动机作为点火装置，其灼热燃烧产物高速喷出，可迅速到达装药的整个表面，以确保燃烧表面全部瞬时点燃。

点火装置是火箭发动机中比较容易出现故障的部件，对其可靠性必须给予足够的重视。一个性能良好的点火装置，必须能够确保推进剂装药的全部燃烧表面在发动机的工作温度范围内都能可靠地点燃，并在较短的时间内进入预定的稳定燃烧状态，建立起正常的燃烧室压强。这就要求点火装置既要防止由于点火能量不足而引点火失败、过度的点火延迟以及断续燃烧，也要避免由于点火能量过大而形成燃烧室初始压强突升，增大燃烧室壳体的负荷。

1.2.2 固体火箭发动机的特点

1. 优点

固体火箭发动机之所以得到广泛应用，并在各类战术、战略导弹的动力装置中出现固体化的趋势，是由于固体火箭发动机具有以下优点。

1）结构简单，工作可靠性高

结构简单是固体火箭发动机最主要的优点。与其他采用直接反作用原理的喷气推进装置相比，固体火箭发动机的零部件数量最少，无须专门的贮箱、复杂的输送系统、调节系统和喷注系统。除了推力矢量控制装置外，几乎没有活动的零部件。

任何一个系统的整体可靠性等于各个零部件可靠性的乘积。固体火箭发动机由于零部件少且几乎没有活动的零件，因此可以具有很高的可靠性。统计资料表明，在 15 000 次各种型号的固体火箭发动机试验中，其可靠性可高达 98.14%。

2）维护操作简单，快速反应能力强

固体推进剂装药成型后能长期贮存于发动机中，因而采用固体火箭发动机的火箭和导弹总是处于待发状态，只需进行简单操作就可发射。而液体火箭发动机发射前需对气路、液路、电路等系统进行全面检查，有的大型火箭还需在现场加注液体推进剂。在平时维护保养方面，固体火箭发动机也十分方便。

由于操作简便，采用固体火箭发动机的火箭与导弹发射准备时间、进入和撤出发射阵地的时间都很短，运动机动性和火力机动性强，具有很强的快速反应能力。

3）火力急袭性强

以固体火箭发动机为动力的火箭武器可以采用多管发射装置发射，在 1 s 或数秒时间内的一次齐射，可对敌目标形成极大的火力密度。

4）固体推进剂密度高

由于推进剂密度高，因而可以缩小固体火箭的体积，减轻火箭发动机的结构质量，从而提高飞行速度。固体火箭的这一优点在相当程度上抵消了比冲较低的不足。

2. 缺点

固体火箭发动机也存在一些不足之处，在其发展和应用中有待进一步改进。固体火箭发动机的缺点主要是以下几个方面。

1）能量较低

比冲是固体推进剂的主要能量指标，比冲低是固体火箭发动机的最主要缺点。目前无论双基推进剂、复合推进剂或改性双基推进剂，其比冲均在 1 960 ~ 2 700 N·s/kg。估计在短时期内固体火箭推进剂的比冲很难超过 3 000 N·s/kg，而液体火箭发动机的比冲目前已超过 4 500 N·s/kg。

2）工作时间较短

固体火箭发动机的工作时间主要受到两方面的限制：一是受热部件无冷却措施，在高温、高压和高流速工作条件下，虽然可采用耐热材料和各种热防护措施，但工作时间仍受到较大的限制；二是受装药尺寸的限制。固体推进剂的燃烧速度是一定的，工作时间越长需要的装药尺寸越大。由于固体火箭发动机的工作时间不能太长，因此最适宜完成短工作时间、大推力的推进任务。固体火箭发动机的最短工作时间可按毫秒计，长的可达几十秒至几百秒。

3）发动机的推力可调性差

早期的固体推进系统点火后不能根据需要改变推力的大小和方向，也难以像液体火箭发动机那样实现多次停车和多次启动。现在这种状况已有所改善，如采用燃烧室卸压和向内喷水的方法使推力中止、向喷管内喷射液体或采用其他方法控制推力矢量、采用喷入自燃液体等方法使发动机再次点燃启动等。但是，要获得这样的可调性，其结构上的复杂程度要比液体火箭发动机或固液混合火箭发动机大得多。

4）发动机工作压强较高

固体火箭推进剂完全燃烧所需的临界压强较高，有的推进剂所需临界压强高达 6~7 MPa；同时，固体推进剂的高燃烧效率需要在很高的压强下才能发挥出来，一般需要 10 MPa 以上。高工作压强增加了燃烧室的强度负荷，增大了飞行器的消极质量。

1.3 固体火箭发动机的工作过程及主要性能参数简介

1.3.1 固体火箭发动机的工作过程

固体推进剂是发动机的能量来源。推进剂被点燃后在燃烧室中燃烧，经过复杂的物理变化和剧烈的化学反应过程，生成高温（2 000~3 000 K 以上）、高压（几兆帕到几十兆帕）燃烧产物，燃烧产物流入喷管，通过这个特殊形状的管道，燃烧产物膨胀加速，其流速由亚声速转变为超声速并从喷管中高速喷出，从而产生直接反作用力——推力，推动飞行器运动。

从能量转换的观点，固体火箭发动机的工作过程是由几个能量转换过程组成的，如图 1-9 所示。首先，推进剂通过燃烧将其蕴藏的化学能转换为燃烧产物的热能（包括内能和压强势能，用热力学参数焓来表示），这是在燃烧室内完成的固体火箭发动机的第一个能量转换过程；然后，燃烧产物在喷管中膨胀加速，其热能转换为燃烧产物定向运动的动能，这是在喷管中完成的第二个能量转换过程；最后，燃烧产物从喷管中喷出产生的直接反作用力对火箭做功，推动火箭运动，使燃烧产物定向运动的动能转换为飞行器的飞行动能。

图 1-9 固体火箭发动机的能量转换过程

由此可见，固体火箭发动机实质上是一个能量转换装置，推进剂在燃烧室中的燃烧过程以及燃烧产物在喷管中的膨胀过程是发生在发动机内部的能量转换过程。通过研究这两个过程的基本规律，分析主要影响因素，以提高能量转换效率，进而获得高性能的固体火箭发动机。

1.3.2 主要性能参数简介

用于衡量固体火箭发动机性能的参数很多，其中最主要的是推力、总冲量（total impulse）、比冲量（specific impulse）和密度比冲等。本小节简单介绍固体火箭发动机性能的主要参数，详见第 2 章。

1. 推力

火箭发动机产生的推动飞行器前进的力称为推力，用 F 表示，它是直观说明火箭发动机工作能力的常用指标之一。若喷管内的流动可视为一维定常流，则火箭发动机推力的基本计算公式可写成

$$F = \dot{m}V_e + A_e(p_e - p_a) \tag{1-1}$$

式中，A_e 为喷管的出口截面积；$\dot{m}$、V_e 和 p_e 分别为喷管的质量流率、喷管出口截面上的燃气流速和压强；p_a 为大气压强。

由式（1-1）可见，推力由动推力 $\dot{m}V_e$ 和静推力 $A_e(p_e - p_a)$ 两部分组成，动推力是由燃烧产物的高速喷射产生的，是推力的主要部分，而静推力则是由压强差提供的。

2. 总冲量

火箭发动机的总冲量 I 是推力 F 对其整个工作时间 t_k 的积分，简称为总冲，即

$$I = \int_0^{t_k} F \mathrm{d}t \tag{1-2}$$

总冲量表示推力及其作用时间对发动机性能的综合效果，总冲量的大小可以反映火箭发动机的容量及其尺寸的大小，即反映发动机的做功能力。

3. 比冲量

比冲量是单位质量推进剂产生的推力总冲量，简称为比冲，记作 I_{sp}。因

此，由总冲量定义，有

$$I_{sp} = \frac{I}{m_p} = \frac{\int_0^{t_k} F \mathrm{d}t}{m_p} \quad (1-3)$$

式中，m_p 为火箭发动机的推进剂装药质量，I_{sp} 的单位为 N·s/kg（或 m/s）。

在过去的工程单位制中定义比冲为单位重量推进剂产生的总冲，即

$$I_{sp} = \frac{I}{m_p g} \quad (1-4)$$

其单位为 s。

比冲的这两种定义在工程上经常同时使用，单位不同，数值上差 g（重力加速度）倍。

根据比冲的定义不难理解，比冲不仅能衡量推进剂具有的能量，还能衡量发动机工作过程中的能量转换效率，是评定发动机性能的综合指标。

4. 密度比冲

密度比冲也称为体积比冲，定义为比冲 I_{sp} 与推进剂密度 ρ_p 的乘积，以 $I_{sp\rho}$ 表示，即

$$I_{sp\rho} = I_{sp} \rho_p = \frac{I}{V_p} \quad (1-5)$$

式中，$V_p = m_p/\rho_p$ 为推进剂装药的体积。

密度比冲表示单位体积推进剂产生的总冲量。对于总冲量一定的发动机，推进剂密度越大，发动机装填的推进剂越多，从而可以降低对比冲的要求；相反，推进剂密度越小，装药量越少，则对比冲的要求就越高。由于固体推进剂密度比液体推进剂大，因此在一定程度上可以弥补固体推进剂比冲较低的缺陷。

1.4 固体火箭推进技术的发展与应用

1.4.1 固体火箭推进技术的发展简史

火箭有着悠久的发展历史，发源于中国。唐朝初期，炼丹家孙思邈在其所

著的《丹经内伏硫黄法》中就记载了早期黑火药的配方,不久火药就开始用于军事。969 年(宋太祖开宝二年),兵部令史冯继升等①用火药制成了火箭。1000—1002 年,神卫水军队长唐福、冀州团练使石普都相继制造和进献过火箭。1161 年(宋高宗绍兴三十一年),南宋虞允文曾用"霹雳炮"在长江大败金兵。据记载,这种炮点着后升入空中,然后落下,这显然是典型的原始火箭②。

14—17 世纪的明朝,火箭又得到进一步的发展。1621 年,明代茅元仪所著《武备志》中绘制了近 30 种火箭图案,其中有能赋予火箭一定射向和射角的"火箭溜""一窝蜂""火弩流星箭""百虎齐奔箭"等多种火箭,另外还有"震天雷""神火飞鸦"等用火箭推进的装有炸药的武器和被称为"火龙出水"的火箭(图 1-10)。"火龙出水"的龙身前后分别扎有两支大火箭,作为推动龙身飞行的第一级火箭,在龙腹中还装有几支火箭作为第二级,用以焚烧敌人,两级的点火时间由引火线控制,这可作为现代二级火箭的雏形。在《武备志》中还记载了著名军事家戚继光的火箭军营,每营有火箭车 24 辆,装备火箭 12 920 支,万箭齐发,火力凶猛,是当时世界上最先进的火箭武器。同时在戚继光所著《练兵实记》中还列出一些制造火箭的要点,有些至今仍有一定指导意义。这些文献说明当时我国的火箭技术已达到了很高的水平。

(a)　　　　　　　　　(b)

图 1-10　中国古代的火箭

(a)"神火飞鸦";(b)"火龙出水"

13 世纪左右,元军西征,火箭技术随之传入阿拉伯国家,随后传入欧洲。当时许多欧洲国家都相继制造过火箭武器,并改进了火箭的结构。直到 19 世纪中叶,火箭与火炮一直是同时使用,并在互相竞争中发展。此后火炮采用了硝化棉火药和线膛身管两项新技术,大大提高了射程和射击精度,而火箭技术在此阶段却停滞不前,以至于不久就从战场上销声匿迹了。

---

①　见四库全书《玉海》卷一百五十,兵制,(宋)王应麟撰;或见《宋史》卷一百九十七,志第一百五十,兵十一,器甲之制,(元)脱脱等撰。

②　见《诚斋集》卷十八,《海鳅赋》序,(宋)杨万里著。

火箭技术的重大进展是在 20 世纪取得的。俄国的齐奥尔科夫斯基（K. E. Tsiolkovsky）和美国的戈达德（R. H. Goddard）等人不约而同地将火箭技术的研究从军事目的转向宇宙航行，从固体推进剂转向液体推进剂。齐奥尔科夫斯基 1903 年发表的《利用喷气工具研究宇宙空间》论文阐明了火箭飞行理论、液体火箭发动机原理和火箭最大理想飞行速度公式（即著名的齐奥尔科夫斯基公式），论述了火箭是到达星际空间的唯一运输工具。1926 年齐奥尔科夫斯基提出了多级火箭的思想，为实现星际航行做出了贡献。戈达德是美国火箭技术的先驱者，1915 年开始在火箭中使用无烟火药，并采用了拉瓦尔喷管。1919 年戈达德发表了《到达极高空的方法》论文，论述了制造和使用火箭发动机的主要问题。1926 年戈达德第一次成功地发射了一枚液体火箭。

20 世纪 30 年代，随着双基推进剂制造工艺技术的发展，可制造出大肉厚的药柱，给火箭提供了新型的推进剂装药，从而使火箭武器重新活跃起来。例如，苏联在第二次世界大战中成功地研制并采用双基推进剂的近程野战火箭，即著名的"喀秋莎"，在战争中发挥了巨大的威力。当时的德国则致力于液体火箭 V-2 的研究，并于 1942 年研制成功，成为近代导弹的先驱。

由于双基推进剂的能量和制造工艺受到一定限制，在火箭推进技术的发展中曾一度以发展液体推进技术为主。从 V-2 导弹开始到 20 世纪 50 年代，中、远程导弹和人造卫星的运载火箭，以及后来发展的各种航天飞船、登月飞行器和当前的航天飞机，其主发动机均为液体火箭发动机。在这一时期，液体火箭推进技术得到了飞速发展。

即使在大力发展液体火箭推进技术的时期，固体火箭推进技术的研究仍在进行。1944 年，随着美国喷气推进实验室（JPL）研制成功浇注成型的复合推进剂，现代固体火箭推进技术进入了一个新的发展时期，为在现代技术水平上选择推进剂的氧化剂、黏合剂和燃烧剂开辟了宽阔的道路。固体推进剂能量的大幅提高，以及采用贴壁浇注、内孔燃烧装药和高强度轻质壳体材料，使固体火箭推进技术向大尺寸、长工作时间的方向迅速发展，大大提高了固体火箭推进技术的水平，并扩大了其应用范围。1956 年，美国研制成功"北极星"固体导弹，标志着现代固体推进技术趋于成熟。美国先后发展了"海神""三叉戟""民兵"和"MX"等中、远程固体导弹和作为大型航天运载工具的固体火箭发动机，成为当代固体推进技术力量最雄厚、产业规模最大的国家。

1.4.2 我国现代固体火箭推进技术的发展

我国虽然是火箭的发源地，但直到 20 世纪 50 年代才开始现代火箭推进技术的研究。1958 年开始研制双基和复合推进剂，1965 年完成直径 286 mm 固体火箭发动机的研制，为我国固体火箭技术的发展奠定了基础。1970年4月24日21时35分，我国第一颗人造卫星"东方红一号"由"长征一号"运载火箭从酒泉卫星发射中心发射成功。"长征一号"为三级运载火箭，火箭全长29.45 m，直径2.25 m，起飞质量81 570 kg，起飞推力约1 120 kN，运载能力300 kg，第三级是固体火箭发动机。"东方红一号"的成功发射标志着我国进入了太空时代。1975年11月26日，我国用"长征二号"运载火箭发射了第一颗返回式人造卫星，卫星按预定计划于29日返回地面，回收舱中的制动固体火箭发动机完成了变轨任务。1982年10月12日我国潜艇水下发射火箭试验成功，使我国在固体导弹技术方面取得了突破性的进展。1983年2月4日，大型固体火箭发动机地面试车成功，标志着我国固体火箭技术已进入一个新的发展阶段。几十年来，我国自行研制的固体火箭发动机已形成了直径2.0 m以下尺寸的覆盖，先后成功地应用于通信卫星远地点发动机、气象卫星远地点发动机、返回式卫星制动变轨发动机、"长征二号丙"（CZ-2C）变轨发动机、"长征二号捆"（CZ-2E）近地点发动机，成功率100%。"长征二号F"（CZ-2F）运载火箭上的固体火箭逃逸系统，成功参与了我国"神舟"系列载人飞船的发射，其构型虽与"联盟"号飞船逃逸主发动机类似，但在发动机性能、结构复杂性、可靠性等方面均有提高。我国的固体运载火箭技术取得了重要进展，2003年9月"开拓者一号"（KT-1）发射成功，KT-1起飞质量19 450 kg，直径1.4 m，全长13.6 m，运载能力50 kg，近地轨道高度600 km。"开拓者"系列固体运载火箭是应用于发射100 kg以下的小卫星和微小卫星的新一代运载火箭，是中国大型液体运载火箭——"长征"系列运载火箭的重要补充，可以根据卫星轨道要求选择发射时间和发射地点，机动发射，具有操作简单、发射速度快等特点。

我国在固体火箭发动机单项技术方面也取得了很大进展。固体推进剂经历了从双基推进剂、中能丁羟推进剂到高能推进剂的发展历程。当前广泛应用的是HTPB（端羟基聚丁二烯）和HTPB + HMX（奥克托今）[RDX（黑索今）]系列，性能已达到国际同类水平，标准理论比冲2 590 ~ 2 626 N·s/kg，压强指数≤0.4，拉伸强度0.8 ~ 1.0 MPa（+20 ℃），伸长率分别为50% ~ 60%（+20 ℃）、50% ~ 55%（+70 ℃）和40%（-40 ℃）。低特征信号HTPB推进剂得到开发，总固体含量为89%的少烟HTPB推进剂的理论比冲为2 527.5 N·s/kg，燃烧温度3 000 K，密度1 730 kg/m^3，燃速5 ~ 13 mm/s，压强指数约为0.4。高能推进剂理论比冲达2 658.7 N·s/kg（小发动机实测比冲2 509 N·s/kg），工艺性能和力学性能十分优异。为进一步提高推进剂性能，对高能量密度材料也进行了大量研究，如GAP、AND和CL-20等。20世纪60年代，装药多为星孔药型；70年代以来，随着装药工艺的进步，已广泛采用装填系数高、受力状态优良的翼柱形和伞柱形药型；开发了 25CrMnSiA、30CrMnSiA、32SiMnMoV、45CrNiMoV 和 D406A 钢等用于制造发动机燃烧室壳体和喷管的低合金高强度钢和超高强度钢，以及性能优良的铝合金和钛合金。以 45CrNiMoV 为例，其组成和 D6AC 钢相当，淬透性好、比强度高、韧性好，具有可高能成型、冷冲、冷旋成型和焊接等良好工艺性能。在高性能发动机壳体中已普遍采用高强度玻璃纤维/环氧复合材料，性能和国外同类材料相近。先进复合材料也已投入应用，如有机纤维和碳纤维/环氧复合材料，具备 2 m 直径全复合裙碳纤维壳体的研制能力；壳体内绝热层材料多采用丁腈和三元乙丙橡胶（EPDM）；喷管喉衬材料早期多采用高强度高密度石墨（KS-8 和 T704）、钨渗铜以及石墨渗硅，近年来碳/碳复合材料喉衬的研制和应用已取得很大进展，多维编织碳/碳喉衬达到同类材料的国际先进水平；喷管扩张段目前多使用布带缠绕碳/酚醛和高硅氧/酚醛，已开发了各种高性能酚醛树脂，如硼酚醛和钼酚醛等。开展了碳/碳扩张段以及纳米碳粉提高酚醛树脂热解峰值温度、降低热解收缩率、提高热稳定性和层间剪切强度、降低烧蚀率能力的研究；推力矢量控制技术也有很大发展，早在 20 世纪六七十年代，球头式摆动喷管和液体二次喷射技术已得到成功应用，此后又成功研制了各种类型的柔性摆动喷管和性能先进的轴承摆动喷管。

通过数十种固体火箭发动机的成功研制，我国在发动机设计与研究、推进剂与装药工艺技术、发动机材料与工艺以及发动机质量控制、性能测试和试验技术等方面已趋于成熟，发动机地面比冲、高空比冲分别达到了 2 500 N·s/kg 和 2 942 N·s/kg，装药质量与发动机初始质量之比达到了 0.92。

在航天技术飞速发展的同时，固体火箭在提高国家防务能力中也发挥了重要作用。我国已建立了各种射程的地面火箭和导弹体系、防空和海防导弹体系，这些武器体系正在得到不断完善和提高。

1.4.3　固体火箭推进技术的应用与发展现状

目前，固体火箭推进技术在世界各国的武器装备体系中，在航空与宇航技术中，以及在国民经济建设中都已得到日益广泛的应用，有着广阔的应用前景。

1. 在火箭武器中的应用

由于固体火箭发动机具有结构简单、维护简便、操作使用方便、可靠性高、长期贮存性好，并能长期处于战备状态等优点，采用固体火箭发动机的武器具有良好的快速反应能力，因此火箭武器一直是常规弹药中的重要组成部分。火箭弹通常由固体火箭发动机、战斗部、稳定装置、引信和导向装置组成，采用管式发射，按使用范围可分为炮兵火箭弹、反坦克火箭弹、航空火箭弹（含火箭炸弹）、海军火箭深水炸弹，以及军用特种（化学、燃烧、照明、信号、干扰）火箭弹等。此外，固体火箭发动机作为一种动力装置在弹药增程领域也得到了应用，如火箭增程炮弹、底排 – 火箭复合增程炮弹、火箭增程枪榴弹、无后坐力炮火箭增程弹等。在以上这些应用中，固体火箭发动机在推力、工作时间、过载、结构设计等方面有着非常大的差别。

多管火箭武器系统作为现代化炮兵装备序列中的重要压制武器，在覆盖范围及单位火力密度方面有着较大的优势，受到各国的普遍重视。我国也不例外，多管火箭炮火力系统已经构成我军由多种型号组成的近程、中程、远程和超远程的完整火力打击体系，我国具备完全独立自主研制世界先进水平的现代化多管火箭炮系统的能力。

射程是火箭武器的重要战术技术指标之一。20 世纪 50 年代，火箭弹的最大射程约为 10 km，六七十年代大多数火箭弹达到了 20 km 的射程，80 年代研制的火箭弹射程已超过 40 km，90 年代以后美国 MLRS（Multiple Launch Rocket System）的 227 mm 火箭弹射程达到了 70 km，俄罗斯"旋风" 300 mm 火箭弹射程达到 90 km。20 世纪末，远程、超远程火箭炮成为各国陆军多管火箭炮系统的发展重点。俄罗斯的"圆点"火箭弹射程已达到 120 km，我国超远程多管火箭弹射程达到 150 km。

进入 21 世纪之后，随着射程的逐步提高，多管火箭武器的重要发展方向之一是提高精度，主要是在火控和火箭弹自身采取措施。美国在 MLRS 增程火箭弹的发射架、射击指挥系统、风速测量等方面采取了新的技术措施，并在火箭弹上采用简易控制和子弹末制导装置。美国 MLRS "灵巧"战术火箭弹（MSTAR）配用自主式智能子弹和采用激光雷达寻的器的低成本反装甲子弹，最大射程可达 180 km。俄罗斯"旋风"火箭弹配用带有末敏子弹的子母战斗部。我国的远程火箭弹采用了简易制导和弹道修正措施，射程与密集度指标达到了世界先进水平。

2. 在导弹武器中的应用

固体火箭特别适用于各类导弹向小型化、机动和隐蔽的方向发展，因此各类战术、战略导弹推进装置的"固体化"（由液体推进装置改为固体推进装置）是必然的发展趋势，固体火箭发动机已成为导弹中的主要动力装置。目前，除巡航导弹外，世界各国大多采用固体火箭发动机作为导弹的动力装置。一般而言，近程和中程的反坦克导弹，地地、地空、空空、空地、空舰、舰空、舰舰导弹等多采用一级或两级固体火箭发动机;对于有助推和续航两级推力要求的发动机,一般采用双推力固体火箭发动机来实现两级推力;对于大型战略导弹,无论是以陆地为基的洲际导弹,还是以舰艇为基的中、远程导弹都采用多级固体火箭发动机作为动力装置;各级反导武器,特别是近程和超近程反导武器,需要极强的快速反应能力,固体火箭推进技术在这方面有其独特的优势。

目前,美国的战略、战术弹道导弹几乎已全部实现固体化,如表1-2所示。

表1-2 美国部分导弹的基本情况

名称	直径/m	长度/m	推进装置	起飞质量/kg	射程/km
民兵Ⅲ	1.67	18.26	3级固体	35 400	13 000
海神C-3	1.88	10.36	2级固体	29 500	4 600
大力神Ⅱ	3.05	33.52	2级液体	149 700	11 700
小槲树 MIM-72	0.12	2.9	1级固体	86.2	5
霍克改进型	0.36	5.03	1级固体	623.7	40
标准1 RIM-66C	0.34	4.47	1级固体	610	74
标准2 RIM-67B	0.34	8.23	2级固体	1 360	104
红眼睛 FIM-43	0.07	1.22	1级固体	8.17	3.6
爱国者 MIM-104	0.41	5.30	1级固体	1 000	100
幼畜 AGM-65A	0.305	2.49	1级固体	210	48
百舌鸟 AGM-45A	0.203	3.05	1级固体	181	45
SRAMAGM-69A	0.45	4.25	1级固体	1 012	220
猎鹰 AIM-4H	0.168	2.03	1级固体	73	11.3
不死鸟 AIM-54C	0.38	3.96	1级固体	454	150
响尾蛇 AIM-9L	0.127	2.87	1级固体	86	18.5
麻雀 AIM-7A	0.203	3.80	1级固体	148	8
萨布洛克 UUM-44A	0.533	6.42	1级固体	1 814	56.5
长矛 MGM-52C	0.56	6.14	2级液体	1 520	75

续表

名称	直径/m	长度/m	推进装置	起飞质量/kg	射程/km
海尔法 AGM-114A	0.178	1.78	1级固体	43	7
潘兴 II	1.0	10.5	2级固体	7 260	1 800
陶 BGM-71	0.152	1.16	2级固体	18.47	3
战斧 BGM-109A	0.527	6.17	固体助推+涡扇	1 443	2 500

俄罗斯早期的导弹多采用液体推进装置，计划在21世纪全部实现固体化。如新一代"白杨-M"导弹采用三级固体推进装置，导弹全长22.7 m，弹径1 950 mm，射程达10 500 km。2005年12月21日，俄罗斯"圆锤"海基潜射洲际战略弹道导弹（SS-NX-30）试验成功，使俄罗斯的战略核打击力量大大增强。"圆锤"克服了"白杨"导弹在发射初期易被卫星探测的缺陷，可以在大洋的任何位置发射，利用潜艇的隐蔽性能，实现突然的攻击。"圆锤"导弹完全借鉴了"白杨-M"陆基洲际弹道导弹的研制经验，具有突防能力强和圆概率误差小等特点。该导弹与"白杨"外形相似，采用三级固体火箭，发射质量可能略低于"白杨"的47 t，射程为10 000 km，载荷为一枚55万t TNT（三硝基甲苯）当量的核弹头。为了能够突破美国的弹道导弹防御（BMD）系统，俄罗斯在设计弹头时采取了多项措施，如加装防辐射及电磁干扰防护罩、增加诱饵装置、分导式弹头等。

我国是世界上继美、俄之后第三个拥有固体远程战略弹道导弹的国家，各类地地战略和战术导弹、防空导弹、海防导弹形成了完整配套的武器体系。历经50多年的发展，已从液体发展到固体，从陆上发射发展到水下潜艇发射，从固定阵地发射发展到机动隐蔽发射，拥有了有效的核威慑力量和防御反击力量；防空导弹已形成中高空、中低空、低空、超低空系列，拥有了不同发射方式、攻击不同空域的防空装备体系；海防导弹形成了岸舰、舰舰、空舰、潜舰等反舰导弹系列，具备了抗登陆、封锁重要海域和近海作战的能力。

3. 在航天技术中的应用

综观各国运载技术的发展，在大多数的动力装置中同时应用液体和固体两种推进技术。如在液体主发动机周围并联多个固体助推发动机，并采用固体火箭发动机作为顶级发动机，已是一种成功的总体设计方案。这种方案可以充分发挥液体和固体两种火箭发动机的优势，还可以充分利用各自的成熟技术，是一条经济、可靠和有效的技术途径。在航天领域中，固体火箭发动机可以用作大型运载工具的第一级或捆绑起飞助推器，可用作航天飞行器的近地点发动机、远地点发动机、变轨发动机、宇航员座舱逃逸火箭或返回舱降落制动发动机等，还可用于全固体运载火箭。由于固体火箭能在外层空间环境中长期贮存，用作反卫星武器的动力装置时可随时待命发射，因此在未来的卫星－太空防御系统中会得到进一步的发展和应用。

早期运送航天器的运载火箭是从导弹派生出来的。苏联发射世界上第一颗人造地球卫星的运载火箭就是用最早研制的 P－7 洲际战略导弹的运载器改制而成，我国的"长征二号"运载火箭也是在第一代洲际战略导弹运载器的基础上发展而来。以后随着航天器类型与数量的增多，航天发射范围的扩大，发射航天器的运载火箭开始独立发展并自成系列。我国的"长征三号"系列、"长征四号"系列运载火箭就是专为发射不同轨道的航天器而研制的专用运载火箭。

在大型运载火箭上，固体火箭发动机多用于助推级、上面级，大型固体火箭发动机也可以作为推力要求比较大的第一级，并在起飞推力中占有相当大的比例，见表 1－3。美国"大力神"运载火箭是由同名洲际导弹演变来的，从"大力神－3C"开始，装有两台大型固体助推器。"大力神－4B"的大型 SR－MU 助推器直径 3.2 m，采用 HTPB 推进剂，装药量 314 t，壳体为高强度碳纤维/环氧复合材料，最大工作压强 8.8 MPa，平均工作压强 6.35 MPa，工作时间 134 s，平均推力 7 000 kN，起飞推力 8 453 kN，可将 5 856 kg 载荷送入地球同步轨道。表 1－4 为美国几种运载火箭的性能。欧洲"阿利安"运载火箭有 1、3、4、5 共 4 个型号，其中"阿利安－5"在芯级两侧并联两台大型固体助推器，直径 3 m，装药量 240 000 kg，地球同步轨道发射能力为 6 920 kg，1997 年首飞成功。2005 年 2 月 12 日，"阿利安－5－ECA"携带两颗总重 8 390 kg 的通信卫星顺利升空，其助推器采用轻型发动机壳体，可多装 2 500 kg 推进剂，推力增加了 490 kN。"阿利安－5－ECA"进一步改进后，同步轨道发射能力将达 11 000～12 000 kg，低轨道发射能力达到 20 000 kg，成为未来的主力运载火箭。

表 1－3　第一级固体火箭发动机在起飞推力中占有的比例

运载工具	航天飞机（美国）	大力神－4B（美国）	阿利安－5（欧洲）	H2A（日本）
固体火箭发动机	RSRM	SR－MU	MPS	SRB－A
推力比/%	82	100	93	80

表 1-4 美国几种运载火箭的性能

名称	级数	每级发动机台数	推力/kN	推进剂	起飞质量/t	两级有效载荷质量/kg（185 km 轨道）	三级有效载荷质量/kg（地球同步轨道）
大力神 34D					1 091	13 600	1 820
	0	2	10 750（真空）	复合固体			
	1	2	2 370	N_2O_4/N_2H_4 + UDMH			
	2	1	452				
	3	1	107	复合固体			
德尔它 Ⅱ 6925					132	2 545	1 454
	0	6+3	443.5（单台海平面）	复合固体			
	1	1	1 037（真空）	$LO_2/RP-1$			
	2	1	43.2	NTO/N_2H_4 + UDMH			
	3	1	67.6（真空）	复合固体			
宇宙神/半人马座					141	2 772	1 545
	1/2	2	829（单台海平面）	$LO_2/RP-1$			
	1	1	269	$LO_2/RP-1$			
	2	2	74（单台真空）	LO_2/LH_2			
飞马座（空射）					23.1	490（3 级）	
	1	1	726	固体			
	2	1	196	固体			
	3	1	36	固体			

航天飞机实际上是运载火箭、航天器及滑翔机的组合，航天器与滑翔机结合在一起成为可重复使用的组合飞行器，如图 1-11 所示，图中画出了航天飞

机上所有的 67 台火箭发动机。两台固体火箭助推器内装降落伞，用于在海上回收工作结束后的发动机。巨大的液氢液氧外贮箱在轨道器入轨前被抛掉并在大气层内烧毁。航天飞机既能执行民用任务，也能执行军事任务。美国第一架航天飞机"哥伦比亚"号于 1981 年 4 月 12 日发射成功，截至 2003 年共发射 25 次。航天飞机目前采用的固体助推器是改进型的，壳体材料为 D6AC 钢，直径为 3.7 m，长 45.720 m，总质量 591 t；推进剂为 PBAN（聚丁二烯 – 丙烯酸 – 丙烯腈三聚物），推进剂质量为 503 t；最大工作压强 6.3 MPa，平均工作压强 4.53 MPa，工作时间 124 s。

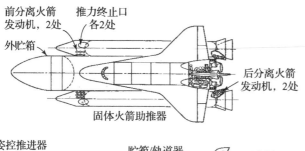
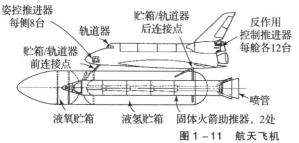

图 1 – 11　航天飞机

固体火箭发动机可长期贮存，随时处于战备状态，可移动到地球任一点上快速发射，特别适合在军事冲突、自然灾害等紧急情况下使用。因此，为满足军事现代化对快速响应和小卫星发射的要求，应用于车载发射和空中发射的全固体小型运载火箭得到了发展，如美国的空射运载火箭"飞马座"、快速机动发射小型军用火箭"猎鹰"（Falcon）、欧洲小型运载火箭"织女座"（Vega）、俄罗斯"起点"（Start）、日本的 J – 1 和 M – 5 运载火箭，以及我国的"开拓者一号"（KT – 1），详见表 1 – 5。

表 1 – 5　各国小型运载火箭基本情况

国别	名称	火箭类别	质量 /t	首发时间	运载能力与基本情况
苏联	宇宙 2 号	2 级液体	108	1964 年	极轨道能力 1 600 km/800 kg

续表

国别	名称	火箭类别	质量/t	首发时间	运载能力
俄、德	呼啸号	3级液体	112	—	SS-19 导弹加1级。极轨道能力 1 000 km/1 250 kg
俄罗斯	创始1号	4级固体	48	1995年	SS-25 导弹加1级。可机动发射。极轨道能力 700 km/360 kg
美国	飞马座XL	3级固体	22.6	1996年	机载空中发射。极轨道能力 463 km/279 kg
美国	金牛座	4级固体	72.6	1994年	MX 导弹第1级加飞马座。极轨道能力 695 km/780 kg
美国	雅典娜-1	2级固体	66.3	1995年	首发失败，1997年成功。低轨道能力 185 km/800 kg
美国	雅典娜-2	3级固体	120.3	1998年	低轨道能力 185 km/2 000 kg。1998年1月6日将 295 kg 的"月球勘探者"送上月球
日本	M-5	3级固体	130	1997年	世界最大的全固体火箭。低轨道能力 185 km/2 000 kg
日本	J-1	3级固体	87.5	1996年	H-2 助推器 + M-3S-Ⅱ组成。低轨道/1 000 kg
中国	长征一号丁	3级液固	85.7	1997年	低轨道能力 185 km/1 000 kg，极轨道能力 700 km/550 kg
印度	ASLV	3级固液	39	1992年	轨高 400 km、倾角 45°/150 kg
以色列	彗星	3级固体	30	1988年	
以色列	耐克斯特	3级固体			极轨道能力 500 km/400 kg
法、意等五国	织女座	4级固体	92.8		1998年欧洲航天局五国开始研发，极轨道能力 1 100 km/510 kg
西班牙	摩羯座	3级固体		2000年	发射小型科学试验载荷和通信卫星

4. 在其他推进装置中的应用

在飞机起飞时可采用固体火箭发动机作为起飞助推动力装置，用来缩短飞机的起飞跑道，或增加起飞质量。由于固体火箭发动机具有启动迅速的优点，可作为飞行员救生用弹射座椅的动力装置。冲压发动机需要一定的起飞速度，因此经常采用固体火箭发动机作为冲压发动机的助推器，构成整体式固体火箭－冲压组合发动机。

固体火箭推进技术在民用领域中也已得到多方面的应用，例如探空气象火箭、防冰雹火箭以及增雨火箭等。固体火箭还可用于完成某些特殊任务，如在海上应用固体火箭推进技术快速埋置锚锭，用来系缚船舶或固定水上作业平台（火箭锚）；用作水下穿缆打捞沉船的动力装置；向山顶或在两山之间架设通信电线、抛射缆绳以牵引遇险舰船（火箭抛绳枪）；消防灭火（固体火箭灭火弹：远距离灭火和高层建筑物局部着火区定向灭火；燃气发生器灭火机，以燃气发生器作为动力源驱动固体粉末灭火剂）等。固体火箭技术还成功地应用于石油领域（高能气体压裂弹、稠油热采技术、固体火箭石油钻井技术等）。在新能源开发中，美、俄等国家已将固体火箭推进剂成功地应用于磁流体发电，即可用作激光器电源、热核反应试验电源和其他特种电源的固体燃料磁流体发电机，其工作原理是：固体燃料燃烧形成高温导电气流，经喷管加速后高速穿越置于磁场中部的发电通道，做切割磁力线运动，输出电能。

固体火箭推进技术在民用领域中的开发与应用已取得较好的成果，有了良好的开端。随着国民经济的发展，将有着广阔的应用前景。

第 2 章
固体火箭发动机的性能参数

表征固体火箭发动机性能的参数有推力、推力系数、特征速度(characteristic velocity)、总冲量和比冲量等,这些参数与推进剂能量、发动机结构和工作条件密切相关。本章将讨论性能参数的定义、计算公式、影响因素,以及它们之间的相互关系,并介绍各种影响因素对这些参数理论值的修正模型,为火箭发动机性能参数分析和预估提供必要的理论基础和计算方法。

2.1 推力、推力系数和特征速度

推力是火箭发动机提供的推动火箭运动的动力，是火箭发动机的主要性能参数之一。不同用途的发动机对推力大小及其变化规律有不同的要求，并可通过合理设计装药和发动机结构来实现。为深入讨论，引入推力系数和特征速度的概念，它们分别是衡量火箭发动机推力特性和推进剂能量特性的重要参数。

2.1.1 推力的基本公式

火箭的运动是一种直接反作用运动，推动火箭飞行的力是由喷出燃气所产生的反作用力，当火箭在空气中飞行时还必须考虑空气的作用力。

火箭发动机不工作时，发动机内、外壁面受介质的静压作用而处于受力平衡状态，因而不产生推力。当发动机静止不动，由于燃气的流动，内壁面的燃气压强分布是不均匀的，则外壁面仍受均匀分布的外界介质静压的作用，如图 2-1 所示（图中箭头长短表示压强的大小）。由于作用于发动机内、外壁面上的力不平衡，因而将产生净合力，这就是发动机推力，用 F 表示。

当火箭处于飞行状态时，作用在发动机外壁面上的压强分布也是不均匀的，并取决于火箭的飞行速度和外形结构。在空气动力学中将这些空气作用力处理成各种阻力和升力，而不在发动机推力公式中加以考虑，即推力是火箭发

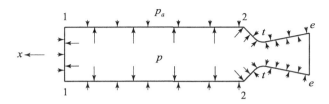

图 2-1 发动机内外壁面上的压强分布

动机在静止条件下工作时产生的力。

因此,火箭发动机推力定义为火箭发动机在静止条件下所受内、外壁面压强的合力,即

$$F = F_i + F_o \tag{2-1}$$

式中,F_i 为燃气施加给发动机内壁面的压强产生的力,F_o 为环境大气压强(与高度有关)作用于发动机而产生的力(实际是阻力)。

在推导推力公式时,为使问题简化,做如下假设:

(1) 火箭发动机为轴对称体,故只有轴向合力。

(2) 发动机中的燃气是理想气体,在燃烧室中为一维定常绝热流动,在喷管中为一维定常等熵流动。

在图 2-1 所示的发动机内外壁面压强分布中,外壁面大气压强 p_a 的作用面包括 1-1 平面、2-t 和 t-e 外壁面;燃气压强的作用面为 1-1 内平面、2-t 和 t-e 内壁面;由于假设发动机为轴对称体,1-2 内壁面的燃气压强相互抵消,外壁面的大气压强也相互抵消。在 2-t 和 t-e 内外壁面上的力,只有轴向分量,其中 2-t 的轴向作用面为 $(A_2 - A_t)$,t-e 的轴向作用面为 $(A_e - A_t)$。

取火箭的运动方向为正方向,如图 2-1 中所示 x 方向,分别推导式 (2-1) 中的外壁面合力 F_o 和内壁面合力 F_i。由图 2-1 知,外壁面合力 F_o 为

$$F_o = -p_a A_1 + (A_2 - A_t) p_a - (A_e - A_t) p_a$$

对于等截面发动机,有 $A_1 = A_2$,所以上式变成

$$F_o = -p_a A_e$$

内壁面合力 F_i 可以分为两部分——燃烧室内合力 F_c 和喷管内合力 F_n,即

$$F_i = F_c + F_n$$

其中,$F_c = p_1 A_1$,在等截面燃烧室内,根据燃气流动的动量方程,有

$$p + \rho V^2 = p_1 = \text{const}, \text{ 或 } pA + \dot{m}_c V = \text{const}$$

式中,$\dot{m}_c$ 为燃烧室内给定截面处的燃气质量流率。于是,有

$$p_1 A_1 + \dot{m}_{c1} V_1 = p_2 A_2 + \dot{m}_{c2} V_2$$

由于 $V_1 = 0$，得

$$F_c = p_1 A_1 = p_2 A_2 + \dot{m}_{c2} V_2 = p_2 A_2 + \dot{m} V_2$$

注意 2 – 2 截面为装药的末端，故有 $\dot{m}_{c2} = \dot{m}$，$\dot{m}$ 为喷管中的燃气质量流率，在喷管各截面上保持为常数。

在喷管内壁面上，压强 p 是连续变化的，内合力 F_n 即为压强 p 在内壁面上的积分，所以

$$\begin{aligned} F_n &= \int_2^e p \mathrm{d}A \\ &= p_e A_e - p_2 A_2 - \int_2^e A \mathrm{d}p \\ &= p_e A_e - p_2 A_2 + \int_2^e \dot{m} \mathrm{d}V \\ &= p_e A_e - p_2 A_2 + \dot{m} V_e - \dot{m} V_2 \end{aligned}$$

注意上式的推导中利用了 $\dot{m}$ = const 的条件，以及喷管中燃气流动的动量方程，即

$$\rho V \mathrm{d}V + \mathrm{d}p = 0 \text{ 或 } \dot{m} \mathrm{d}V + A \mathrm{d}p = 0$$

于是，内壁面合力为

$$\begin{aligned} F_i &= F_c + F_n \\ &= (p_2 A_2 + \dot{m} V_2) + (p_e A_e - p_2 A_2 + \dot{m} V_e - \dot{m} V_2) \\ &= p_e A_e + \dot{m} V_e \end{aligned}$$

综上所述，将内壁面力 F_i 和外壁面力 F_o 代入式（2 – 1），可得推力为

$$\begin{aligned} F &= F_i + F_o = p_e A_e + \dot{m} V_e - p_a A_e \\ &= \dot{m} V_e + (p_e - p_a) A_e \end{aligned} \quad (2 - 2)$$

式（2 – 2）虽然是在等截面条件下得出的，但也常用于其他发动机的推力计算，因此实际测量的推力可能与使用该公式计算的理论推力值有所差别。

由推力公式可以得出以下结论：

（1）推力仅取决于喷管排气面上的参数（$\dot{m}$、p_e、V_e 和 A_e）和环境压强 p_a，而与燃气在发动机中的具体流动过程无关。

（2）推力由两部分组成，一是 $\dot{m} V_e$，称为动量推力或动推力，是由高速喷出的燃气产生的反作用力，是推力的主要部分，一般占总推力的 90% 以上；二是 $(p_e - p_a) A_e$，称为压强推力或静推力，其数值取决于喷管排气面截面积 A_e、排气面压强 p_e 和大气压强 p_a。

推力公式也可采用气体动力学控制体法推导，如图 2 – 2 所示。取整个火箭所包含的流体为研究对象（控制体），根据动量守恒定律："控制体内流体

所受的合外力＝动量变化率"，控制体在 x 方向上所受的合外力为 $p_a A_e - p_e A_e + F$，动量变化率为 $\dot{m} V_e$，于是可以得到同样的推力公式（2-2）。

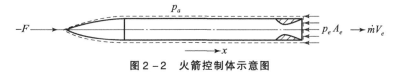

图 2-2　火箭控制体示意图

通常，喷管出口截面的直径小于飞行器的底部直径，这时在喷管出口截面之外还有一个环形底部面积 A_B，作用在其上的压强 p_B 称为底部压强，如图 2-3 所示。飞行器在空气中飞行时，底部压强 p_B 远小于大气压强 p_a，因此在环形面积上将产生底部阻力，简称底阻（base drag）。对于这种情况，同样可应用动量守恒定律，控制体内流体在 x 方向所受的合外力为 $p_a(A_e + A_B) - p_e A_e - p_B A_B + F$，动量变化率仍为 $\dot{m} V_e$，则推力公式变为

$$F = \dot{m} V_e + (p_e - p_a) A_e + (p_B - p_a) A_B \tag{2-3}$$

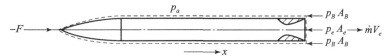

图 2-3　考虑底部阻力的火箭控制体示意图

在地面静止实验条件下，p_B 与 p_a 的差别不大，可以忽略底部阻力。

2.1.2　真空推力和最佳推力

1. 真空推力

火箭在大气层中飞行时，空气压强 p_a 随高度是变化的，因而式（2-2）给出的推力也是随高度变化的，高度越高 p_a 越小，推力则越大。在大气层以外的真空中，$p_a = 0$，推力达到最大，称为真空推力，用 F_v 表示，即

$$F_v = \dot{m} V_e + p_e A_e \tag{2-4}$$

显然，当火箭发动机的结构完全确定以后，其质量流率 $\dot{m}$、喷管出口面积 A_e 和扩张比 ζ 具有确定的值，因而排气速度 V_e 和喷管出口压强 p_e 也是确定的，真空推力 F_v 是给定火箭发动机的最大推力。

2. 最佳推力

从推力公式（2-2）中可以看出，如果给定发动机燃烧室的参数（主要是总压 p_0）和喷管喉部面积 A_t，则在一定高度（即 p_a 一定）下，喷管排气面

上的参数 p_e、V_e 和 A_e 都只与 ζ_e 有关。所以，改变发动机扩张比 ζ_e，就可以改变喷管出口参数，推力也将随之变化。于是，一个很自然的问题是，扩张比设计为多大时才能使发动机推力在给定空气压强 p_a 下达到最大？即什么条件下可以获得最佳推力？这个问题可以通过求发动机推力的极值来解决。

微分式（2-2）并令其为 0，有

$$\mathrm{d}F = \dot{m}\mathrm{d}V_e + (p_e - p_a)\mathrm{d}A_e + A_e\mathrm{d}p_e = 0$$

将喷管内燃气流动的动量方程（6-2）应用于喷管出口截面，即

$$\dot{m}\mathrm{d}V_e + A_e\mathrm{d}p_e = 0$$

联立以上两式，有

$$\mathrm{d}F = (p_e - p_a)\mathrm{d}A_e = 0$$

因为喷管出口面积是变化的，即 $\mathrm{d}A_e \neq 0$，所以为使上式成立，必须有 $p_e = p_a$。可见，当 $p_e = p_a$ 时，推力达到极值。根据第 6 章的分析，喷管的这种工作状态对应于最佳膨胀状态。

对推力公式求二阶微分，有

$$\mathrm{d}^2 F = (p_e - p_a)\mathrm{d}^2 A_e + \mathrm{d}A_e \mathrm{d}p_e$$

代入最佳膨胀状态条件 $p_e = p_a$，得

$$\mathrm{d}^2 F = \mathrm{d}A_e \mathrm{d}p_e$$

由气体动力学可知，燃气在喷管扩张段中是膨胀加速的，即 $\mathrm{d}A > 0$，$\mathrm{d}p < 0$，所以有

$$\mathrm{d}^2 F \big|_{p_e = p_a} < 0$$

这说明推力在 $p_e = p_a$ 时取得的极值为极大值，称为最佳推力，用 F_{opt} 表示，即

$$F_{\mathrm{opt}} = \dot{m}V_e \qquad (2-5)$$

由此可见，对于给定的发动机燃烧室参数和喷管喉部面积，可以设计适当的扩张比 ζ_e，通过改变出口参数 p_e、V_e 和 A_e，使出口压强和环境压强相等，从而达到最佳推力。一般把最佳膨胀状态设定为设计状态。

上述分析也可以用喷管内外壁面的压强分布来说明。由第 6 章知，根据喷管出口截面的燃气压强 p_e 与外界反压 p_a 的相对大小，喷管有三种工作状态，即最佳膨胀状态、欠膨胀状态和过膨胀状态，在不同膨胀状态下喷管内外壁面压强差的分布是不同的，如图 2-4 所示。图中，1-1 出口截面表示最佳膨胀喷管，2-2 出口截面表示截短后得到的欠膨胀喷管，3-3 出口截面则是通过延长得到的过膨胀喷管。设最佳膨胀时的推力为 F_1，从图 2-4 中可知，在欠膨胀状态下排气截面为 2-2 的喷管推力为

$$F_2 = F_1 - F_{2-1}$$

而过膨胀状态下排气截面为 3-3 的喷管推力为

$$F_3 = F_1 + F_{1-3}$$

式中，F_{2-1} 和 F_{1-3} 分别表示作用在喷管 2－1 段和 1－3 段的内外壁上压强合力的轴向分力。显然，F_{2-1} 与 F_1 同向，$F_2 < F_1$；F_{1-3} 与 F_1 反向，$F_3 < F_1$。由此可见，只有在最佳膨胀即 $p_e = p_a$ 时，推力才能达到最大值。

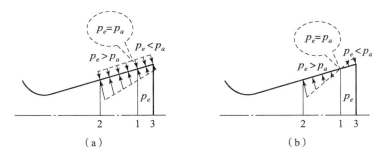

图 2－4　喷管内外壁面压强分布图

注：假设喷管扩张比可以在 2～3 之间选取，那么可知：1 截面处内外压强相等，达到最佳膨胀；2－1 截面处，喷管内压强大于大气压强，为欠膨胀；1－3 截面处，喷管内压强小于大气压强，为过膨胀。

3. 最佳扩张比

对应于最佳膨胀状态下的喷管，其扩张比称为最佳扩张比，用 ζ_e^0 表示。将 $p_e = p_a$ 代入下式，可得

$$(\zeta_e^0)^2 = \frac{\left(\dfrac{2}{\gamma+1}\right)^{\frac{1}{\gamma-1}} \sqrt{\dfrac{\gamma-1}{\gamma+1}}}{\sqrt{\left(\dfrac{p_a}{p_0}\right)^{\frac{2}{\gamma}} - \left(\dfrac{p_a}{p_0}\right)^{\frac{\gamma+1}{\gamma}}}} \quad (2-6)$$

所以，对于给定的发动机燃烧室参数和喷管喉部面积，将扩张比 ζ_e 设计成 ζ_e^0，就可以使发动机的出口压强 p_e 正好等于环境压强 p_a，从而使推力达到最大。

2.1.3　推力系数

为引入推力系数的定义，利用前面所学的知识对推力公式 （2－2） 进行变形。喷管质量流率 $\dot{m}$ 和排气速度 V_e 的公式如下：

$$\dot{m} = \frac{\Gamma p_0 A_t}{\sqrt{RT_0}} \quad (2-7)$$

$$V_e = F_V \sqrt{RT_0} \quad (2-8)$$

考虑到喷管面积扩张比和压强比的定义

$$\zeta_e^2 = \frac{A_e}{A_t}, \quad \pi_e = \frac{p_e}{p_0}, \quad \pi_a = \frac{p_a}{p_0}$$

将上述各式代入推力公式（2-2），可得

$$F = p_0 A_t [\Gamma F_V + \zeta_e^2 (\pi_e - \pi_a)] \qquad (2-9)$$

气流推力定义如下：

$$\dot{m}V + pA = \frac{\gamma + 1}{\gamma} \dot{m} a^* z(\lambda) = \sqrt{\frac{2(\gamma+1)}{\gamma}} \dot{m} \sqrt{RT_0} z(\lambda) \qquad (2-10)$$

其中，临界声速 a^* 和气体动力学函数 $z(\lambda)$ 分别为

$$a^* = \sqrt{\frac{2\gamma}{\gamma+1} RT_0}, \quad z(\lambda) = \frac{1}{2}\left(\lambda + \frac{1}{\lambda}\right)$$

将气流推力公式代入推力公式（2-2），可得

$$F = \dot{m}V_e + (p_e - p_a)A_e = \dot{m}V_e + p_e A_e - p_a A_e$$

$$= \sqrt{\frac{2(\gamma+1)}{\gamma}} \dot{m} \sqrt{RT_0} z(\lambda_e) - p_a A_e$$

$$= \sqrt{\frac{2(\gamma+1)}{\gamma}} \cdot \frac{\Gamma p_0 A_t}{\sqrt{RT_0}} \cdot \sqrt{RT_0} z(\lambda_e) - p_a A_e$$

$$= p_0 A_t \left[\sqrt{\frac{2(\gamma+1)}{\gamma}} \cdot \Gamma \cdot z(\lambda_e) - \zeta_e^2 \pi_a\right]$$

或

$$F = p_0 A_t \left[2 \left(\frac{2}{\gamma+1}\right)^{\frac{1}{\gamma-1}} \cdot z(\lambda_e) - \zeta_e^2 \pi_a\right] \qquad (2-11)$$

1. 推力系数的定义

上述式（2-9）和式（2-11）表明，对于给定的发动机，γ 和 ζ_e 值是确定的，因而 Γ、F_V 和 π_e 是定值，于是在给定大气环境（π_a 一定）下推力 F 与 $p_0 A_t$ 成正比。由于 $p_0 A_t$ 具有力的量纲，若定义如下的推力系数 C_F：

$$C_F = \frac{F}{p_0 A_t} \qquad (2-12)$$

则 C_F 是一个无量纲量，称为无量纲推力，表示在单位喷管喉部面积、单位燃烧室压强下产生的推力。对于给定的发动机，p_0 和 A_t 均为确定的已知数，所以 C_F 直接反映了推力 F 的特征。

根据式（2-9），有

$$C_F = \Gamma F_V + \zeta_e^2 (\pi_e - \pi_a) \qquad (2-13)$$

又由式（2-11），得

$$C_F = 2\left(\frac{2}{\gamma+1}\right)^{\frac{1}{\gamma-1}} \cdot z(\lambda_e) - \zeta_e^2 \pi_a \qquad (2-14)$$

于是，推力可以通过推力系数来计算，即

$$F = C_F p_0 A_t \qquad (2-15)$$

与推力相对应，也可以引入真空推力系数和最佳推力系数的概念。真空推力（$p_a=0$）对应的推力系数称为真空推力系数，记为 C_{Fv}，即

$$C_{Fv} = \Gamma F_V + \zeta_e^2 \pi_e \qquad (2-16)$$

或

$$C_{Fv} = 2\left(\frac{2}{\gamma+1}\right)^{\frac{1}{\gamma-1}} \cdot z(\lambda_e) \qquad (2-17)$$

可见，对给定的比热比 γ，真空推力系数 C_{Fv} 只与扩张比 ζ_e 有关。利用真空推力系数，可将推力系数公式（2-13）改写成

$$C_F = C_{Fv} - \zeta_e^2 \pi_a \qquad (2-18)$$

最佳推力（$p_e = p_a$）对应的推力系数称为最佳推力系数，记为 C_{Fopt}，即

$$C_{Fopt} = \Gamma F_V \qquad (2-19)$$

2. 推力系数的物理意义

将式（2-19）给出的流速函数 F_V 代入式（2-13），有

$$C_F = \Gamma \cdot \sqrt{\frac{2\gamma}{\gamma-1}\left(1-\pi_e^{\frac{\gamma-1}{\gamma}}\right)} + \zeta_e^2(\pi_e - \pi_a) \qquad (2-20)$$

可见，推力系数 C_F 的物理意义主要是表征了燃气在喷管中膨胀的充分程度：C_F 越大，表示燃气在喷管中膨胀得越充分，即燃气的热能越能充分地转换为燃气定向流动的动能。因此，推力系数是度量喷管能量转换效率的一个重要参数。

3. 推力系数的影响因素

由式（2-20）可知，影响 C_F 的主要因素是 γ、ζ_e 和 π_a（即 p_a/p_0），即

$$C_F = f(\gamma, \pi_e, \pi_a) = f(\gamma, \zeta_e, \pi_a)$$

比热比 γ 对 C_F 的影响一般较小，特别是小型火箭发动机，其扩张比较小（一般 $\zeta_e < 2.6$）时，比热比 γ 对 C_F 的影响可以忽略。表 2-1 给出了小型火箭发动机 γ 对 C_F 的影响数据。以固体火箭发动机通常的比热比数值 $\gamma = 1.2$ 和 $\gamma = 1.25$ 为例，它们对应的推力系数只变化了 1.3%。当扩张比增大时，或者在精确计算时，比热比的影响不能忽略。

表 2-1 比热比对火箭发动机推力系数的影响（$\zeta_e=2.5$，$\pi_a=0.01$）

γ	C_F	C_{Fv}
1.10	1.6648	1.7273
1.15	1.6391	1.7016
1.20	1.6160	1.6785
1.25	1.5954	1.6579
1.30	1.5770	1.6395

喷管扩张比 ζ_e 是推力系数 C_F 的主要影响因素。在一定 γ 值和外界环境压强下，扩张比 ζ_e 对推力系数 C_F 的影响如图 2-5 所示。从图中可以看出，当 $\zeta_e < \zeta_e^0$ 即欠膨胀时，C_F 随 ζ_e 增大而增大；当 $\zeta_e = \zeta_e^0$ 即最佳膨胀时，C_F 达到极大值，即达到最佳推力系数 C_{Fopt}；当 $\zeta_e > \zeta_e^0$ 即过膨胀时，C_F 随 ζ_e 增大而减小；在 ζ_e 离极值 ζ_e^0 较远的地方，ζ_e 对 C_F 的影响较大，而在 ζ_e^0 附近，C_F 的变化较平缓，ζ_e 对 C_F 的影响较弱。因此，实际发动机一般工作在 C_F 变化平缓的欠膨胀状态下。

图 2-6 给出了 ζ_e 和 π_a 对推力系数的综合影响。从图 2-6 中可以看出如下内容。

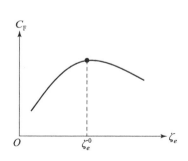

图 2-5 扩张比对推力系数的影响

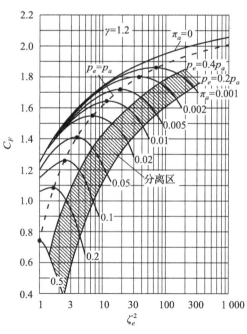

图 2-6 推力系数的综合影响关系

1) 飞行高度对推力系数的影响

飞行高度增加，π_a 减小，推力系数增大，真空时推力系数达到最大，即当 $\pi_a = 0$ 时 $C_F = C_{Fv}$；对每一个飞行高度，推力系数都有一个极值（图 2-6 中用虚线连接的各点），对应于最佳膨胀。

2) 飞行高度对最佳推力系数的影响

最佳扩张比 ζ_e^0 以及对应的最佳推力系数 C_{Fopt} 均随 π_a 减小而增大，即随火箭飞行高度升高而增大。因此，为了获得最大推力，一般总希望能按最佳膨胀状态来设计喷管。例如，战略导弹的第一级发动机工作高度范围约为 0～50 km，喷管面积扩张比 $\zeta_e^2 = 10 \sim 16$；第二级发动机工作高度范围约为 40～90 km，取 $\zeta_e^2 = 30 \sim 50$；第三级工作高度更高，在结构许可条件下，ζ_e^2 可取得更大一些。但是，对于不可调的喷管，发动机只能在某一高度上处于设计状态，高于或低于这个高度就将处于欠膨胀或过膨胀状态，因此只能按飞行器飞行弹道综合性能最佳来选择喷管的扩张比 ζ_e。当然，选择扩张比可调的喷管有利于获得更好的性能，但会大大增加喷管结构的复杂性。需要指出的是，在高空或真空 ($p_a = 0$) 条件下，扩张比虽然可以取很大的值，但对应的推力系数（即真空推力系数）并不会无限增大，即真空推力系数也存在极值，它是在同时满足最佳膨胀条件 ($p_e = p_a$) 和真空条件 ($p_a = 0$) 下取得的，称为极限膨胀状态。将 $p_e = p_a = 0$ 代入式 (2-20)，可得极限推力系数 C_{Fmax} 为

$$C_{Fmax} = \Gamma \sqrt{\frac{2\gamma}{\gamma - 1}} \quad (2-21)$$

计算表明，当 $\gamma = 1.2$ 时，$C_{Fmax} = 2.2466$；$\gamma = 1.25$ 时，$C_{Fmax} = 2.0810$；$\gamma = 1.3$ 时，$C_{Fmax} = 1.9644$。

3) 燃气流动分离的影响

在过膨胀状态下，当 ζ_e 增大到一定程度，即 $p_e/p_a = 0.2 \sim 0.4$（图 2-6 中阴影区，称为分离区）时，激波进入喷管，喷管出口截面不再满足膨胀到超声速流的力学条件，这时推力系数的计算需要考虑燃气流动分离造成的影响。喷管扩张段出口截面附近存在的燃气流动分离将导致发动机工作性能大幅下降，因此这是发动机设计必须避免的情况。

4. 气流分离时推力系数的计算

当 $p_e/p_a \geq 0.4$ 时，过膨胀不太严重，在排气面有激波，它并不影响喷管内的流动，因此 C_F 仍可按前述公式进行计算。

当 $p_e/p_a < 0.4$ 时，即为图 2-6 中的阴影部分，此时喷管内出现正激波，

燃气通过激波后压强急剧上升,在激波后的扩张段内形成较强的逆压梯度,使附面层流动趋于不稳定,并有可能导致流动从壁面分离。附面层一旦发生分离,具有环境压强 p_a 的气体将进入分离区内,使激波下游附近的压强近似等于大气压强 p_a,并沿喷管长度不再变化。因此,分离点以后的喷管扩张段由于内外壁面压强相等而不再产生推力,这相当于减小了喷管的实际扩张比,使喷管的过膨胀程度稍有减弱,所以实际的推力系数比图2-6曲线所示值略大。

当喷管扩张段中出现流动分离时,不能再用上述公式计算推力系数,可采用如下的半经验公式。

当喷管内发生附面层分离时,喷管流动状态如图2-7所示,分离点压强 p_i 与外界压强 p_a 之间存在以下经验关系式:

$$\frac{p_i}{p_a} = \frac{2}{3}\left(\frac{p_a}{p_0}\right)^{0.2} \quad \text{或} \quad \frac{p_i}{p_0} = \frac{2}{3}\left(\frac{p_a}{p_0}\right)^{1.2} \quad (2-22)$$

(1)在过膨胀流动条件下,若 $p_e/p_a \geqslant p_i/p_a$,则喷管不发生气流分离。

(2)当

$$\frac{p_e}{p_a} < \frac{p_i}{p_a} \quad (2-23)$$

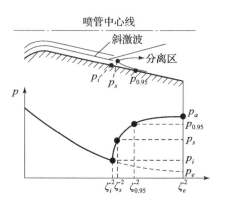

图2-7 喷管流动状态

即

$$\frac{p_e}{p_a} < \frac{2}{3}\left(\frac{p_a}{p_0}\right)^{0.2} \quad \text{或} \quad \frac{p_e}{p_0} < \frac{2}{3}\left(\frac{p_a}{p_0}\right)^{1.2} \quad (2-24)$$

时,喷管内的燃气流动将产生分离。分离点 i 处的压强 p_i 和对应的面积扩张比 ζ_i^2 仍然满足正常的流动关系,即仍可用式(2-22)求出对应于压强比 p_i/p_0 的喷管扩张比 ζ_i。

流动发生分离后,在激波后的喷管壁面附近出现涡流分离区,压强从 p_i 逐渐升高到出口处的环境压强 p_a。设 p_s 为出现分离涡流的起始压强,$p_{0.95} = 0.95p_a$ 为分离区结束点的压强,与 p_s 和 $p_{0.95}$ 对应的面积扩张比分别为 ζ_s^2 和 $\zeta_{0.95}^2$,则分离后的推力系数可按式(2-25)计算:

$$C_F = C_{Fvi} + \Delta C_{Fs} - \zeta_e^2\left(\frac{p_a}{p_0}\right) \quad (2-25)$$

式中,C_{Fvi} 为分离点 i 上游喷管段产生的真空推力系数;ΔC_{Fs} 为分离点下游喷管段产生的推力系数,可用凯尔特-巴代尔(Kalt-Badal)经验公式计算,即

$$\Delta C_{Fs} = 0.55\left(\frac{p_i + p_{0.95}}{p_0}\right)(\zeta_{0.95}^2 - \zeta_i^2) + 0.975\frac{p_a}{p_0}(\zeta_e^2 - \zeta_{0.95}^2) \quad (2-26)$$

式中,

$$\zeta_{0.95}^2 = \begin{cases} \dfrac{\zeta_i^2 - 1}{2.4} + \zeta_i^2, & \zeta_i^2 \leq \dfrac{\zeta_e^2}{1.604} + 0.377 \\ \dfrac{\zeta_e^2 - \zeta_i^2}{1.45} + \zeta_i^2, & \zeta_i^2 > \dfrac{\zeta_e^2}{1.604} + 0.377 \end{cases} \quad (2-27)$$

2.1.4 特征速度和等效排气速度

1. 特征速度

在质量流率公式 (2-7) 中, 若令

$$c^* = \frac{\sqrt{RT_0}}{\Gamma} \quad (2-28)$$

则质量流率可写成

$$\dot{m} = \frac{p_0 A_t}{c^*} \quad (2-29)$$

c^* 具有速度的量纲, 故称为特征速度。

由式 (2-28) 可知, 特征速度与式 (2-28) 定义的火药力 $f_0 = RT_0$ 的平方根成正比。由式 (2-29), 可将特征速度表示为

$$c^* = \frac{1}{\Gamma}\sqrt{\frac{R_0 T_0}{M}} \quad (2-30)$$

式中, M 为燃气的摩尔质量。由此可见, 特征速度 c^* 仅仅与燃烧室中燃烧产物的性质有关, 是推进剂燃烧温度 T_0、燃烧产物摩尔质量 M 和燃气比热比 γ 的函数。因此, 特征速度是表征推进剂燃烧产物特性 (γ、R、T_0) 的综合参数, 既能衡量推进剂的能量大小 (以燃烧温度 T_0 表征), 又能衡量推进剂化学能在燃烧过程中转换成燃烧产物热能的完善程度 (以摩尔质量 M 和燃气比热比 γ 表征)。换句话说, c^* 可用来度量推进剂能量及其在燃烧室中的燃烧效率。显然, 推进剂能量越高、在燃烧过程中能量转换效率越高, 则特征速度 c^* 值越大。

c^* 随 γ 和 T_0/M 的变化如图 2-8 所示。由图可知, c^* 对 T_0/M 是非常敏感的。目前, 固体火箭推进剂的特征速度 c^* 一般在 $1\,400 \sim 1\,600$ m/s。

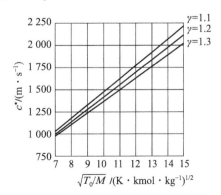

图 2-8 特征速度的影响关系

2. 等效排气速度

将推力公式（2-2）改写为

$$F = \dot{m}\left[V_e + \frac{A_e}{\dot{m}}(p_e - p_a)\right]$$

定义如下的等效排气速度：

$$V_{eq} = V_e + \frac{A_e}{\dot{m}}(p_e - p_a) \qquad (2-31)$$

则可将推力表示成

$$F = \dot{m}V_{eq} \qquad (2-32)$$

显然，等效排气速度的物理意义是将推力中的静推力部分 $(p_e - p_a)A_e$ 折算成动推力，即假想火箭发动机推力全部由动推力构成时所对应的排气速度。一般情况下，实际排气速度 V_e 占 V_{eq} 的90%以上，故可近似认为 $V_{eq} \approx V_e$。

将质量流率公式（2-7）和排气速度公式（2-8）代入式（2-31），可得

$$V_{eq} = \sqrt{RT_0}\left[F_V + \frac{1}{\Gamma}\zeta_e^2(\pi_e - \pi_a)\right] \qquad (2-33)$$

可见，等效排气速度 V_{eq} 除了与推进剂性质（R、T_0、γ）有关外，还与喷管中的膨胀程度（ζ_e、π_e）有关。对于一般的小型发动机（γ、ζ_e 一定），如果可以忽略 π_a 项，则可认为 V_{eq} 等于常数；如果发动机在工作过程中伴随有喷管沉积或烧蚀等现象（如长时间工作的续航发动机），喉部直径发生变化，从而导致 ζ_e 改变，则等效排气速度 V_{eq} 也将随之变化。

利用质量流率和排气速度公式（2-7）、式（2-8），并考虑特征速度式（2-28）和推力系数式（2-13），可将等效排气速度式（2-33）改写成

$$V_{eq} = C_F c^* \qquad (2-34)$$

可见，等效排气速度既包括特征速度 c^* 所反映的推进剂燃烧能量特性，又包括推力系数 C_F 所反映的燃气膨胀程度，是一个全面评定发动机质量的性能指标。

2.1.5 推力的影响因素

由式（2-32）和式（2-34），可将推力表示成

$$F = C_F c^* \dot{m} \qquad (2-35)$$

因此，影响火箭发动机推力大小的因素有三个，即推力系数 C_F、特征速度 c^* 和喷管质量流率 $\dot{m}$。

1. 推力系数 C_F

推力系数可以表征燃气在喷管中膨胀的充分程度,燃气在喷管中膨胀越充分,能量转换效率越高,C_F 就越大,推力也越大。当喷管处于最佳膨胀状态时,推力系数以及所对应的推力也达到最大值。

小型火箭发动机或在低空工作的发动机,因受结构、成本以及喷管流动损失等因素的限制,喷管扩张比不能太大或太小,一般扩张比为 $\zeta_e = 2.0 \sim 2.6$,因此推力系数的大小被限制在一定范围内,通常 $C_F = 1.5 \sim 1.6$。

2. 特征速度 c^*

特征速度 c^* 表征推进剂的能量高低及其在燃烧过程中的转换效率。因此,推进剂能量越高,燃烧越充分,能量转换效率就越高,则 c^* 越大,推力也越大。具体而言,推进剂燃烧温度 T_0 越高,燃烧产物平均摩尔质量 M 越小,则推进剂的火药力换算值 $f_0 = RT_0 = R_0T_0/M$ 越大,因而推力也越大。

对于一定的推进剂,特征速度 c^* 基本是一个定值。在目前常用的固体火箭推进剂中,双基推进剂的特征速度 c^* 一般在 1 400 m/s 左右,复合推进剂和改性双基推进剂一般在 1 500 ~ 1 600 m/s,某些新型高能推进剂也只能达到 1 600 m/s 左右。因此,一旦选择了推进剂,其特征速度 c^* 就是一个确定的值。射程小、要求无烟或少烟的火箭可选择 c^* 较低的双基推进剂,而射程大的一般选择 c^* 较高的复合推进剂或新型高能推进剂。

3. 喷管质量流率 $\dot{m}$

如前所述,推力系数和特征速度在很大程度上被限制在一定范围内,因而对推力的改变是有限的。欲大幅调整发动机推力,主要还是依靠选择恰当的喷管质量流率 $\dot{m}$。

对于发动机内的定常或准定常流动,喷管质量流率 $\dot{m}$ 等于燃烧室中的燃气生成量 $\dot{m}_b$。可知

$$\dot{m} = \dot{m}_b = \rho_p A_b \dot{r} \qquad (2-36)$$

其中,推进剂密度 ρ_p 的变化范围有限,一般在 1 600 ~ 1 800 kg/m³,而推进剂燃速 $\dot{r}$ 和装药燃烧面积 A_b 则可在较大范围内变化。所以,改变燃速 $\dot{r}$ 和装药燃烧面积 A_b 是调节推力的主要方法,特别是后者,采用端燃、侧燃、单根、多根以及星孔等装药药型,可以在保持发动机直径不变的条件下使装药燃烧面积在很大范围内变化,因而能够大幅调整推力水平。

为便于理解和掌握推力公式之间的联系,将火箭发动机常用的推力公式汇总于表 2-2 中。

表 2-2 火箭发动机常用推力公式

基本推力公式	真空推力($p_a=0$)	最佳推力($p_e=p_a$)
$F = \dot{m}V_e + (p_e - p_a)A_e$	$F_v = \dot{m}V_e + p_e A_e$	$F_{opt} = \dot{m}V_e$
$F = p_0 A_t [\Gamma F_V + \zeta_e^2(\pi_e - \pi_a)]$	$F_v = p_0 A_t (\Gamma F_V + \zeta_e^2 \pi_e)$	$F_{opt} = p_0 A_t \cdot \Gamma F_V$
$F = p_0 A_t \left[2\left(\dfrac{2}{\gamma+1}\right)^{\frac{1}{\gamma-1}} \cdot z(\lambda_e) - \zeta_e^2 \pi_a \right]$	$F_v = p_0 A_t \left[2\left(\dfrac{2}{\gamma+1}\right)^{\frac{1}{\gamma-1}} \cdot z(\lambda_e) \right]$	—
$F = C_F p_0 A_t$	$F_v = C_{Fv} p_0 A_t$	$F_{opt} = C_{Fopt} p_0 A_t$
$F = \dot{m} V_{eq}$	$F_v = \dot{m} V_{eq}$	$F_{opt} = \dot{m} V_{eq}$
$F = C_F c^* \dot{m}$	$F_v = C_{Fv} c^* \dot{m}$	$F_{opt} = C_{Fopt} c^* \dot{m}$
考虑底阻		
$F = \dot{m}V_e + (p_e - p_a)A_e + (p_B - p_a)A_B$	$F_v = \dot{m}V_e + p_e A_e$	$F_{opt} = \dot{m}V_e + (p_B - p_a)A_B$

2.2 总冲和比冲

为了使火箭到达预定的射高和射程,要求其达到一定的飞行速度,所以除了需要发动机具有一定推力外,还要求发动机的推力能够持续一定的时间,这就涉及推力冲量的定义。

2.2.1 总冲

在火箭发动机中,总冲量又称为推力冲量,简称为总冲 I。总冲定义为火箭发动机的推力 F 对工作时间 t_k 的积分,如图 2-9 所示,即

$$I = \int_0^{t_k} F \mathrm{d}t \qquad (2-37)$$

前已述及,对于一般小型发动机(γ、ζ_e 为定值),如果可以忽略环境压强比 π_a 项,则 V_{eq} 可近似为常数。于是,

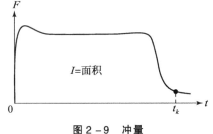

图 2-9 冲量

将式 (2-32) 代入式 (2-37),有

$$I = \int_0^{t_k} \dot{m} V_{eq} dt = V_{eq} \int_0^{t_k} \dot{m} dt$$

如果不能忽略环境压强比 π_a 项或有其他因素导致 V_{eq} 发生变化,则其变化范围一般是很小的,这时可将等效排气速度 V_{eq} 处理成平均值,则总冲为

$$I \approx \bar{V}_{eq} \int_0^{t_k} \dot{m} dt$$

根据质量守恒,有

$$\int_0^{t_k} \dot{m} dt = m_p \tag{2-38}$$

式中,m_p 是发动机在工作期间烧掉的推进剂质量,忽略余药时约等于发动机的装药量。因此,可将总冲改写成

$$I = V_{eq} m_p \quad \text{或} \quad I \approx \bar{V}_{eq} m_p \tag{2-39}$$

式 (2-39) 表明,火箭发动机的装药量 m_p 越多,总冲越大。所以,总冲是表征火箭发动机工作容量的参数,即发动机工作能力的大小,同时也在一定程度上反映了发动机的尺寸大小。

对于同样的总冲量,发动机设计有几种推力方案可以选择:一是大推力、短工作时间,这是助推发动机通常选用的方案;二是小推力、长工作时间,即设计成续航发动机;三是可以采用二级或多级推力来满足总冲要求。不同的推力方案将直接影响火箭或导弹飞行速度的变化规律,并对火箭发动机的装药结构、燃烧面积变化规律以及装药燃速等提出不同的要求。因此,需要根据火箭的不同战术技术要求选择发动机推力方案,例如,反坦克火箭通常都选择大推力、短工作时间的推力方案。

2.2.2 比冲

根据总冲量的定义,火箭发动机装药量越多则总冲越大。所以,不同尺寸的火箭其总冲量也是不同的,这说明通过总冲量并不能直接比较大发动机和小发动机在性能上的优劣。如果在推进剂质量相同的情况下评定其产生总冲量的大小,则可以方便地评估不同尺寸火箭发动机的性能,这就需要定义比冲量 I_{sp}。

比冲量简称为比冲,有两种定义。一是定义为单位质量推进剂所产生的推力总冲量,即

$$I_{spa} = \frac{I}{m_p} = \frac{\int_0^{t_k} F dt}{m_p} \tag{2-40}$$

称为平均比冲（average specific impulse），是一个与时间无关的量。二是定义为单位质量流率所产生的推力，或单位时间内燃烧单位质量推进剂所产生的推力，即

$$I_{spt} = \frac{F}{\dot{m}} \tag{2-41}$$

称为时间比冲（specific impulse with time）或比推力，在发动机工作过程中随时间是变化的。在实际应用中，通常所说的"比冲"即为平均比冲，其单位为 N·s/kg 或 m/s。

将推力公式（2-32）代入式（2.41），有

$$I_{spt} = \frac{F}{\dot{m}} = V_{eq}$$

或将推力公式（2-35）代入式（2-41），得

$$I_{spt} = V_{eq} = C_F c^* \tag{2-42}$$

如果假设等效排气速度 V_{eq} 为常数，则将式（2-39）代入式（2-40），又有

$$I_{spa} = V_{eq} \tag{2-43}$$

由以上各式可得到

$$I_{spa} = I_{spt} = V_{eq} = \frac{F}{\dot{m}} = C_F c^* \tag{2-44}$$

可见，只要等效排气速度 V_{eq} 为常数，关于比冲的上述两种定义是一致的，统一用符号 I_{sp} 表示。当 V_{eq} 发生变化时，可采用平均等效排气速度，因此式（2-44）也是成立的，即

$$I_{sp} = I_{spa} = I_{spt} = \bar{V}_{eq} = \bar{C}_F c^* \tag{2-45}$$

式（2-44）和式（2-45）表明，火箭发动机的比冲与等效排气速度是相等的。由于等效排气速度 V_{eq} 既反映了推进剂的能量（特征速度 c^*），又反映了发动机燃气流动过程中膨胀的充分程度（推力系数 C_F），因此，比冲 I_{sp} 也能衡量推进剂能量的高低和发动机工作过程中能量转换的完善程度，是一个全面评定发动机性能质量的重要指标，是一个评定发动机设计水平的重要参数。虽然等效排气速度与比冲相等，但习惯上多采用比冲的概念来评价火箭发动机的性能。

对于固体火箭发动机，固体推进剂的密度 ρ_p 越高，则燃烧室内装填的推进剂质量越大。因此，对固体推进剂还可以定义密度比冲，即

$$I_{sp\rho} = \rho_p I_{sp} \tag{2-46}$$

单位为 N·s/m³。根据密度与体积的关系，密度比冲实际上是单位体积推进剂

产生的推力冲量,即

$$I_{sp\rho} = \frac{I}{V_p} \tag{2-47}$$

式中,V_p 为推进剂装药的体积。密度比冲通常是针对固体推进剂提出的,对于发动机而言,它同时反映了比冲和装药量两个参数的大小。

2.2.3 比冲的影响因素

比冲是火箭发动机非常重要的性能指标,如何提高比冲,是每个设计人员需要着重考虑的问题。为分析比冲的影响因素,将推力系数 C_F 的表达式(2-20)和特征速度 c^* 的表达式(2-28)代入式(2-44),可得

$$I_{sp} = \sqrt{RT_0}\left[\sqrt{\frac{2\gamma}{\gamma-1}\left(1-\pi_e^{\frac{\gamma-1}{\gamma}}\right)} + \frac{\zeta_e^2}{\Gamma}(\pi_e - \pi_a)\right] \tag{2-48}$$

式(2-48)表明,能够对比冲产生影响的因素很多,可以分为推进剂能量、燃烧室压强、燃烧产物在喷管中的膨胀程度以及推进剂初温等。

1. 推进剂能量对比冲的影响

推进剂能量(RT_0)越高,c^*越大,则 I_{sp} 越高。如前所述,提高推进剂能量的主要途径是提高燃烧温度和降低燃气摩尔质量。

从理论上讲,比冲与推进剂热值 Q_p 的平方根成正比,因此提高推进剂能量最常用的方法是在推进剂中加入金属燃烧剂,如铝、锂、铍、硼等。但是,由于金属氧化物形成的凝聚相微粒导致两相流损失,同时散热损失伴随着燃烧温度的升高而增大,因此实际比冲并不能完全与 Q_p 平方根成正比地增大。

一般地,双基推进剂的贫氧程度较高,增加硝化甘油含量和提高硝化棉中的含氮量都能增加氧的含量,从而提高推进剂能量。但是,硝化甘油含量由于制造工艺和生产安全的原因而不能太高;提高硝化棉含氮量将使燃烧产物中的多原子气体(如 CO_2 等)的含量增加,导致燃烧产物摩尔质量增大,也将影响比冲的增大。

复合推进剂除加入高能添加剂以外,还可采用高能黏合剂来提高比冲。一些新型高能推进剂,如 NEPE(高能硝酸酯增塑聚醚)推进剂,还使用了含能增塑剂(如双基推进剂中常使用的硝化甘油等),可以进一步提高推进剂的能量。

由于推进剂呈固态,很多键能较低的轻元素又难以采用,因此固体推进剂的理论比冲很难超过 2 940 N·s/kg,目前的固体推进剂实际比冲在 1 960 ~ 2 600 N·s/kg。

2. 燃烧室压强 p_0 对比冲的影响

燃烧室压强 p_0 对比冲的影响是通过压强对推力系数 C_F 和特征速度 c^* 的影响体现出来的。

当扩张比 ζ_e 一定时,喷管出口压强比 $\pi_e = p_e/p_0$ 是确定的,于是提高 p_0 则 $\pi_a = p_a/p_0$ 减小,因此 C_F 将升高,从而使比冲 I_{sp} 增大,如图 2-10 所示。若燃烧室压强 p_0 较低(例如小于 4 MPa),则推力系数对 p_0 较为敏感,随着 p_0 的增大,p_0 对 C_F 的影响将越来越小。因此,从 p_0 对推力系数的影响角度分析,发动机工作压强不宜低于 4 MPa。

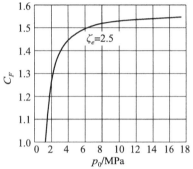

图 2-10 推力系数与燃烧室压强的关系

另外,降低燃烧室压强会导致推进剂燃烧效率降低,释放热量减小,使 c^* 减小,从而导致比冲下降;相反,提高 p_0 则可促使推进剂更充分地燃烧,使比冲增加。同时,提高燃烧室压强 p_0 也使燃气的离解受到抑制,增大了燃气摩尔质量 M,但其总的结果是使 $R_0 T_0/M$ 升高。

综上所述,提高燃烧室压强对提高比冲是有利的,如图 2-11 所示。从图中可以看出,复合推进剂比冲 I_{sp} 随 p_0 的升高而明显增大;但当 p_0 升高到一定程度时,由于推进剂燃烧越来越接近完全燃烧,p_0 对 I_{sp} 的影响越来越小。由此可见,提高燃烧室压强对推力系数和特征速度都是有利的,但当 p_0 提高到一定值时,比冲增加趋于缓慢,同时对发动机总体性能的负面影响增大(如壳体质量增加),所以应将燃烧室压强 p_0 控制在合理的范围内。

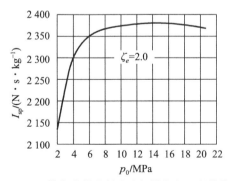

图 2-11 某复合推进剂比冲与燃烧室压强的关系

3. 燃烧产物在喷管中的膨胀程度对比冲的影响

膨胀程度取决于喷管扩张比 ζ_e，其影响反映在推力系数 C_F 中。如前所述，喷管膨胀分三种情况：最佳膨胀时比冲量最大；欠膨胀时，比冲随 ζ_e 的增大而增大；过膨胀时，比冲随 ζ_e 的增大而减小。因此，推力系数的大小将直接影响比冲。在设计固体火箭发动机时，一般在最佳扩张比附近选择喷管扩张比，以得到较好的推力系数和其他性能参数。

4. 推进剂初温对比冲的影响

初温 T_i 越高则 RT_0 越高，使比冲增大。这是因为初温变化将改变推进剂所具有的能量（即推进剂的总焓），使推进剂燃烧温度随之发生变化。此外，初温的变化还将引起装药燃速和燃烧室压强的变化，这些因素都将引起比冲的变化。因此，在发动机设计中必须考虑初温对比冲的影响，其影响程度主要取决于推进剂的组元，可从推进剂有关手册中查到，或通过试验测量。

5. 影响比冲的其他因素

除以上因素外，能够影响比冲的还有热损失、不完全燃烧、两相流、扩张损失等因素。

2.3 火箭的理想飞行速度

固体火箭发动机在工作过程中经历了三个能量转换过程，首先是推进剂的化学能通过燃烧转换成高温高压燃气具有的热内能和压强势能，其次是燃气通过喷管膨胀加速将能量转换成燃气超声速定向运动的动能，最后燃气高速喷出产生反作用力即推力进而使对火箭做推进功并获得飞行动能。在以上能量转换过程中，火箭受推力作用不断加速（飞行弹道主动段），当推进剂耗尽时，火箭达到最大飞行速度，此后火箭转入惯性飞行阶段（飞行弹道被动段）并最终到达预定目标。因此，火箭的飞行速度是火箭发动机作用的最终结果，也是火箭总体结构设计好坏的评价指标。

实际上，在大气中飞行的火箭，除受发动机推力外，还会受到空气动力和重力的作用，由于后两种力与发动机性能没有直接关系，这里不予考虑，它们的影响属于飞行力学或外弹道学的研究范畴。因此，理想飞行速度是指火箭只在发动机推力 F 作用下获得的飞行速度,如图 2-12 所示,是衡量火箭发动机及火箭总体综合性能的重要参数。

2.3.1 变质量系统的运动方程

在火箭发动机工作过程中,由于有燃烧产物不断从喷管中喷出,火箭是一个变质量系统,并不能直接使用牛顿运动定律。为了解决这一问题,假设在某一时刻 t,火箭质量为 m,速度为 v;而在 $t+\mathrm{d}t$ 时刻,火箭质量可分为两部分:喷出的燃气质量 ($\dot{m}\mathrm{d}t$) 和火箭自身质量 ($m-\dot{m}\mathrm{d}t$),它们分别具有 ($v+\mathrm{d}v-V_e$) 和 ($v+\mathrm{d}v$) 的速度,如图 2-13 所示,取飞行方向 x 为正方向。由于选取火箭自身质量和喷出的燃气质量作为研究对象,所以该系统仍为定质量系统,可以直接应用牛顿动量定理,即在时间 $\mathrm{d}t$ 内,系统的动量变化等于该时间内作用在系统上的合外力冲量。系统的动量和外力冲量分别为

图 2-12 火箭的理想飞行

t 时刻动量:mv

$t+\mathrm{d}t$ 时刻动量:$(m-\dot{m}\mathrm{d}t)\cdot(v+\mathrm{d}v)+\dot{m}\mathrm{d}t\cdot(v+\mathrm{d}v-V_e)$

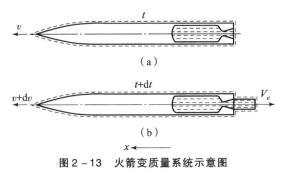

图 2-13 火箭变质量系统示意图
(a) 喷出前;(b) 喷出后

冲量:$\sum F_i \cdot \mathrm{d}t$

式中,$\dot{m}$ 为喷管的质量流率;V_e 为燃气相对于火箭的排气速度;$\sum F_i$ 为火箭所受外力的合力在速度 v 方向上的投影,包括火箭外壁面的静压强、气动阻力和重力等。于是,动量定理可以写成

$$(m-\dot{m}\mathrm{d}t)\cdot(v+\mathrm{d}v)+\dot{m}\mathrm{d}t\cdot(v+\mathrm{d}v-V_e)-mv=\sum F_i \cdot \mathrm{d}t \quad (2-49)$$

将式 (2-49) 展开,并略去二阶微量,得到

$$\dot{m}V_e + \sum F_i = m\frac{\mathrm{d}v}{\mathrm{d}t} \quad (2-50)$$

这就是火箭的运动方程，与定质量系统相比，方程中多了一项 $\dot{m}V_e$，它在数值上等于喷出燃气的动量变化率，如果将 $\dot{m}V_e$ 也作为外力加入 $\sum F_i$ 中，则变质量系统的运动方程与定质量系统具有相同的形式。

2.3.2 火箭的理想飞行速度

只研究火箭的理想飞行速度时，忽略除外壁面静压产生的压强合力外的其他所有外力，使火箭的运动和受力状态得到简化。此时，作用在火箭上的外力只有外壁面静压产生的压强合力，一部分是作用在喷管排气面上的 p_e，另一部分是作用在除排气面以外的其余外壁面上的空气压强 p_a，其合力为 $\sum F_i = A_e(p_e - p_a)$，它与方程中的 $\dot{m}V_e$ 组合成火箭发动机的推力 F。于是，可以将式（2-50）改写成

$$F = m\frac{\mathrm{d}v}{\mathrm{d}t} \qquad (2-51)$$

可见，推力 F 的方向与飞行速度的方向是一致的。根据式（2-32），火箭的推力 F 可以写成

$$F = \dot{m}V_e + (p_e - p_a)A_e = \dot{m}V_{eq}$$

将其代入式（2-51），有

$$\dot{m}V_{eq} = m\frac{\mathrm{d}v}{\mathrm{d}t} \qquad (2-52)$$

火箭在工作过程中，其瞬时质量 m 随时间是不断减小的，变化率为燃气质量流率的负值，即

$$\frac{\mathrm{d}m}{\mathrm{d}t} = -\dot{m} \qquad (2-53)$$

利用式（2-53），可将式（2-52）改写成

$$-\frac{\mathrm{d}m}{\mathrm{d}t} \cdot V_{eq} = m\frac{\mathrm{d}v}{\mathrm{d}t}$$

或

$$\mathrm{d}v = -V_{eq}\frac{\mathrm{d}m}{m}$$

设 $t=0$ 时，火箭的初始速度为 v_0，初始质量为 m_0，假设等效排气速度 V_{eq} 近似为常数或为平均值，则积分上式可得

$$v = v_0 + V_{eq}\ln\frac{m_0}{m} \qquad (2-54)$$

这就是火箭在任意时刻 t 的理想飞行速度。

当初速 $v_0 = 0$ 时，则有

$$v = V_{\text{eq}} \ln \frac{m_0}{m} \qquad (2-55)$$

当初速 $v_0 \neq 0$ 时，定义速度增量为

$$\Delta v = v - v_0 = V_{\text{eq}} \ln \frac{m_0}{m} \qquad (2-56)$$

2.3.3 火箭的最大理想飞行速度

在火箭飞行过程中，随着推进剂的不断燃烧，火箭持续受推力作用，处于不断加速状态。当推进剂燃烧结束即发动机停止工作时，火箭的速度将达到最大值，称为火箭的最大理想飞行速度，用 v_k 表示（在外弹道学中，火箭工作结束时的飞行速度又称为主动段末速度，一般也用 v_k 表示）。

设发动机工作结束时 $t = t_k$，则火箭的质量为

$$m = m_k = m_0 - m_p$$

式中，m_p 为推进剂装药质量；m_k 为除装药以外的火箭结构质量，称为被动段质量。将上式代入式（2-54），可得最大理想飞行速度为

$$v_k = V_{\text{eq}} \ln \frac{m_0}{m_0 - m_p} \qquad (2-57)$$

或

$$v_k = V_{\text{eq}} \ln \mu \qquad (2-58)$$

式中，

$$\mu = \frac{m_0}{m_0 - m_p} = 1 + \frac{m_p}{m_k} \qquad (2-59)$$

称为质量比，显然 $\mu > 1$。利用式（2-44），又有

$$v_k = I_{\text{sp}} \ln \mu = I_{\text{sp}} \ln \left(1 + \frac{m_p}{m_k}\right) \qquad (2-60)$$

这就是著名的齐奥尔科夫斯基公式，它是火箭技术中奠基性的公式之一，为火箭作为星际航行的必备工具奠定了理论基础，并指明了实现的方向，即火箭的最大飞行速度是由发动机的比冲和火箭的质量比决定的。

类似地，可得最大速度增量为

$$\Delta v_k = I_{\text{sp}} \ln \mu = I_{\text{sp}} \ln \left(1 + \frac{m_p}{m_k}\right) \qquad (2-61)$$

2.3.4 火箭飞行性能与多级火箭

由齐奥尔科夫斯基公式（2-60）可知，发动机性能对火箭的飞行有着直接的影响，具体体现在如下几个方面：

（1）影响火箭飞行速度的主要因素是发动机的比冲和火箭的质量比。推进剂比冲 I_{sp} 误差（如制造时的组元称量误差等）、装药质量 m_p 误差以及火箭结构质量 m_k 的误差等，都能引起火箭最大理想飞行速度 v_k 的偏差，从而产生距离散布。因此，减小以上误差是控制距离散布的有效途径。

（2）提高发动机比冲，可以增大火箭的最大理想飞行速度 v_k，使射程增大。

（3）增加装药量 m_p，或减轻发动机的结构质量（如采用高强度轻质材料或采用多级火箭等），都可以增大质量比 μ，使速度 v_k 和射程增大。

为了实现远距离飞行（如提高射程、星际航行等）和携带更多的有效载荷，需要大幅提高火箭的飞行速度。从齐奥尔科夫斯基公式（2-60）看，增大火箭飞行速度的措施一是提高发动机的比冲，二是增大火箭的质量比。前已述及，目前固体推进剂的实际比冲在 $1\,960 \sim 2\,600\ \mathrm{N \cdot s/kg}$，很难超过 $2\,940\ \mathrm{N \cdot s/kg}$。因此，比冲的提高是有限的，唯一可以大幅提高的是火箭的质量比，不同比冲时质量比对理想飞行速度的影响如图 2-14 所示。由图可见，当 $\mu < 100$（特别是 $\mu < 20$）时，增大质量比对提高理想飞行速度的作用是非常明显的。

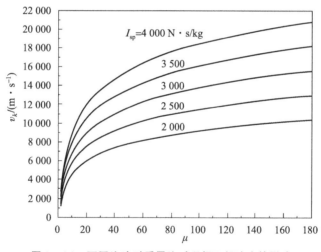

图 2-14　不同比冲时质量比对理想飞行速度的影响

根据质量比的定义式（2-59），增加质量比的途径有两种：一是增加推进剂的装药量 m_p，二是降低火箭的结构质量 m_k。采用多级火箭结构可以实现大幅提高质量比的要求。多级火箭的工作原理是，一旦某一级火箭发动机的可用推进剂完全耗尽，即将该级发动机剩余质量（称为惰性质量）从飞行器上抛掉，然后下一级发动机开始工作（有时延迟一段时间点火），工作结束后同样抛掉相应的惰性质量，直到最后一级（或称顶级、末级，携带有效载荷）

达到预定飞行高度、预定飞行速度或预定飞行目标。将完成任务的发动机从飞行器上分离，可以节省对这部分惰性质量继续加速所消耗的能量，从而减轻火箭的结构质量，即提高了质量比。

多级火箭可以采用多种结构形式构成，已使用过的结构主要有串联式、部分分级式、捆绑式和背驮式等，如图 2-15 所示。串联式多级火箭的各级发动机逐级工作，并逐级抛掉，是最常见的一种结构形式；部分分级式多级火箭的发动机同时点火工作，避免了在飞行过程中的点火启动，当助推发动机工作结束后其尾舱部分抛掉，主发动机继续工作，早期的"宇宙神"火箭采用了这种结构；捆绑式多级火箭又称并联式多级火箭，也是一种常见的多级火箭结构，它在芯级周围捆绑多个（一般 2~6 个）独立的火箭，如"长征二号捆"火箭捆绑了 4 个助推式火箭；背驮式多级火箭最常见的是美国的航天飞机，还有少量从飞机上发射的运载火箭，如"飞马座"三级运载火箭。实际上，捆绑式、背驮式多级火箭包含了串联式和并联式的综合结构。捆绑式火箭常用于助推，称为捆绑式火箭助推器，它与第一级一般是同时工作的，工作结束后通常在第一级发动机结束前与主级（或芯级）分离并抛掉，这种助推器也称为半级或零级。

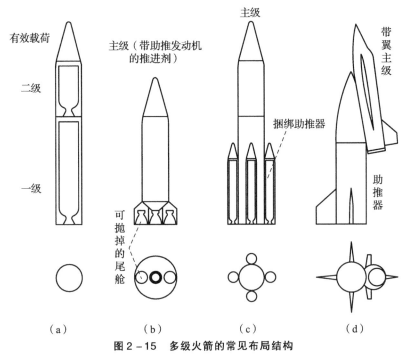

图 2-15 多级火箭的常见布局结构

(a) 串联式；(b) 部分分级式；(c) 捆绑式；(d) 背驮式

对于串联式多级火箭，如果每级发动机工作结束后上面级发动机紧接着工作，则其总理想飞行速度为各级速度增量之和。对于 n 级火箭发动机，由式（2-61），即有

$$v = \sum_{i=1}^{n} \Delta v_i = \sum_{i=1}^{n} I_{spi} \ln \mu_i \qquad (2-62)$$

假设各级发动机的比冲相等，则有

$$v = \sum_{i=1}^{n} \Delta v_i = I_{sp} \sum_{i=1}^{n} \ln \mu_i = I_{sp} \ln \left(\prod_{i=1}^{n} \mu_i \right) = I_{sp} \ln \mu_a \qquad (2-63)$$

式中，

$$\mu_a = \prod_{i=1}^{n} \mu_i \qquad (2-64)$$

称为多级火箭的总质量比，这时多级火箭的总理想飞行速度仍可采用齐奥尔科夫斯基公式（2-60）计算，形式上完全一致。对于两级或三级火箭，起飞质量与末级最终质量之比（不同于总质量比）可高达100以上。一般地，多级火箭各级的质量比、推力大小、工作时间，甚至包括质心位置变化范围等参数均是经过优化设计的，合理的取值可以使设计状态达到最优（优化目标很多，有的是射程达到最远，有的是有效载荷达到最大等）。对于顶级发动机，一般使用高性能推进剂，因为这时的结构质量较轻，比冲增加带来的好处更明显；同时，顶级发动机离有效载荷最近，因此，常要求推进剂具有清洁、高效、中性等特点，以避免对有效载荷造成不良影响。

例 [2-1] 两级行星探测器从高轨道卫星发射到太空，故可假设在真空无重力状态下飞行，如图2-16所示。已知最大理想飞行速度为6 200 m/s，起飞质量为4 500 kg，各级比冲均为3 038 N·s/kg，各级推进剂的质量分数（即推进剂在各级火箭中所占的质量百分比）均为88%。求在以下两种情况下的有效载荷：①两级质量相等；②两级质量比相等。

解： 设有效载荷为 m_w，两级火箭发动机的质量分别为 m_1 和 m_2。则两级火箭的推进剂质量分别为 $m_{p1} = 0.88 m_1$ 和 $m_{p2} = 0.88 m_2$，探测器总质量即起飞质量为 $m_0 = m_1 + m_2 + m_w$，故有效载荷为 $m_w = m_0 - m_1 - m_2$。

已知 $v = 6\ 200$ m/s，$m_0 = 4\ 500$ kg，$I_{sp1} = I_{sp2} = I_{sp} = 3\ 038$ N·s/kg。利用式（2-63），可得总质量比为

$$\mu_a = e^{\frac{v}{I_{sp}}} = e^{\frac{6\ 200}{3\ 038}} = 7.696\ 9$$

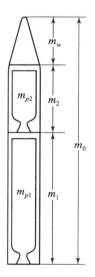

图2-16 两级行星探测器

(1) 两级质量相等时,即 $m_1 = m_2 = m$,则总质量比为

$$\mu_a = \frac{m_0}{m_0 - 0.88m} \frac{m_0 - m}{m_0 - m - 0.88m} = \frac{m_0}{m_0 - 0.88m} \frac{m_0 - m}{m_0 - 1.88m}$$

即

$$\frac{m_0}{m_0 - 0.88m} \frac{m_0 - m}{m_0 - 1.88m} = 7.6969$$

可解出各级火箭质量为: $m = 0.4695 m_0$。因此有效载荷为

$$m_w = m_0 - m_1 - m_2 = m_0 - 2m = 0.0610 m_0 = 274.5 \text{ kg}$$

(2) 两级质量比相等时,由式(2-64),总质量比为

$$\mu_a = \prod_{i=1}^{2} \mu_i = \mu_1^2 = \left(\frac{m_0}{m_0 - 0.88 m_1}\right)^2 = 7.6969$$

可得

$$m_1 = 3270.4 \text{ kg}$$

又由 $\mu_1 = \mu_2$,即

$$\frac{m_0}{m_0 - 0.88 m_1} = \frac{m_0 - m_1}{m_0 - m_1 - 0.88 m_2}$$

可得

$$m_2 = 893.6 \text{ kg}$$

因此有效载荷为

$$m_w = m_0 - m_1 - m_2 = 4500 - 3270.4 - 893.6 = 336.0 \text{ kg}$$

比较例[2-1]的两种计算结果,发现第二种情况下有效载荷增加了很多,增幅达22.2%。实际上,当各级质量比相等时,理想飞行状态下的有效载荷量达到最大。如果在例[2-1]中采用三级火箭,则其有效载荷量将更大,但有效载荷的增加量理论上只有8%~10%。对于四级火箭,有效载荷的增加量将更小,只有3%~5%。可见,火箭的级数并不是越多越好。同时,随着级数的增加,火箭的结构趋于复杂,可靠性下降明显,而火箭惰性质量的增加也更快。因此,最合适的级数通常为2~6级,最好不超过4级。目前世界上使用最多的级数是2~3级,少数做到4级。

有效载荷与起飞质量之比称为有效载荷比。多级火箭的有效载荷基本上与初始质量或起飞质量成正比,尽管它只占起飞质量的很小一部分。假设50 kg的有效载荷需要6000 kg的多级火箭,则500 kg的有效载荷将需要60000 kg的级数相同的火箭。有效载荷越大,多级火箭的结构越复杂、技术难度越大。因此,火箭的有效载荷大小是衡量一个国家火箭技术水平的重要标志。

2.4 固体火箭发动机的效率与实际性能参数

在前面章节中,对火箭发动机性能参数的讨论都是在以下假设基础上进行的:

(1) 推进剂在燃烧室中完全燃烧,燃烧后推进剂的化学能完全转换为燃烧产物的热能和压强势能。

(2) 燃烧产物与发动机壳体壁面之间无热量交换,即无散热损失。

(3) 燃烧产物组分在发动机中处于冻结不变状态,并认为燃烧产物中无凝聚相微粒,而是由纯气体组成的,且为理想气体。

(4) 燃烧产物在燃烧室中的流动为一维定常或准定常绝热流动,在喷管中为一维定常等熵流动。

这些理想化的处理是为了分析讨论的方便,使研究的问题大为简化,所得到的发动机性能参数称为理论性能参数。但是,在火箭发动机的实际工作过程中,必然存在着各种偏离理想情况的因素,使得发动机的实际性能参数偏离理论值。因此,为了准确预估发动机的实际性能参数,必须研究发动机的实际工作情况和工作效率,并在此基础上对理论性能参数进行修正。

2.4.1 固体火箭发动机的效率

由于固体火箭发动机的工作过程实际上是能量的转换过程,由热力学第二定律可知,能量转换不可避免地伴随着能量损失。所以,相应于固体火箭发动机的三种能量转换过程,存在着三种能量损失。

推进剂的化学能不可能全部转换为燃气的热能和压强势能,其转换效率称为燃烧效率 (η_c);燃气的热能和压强势能也不可能全部转换成燃气定向运动的动能,其转换效率称为膨胀效率 (η_n);从喷管排出的燃气相对于地面的流速通常并非为零,因此燃气仍具有一定的动能,这部分动能最终消耗在周围的介质中,所以超声速燃气流具有的动能不能全部转换成火箭的飞行动能,其转换效率称为推进效率 (η_e)。

发动机的推进效率对应的能量转换发生在喷管出口,因此又称为发动机的外效率。燃烧效率和膨胀效率对应的能量转换是在火箭发动机燃烧室和喷管中完成的,通常称为发动机的内效率,用 η_i 表示,并可表示为

$$\eta_i = \eta_c \cdot \eta_n \tag{2-65}$$

发动机的能量转换总效率 η 为内、外效率之乘积,即

$$\eta = \eta_i \cdot \eta_e = \eta_c \cdot \eta_n \cdot \eta_e \qquad (2-66)$$

引入发动机效率的概念,有利于进一步理解发动机中的能量转换过程,分析产生能量损失的原因,找出提高发动机工作效率的途径,最终达到改善发动机工作性能的目的。

1. 内效率

发动机的内效率 η_i 定义为在喷管排气面上 1 kg 燃气具有的动能与 1 kg 推进剂具有的化学能之比,可表示为

$$\eta_i = \frac{\frac{1}{2}V_e^2}{h_{0p}} \qquad (2-67)$$

式中,h_{0p} 为 1 kg 推进剂所具有的总焓(J/kg),可查推进剂手册或由热力计算求出(参见第 8 章)。

发动机的燃烧效率 η_c 表示 1 kg 推进剂通过燃烧将其化学能转换为燃气热能和压强势能的完善程度,定义为

$$\eta_c = \frac{h_0}{h_{0p}} \qquad (2-68)$$

其中,h_0 为燃烧室中燃烧 1 kg 推进剂生成的燃气所具有的热能和压强势能,即燃气的总焓。固体推进剂在燃烧过程中存在着燃烧不完全、燃烧产物的离解、以及燃烧室壳体的散热等损失,通常情况下,$\eta_c = 94\% \sim 99\%$。

燃气在喷管内的膨胀过程存在两类损失,即热力学损失和流动损失。热力学损失是指燃气膨胀没有达到最充分而导致的损失,其效率用 η_h 表示;流动损失是指流动过程中存在的摩擦、散热、两相流、扩张等损失,它们带来的效率问题比较复杂,需要针对具体问题具体分析,本节将讨论这些损失对性能参数的影响以及修正模型。

若要使进入喷管的燃气热能和压强势能全部转换为燃气动能,就要求在喷管出口截面上燃气压强和温度均膨胀到零,使燃气达到最大等熵膨胀速度 $V_{\max}$,显然,这是不可能实现的。一般地,喷管扩张比越大则膨胀越充分,排气面上的压强和温度越低,排气速度越大,因而热力学损失越小。但是,如果喷管流动处于过膨胀状态,则必须考虑对推力等参数的影响。

在膨胀效率 η_n 中,热力学效率 η_h 表示 1 kg 燃气的热能和压强势能转换为燃气动能的完善程度,即

$$\eta_h = \frac{\frac{1}{2}V_e^2}{h_0} \qquad (2-69)$$

对于喷管中的一维定常等熵流动,由式(2-69)可知

$$h_0 = h_e + \frac{V_e^2}{2} = \text{const} \tag{2-70}$$

式中,h_e 为喷管出口截面处的燃气静焓。代入式(2-69),可得

$$\eta_h = \frac{h_0 - h_e}{h_0} = 1 - \frac{T_e}{T_0} = 1 - \pi_e^{\frac{\gamma-1}{\gamma}} \tag{2-71}$$

式中,T_e 和 π_e 分别为喷管出口截面处的燃气静温和压强比。

热力学效率 η_h 随压强比 π_e 和比热比 γ 的变化如图 2-17 所示。由图可见,η_h 随 π_e 的减小而增大,当 $\pi_e \to 0$ 时热力学效率 η_h 达到最大值 100%,即极限膨胀条件下没有热力学损失。当 $\pi_e < 40$ 时,π_e 对热力学效率 η_h 的影响非常敏感;比热比 γ 对 η_h 的影响很明显,特别是在固体火箭发动机通常具有的 $\gamma = 1.20 \sim 1.30$ 范围内,其影响不容忽视。随着 π_e 的减小和比热比的增加,它们对 η_h 的影响程度均趋于减小。

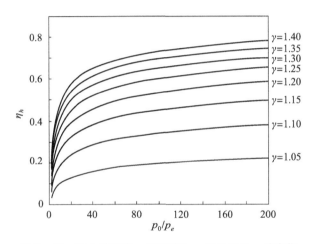

图 2-17 热力学效率 η_h 随压强比 π_e 和比热比 γ 的变化

由于压强比 π_e 是喷管扩张比 ζ_e 的函数,所以喷管热力学效率 η_h 也是喷管扩张比 ζ_e 的函数,如图 2-18 所示。由图可见,在满足膨胀流动的力学条件下,热力学效率 η_h 随喷管扩张比 ζ_e 的增大而增大。当 $\zeta_e < 3.0$ 时,喷管扩张比 ζ_e 对热力学效率 η_h 的影响非常敏感。对于小型火箭发动机,$\zeta_e = 2.5$ 是典型的取值,对应的热力学效率为 $\eta_h = 46.473\%$($\gamma = 1.2$)、53.847%($\gamma = 1.25$)和 60.096%($\gamma = 1.3$)。因此,从热力学效率的角度分析,小型火箭发动机的热力学效率处于很低的水平。

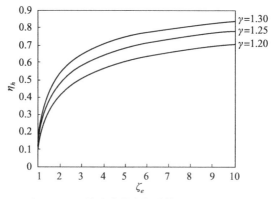

图 2-18 热力学效率与喷管扩张比的关系

2. 外效率（推进效率）

火箭发动机的外效率即推进效率 η_e 与火箭的飞行状态密切相关。设火箭的飞行速度为 v，发动机在单位时间内对火箭做的推进功为 Fv，而损失的能量则是单位时间内从喷管中排出的燃气相对于飞行状态所具有的动能 $\dot{m}(V_e-v)^2/2$，因此，发动机的外效率可以写成

$$\eta_e = \frac{Fv}{Fv + \frac{1}{2}\dot{m}(V_e-v)^2} \tag{2-72}$$

在喷管设计状态下，即最佳膨胀时，$F=\dot{m}V_e$，则式（2-72）变成

$$\eta_e = \frac{2\dfrac{v}{V_e}}{1+\left(\dfrac{v}{V_e}\right)^2} \tag{2-73}$$

由此可见，火箭发动机的外效率 η_e 取决于火箭飞行速度 v 与喷管排气速度 V_e 之比，如图 2-19 所示。由图可得出如下结论：

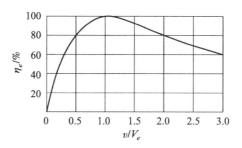

图 2-19 推进效率与速度比的关系

(1) 当 $v < V_e$ 时,η_e 随 v/V_e 增大而增大;当 $v > V_e$ 时,η_e 随 v/V_e 增大而减小。

(2) 当 $v = 0$ 时,$\eta_e = 0$;当 $v = V_e$ 时 $\eta_e = 100\%$,达到最大值。这表明,当火箭飞行速度 v 与喷管排气速度 V_e 相等时,超声速燃气流具有的动能全部转变成了火箭的飞行动能。实际上,对式(2-73)求极值,可以得到 η_e 在 $v/V_e = 1$ 时取得极大值。

2.4.2 固体火箭发动机性能参数的修正

如前所述,固体火箭发动机的理论性能参数是在许多假设的基础上得来的,与实际值存在偏差。在工程上,通常用修正法处理实际性能参数与理论性能参数之间的偏差,将理论性能参数乘以一个修正系数 φ 来得到其实际值。

所谓修正系数,是指实际性能参数与理论性能参数之比,即

$$\varphi = \frac{实际性能参数}{理论性能参数} \qquad (2-74)$$

于是,针对不同的损失情况,采用经验或半经验公式获得修正系数 φ,则可以通过修正理论性能参数得到其实际值,即

$$实际性能参数 = \varphi \cdot 理论性能参数 \qquad (2-75)$$

很多学者通过大量的试验研究和统计规律,对固体火箭发动机提出了许多修正系数 φ 的估算公式。很明显,这些估算公式与能量转换过程中存在的各种损失相关联。由于发动机的性能参数大都是发动机内部工作过程决定的,因此,修正系数主要是针对内效率进行修正的,包括燃烧效率和膨胀效率,对应的是推进剂燃烧损失修正系数和燃气膨胀损失修正系数。另外,在长尾管发动机中还有长尾管产生的流动损失修正系数等。

1. 推进剂燃烧过程中的能量损失修正系数

推进剂燃烧过程中的能量转换损失主要包括燃烧不完全损失和散热损失。衡量发动机燃烧能量特性的参数主要是特征速度(或火药力、燃烧温度),如果不计损失,则特征速度、火药力或燃烧温度的理论值都是偏大的。

1) 推进剂燃烧不完全损失

柯茨(D. E. Coats)等给出了含铝推进剂燃烧不完全能量损失修正系数的经验公式,即

$$\varphi_b = \left[k + \frac{10 - a_{Al}}{10} (100 - k) \right] \cdot c \quad (\%) \qquad (2-76)$$

式中,a_{Al} 为铝的百分含量,%,$a_{Al} \leq 10$ 时取其实际值,$a_{Al} > 10$ 时取 10;c 为

与推进剂的黏合剂有关的常数,见表 2-3;k 为与推进剂燃速有关的常数,见表 2-4。由表 2-4 可以看出,k 值随燃速的增大而增大。为便于计算,可将 k 与燃速的关系拟合成式(2-77):

$$k = 98.19 \dot{r}^{0.01436} \quad (\dot{r} = 7.62 \sim 25.4 \text{ mm/s}) \quad (2-77)$$

表 2-3 燃烧不完全修正中的系数 c 值表

黏合剂	c
PBAA——聚丁二烯-丙烯酸共聚物	1.006
PBAN——聚丁二烯-丙烯酸-丙烯腈三聚物	1.006
HTPB——端羟基聚丁二烯	1.003
CTPB——端羧基聚丁二烯	1.000
PU——聚氨酯	0.992
NG——硝化甘油(双基推进剂)	0.998

表 2-4 燃烧不完全修正中的系数 k 值表

燃速/(mm·s^{-1})	k	燃速/(mm·s^{-1})	k	燃速/(mm·s^{-1})	k
2.79	91.4	4.83	96.7	22.86	99.3
3.05	93.1	5.08	97.0	25.40	99.4
3.30	94.0	7.62	97.7	30.48	99.6
3.56	94.6	10.16	98.2	35.56	99.7
3.81	95.1	12.70	98.6	40.64	99.8
4.06	95.6	15.24	98.9	45.72	99.9
4.32	96.0	17.78	99.1	≥50.8	100.0
4.57	96.4	20.32	99.2		

2) 燃烧室散热损失

燃烧室散热损失主要影响燃烧温度,其修正系数习惯上用 χ 表示。大型固体火箭发动机一般都采用贴壁浇注的内孔燃烧装药,高温燃烧产物并不直接与燃烧室壁接触,装药和包覆层可对燃烧室壁起到隔热作用,而且燃烧室壁上通常都涂有隔热涂层,因此散热损失很小。柯茨认为,有隔热涂层时可取 $\chi = 1.0$,无隔热涂层时一般取 $\chi = 0.9801$。

小型固体火箭发动机有时采用自由装填装药，工作时高温燃气可与燃烧室壁直接接触，因而燃烧室壁的散热损失较大。散热损失修正可运用传热学理论计算，在工程应用中还可以采用以下经验公式：

$$\chi = 1 - \frac{a}{1 + d\psi} \quad (2-78)$$

式中，a 和 d 为与装药形式有关的常数；ψ 为当前时刻推进剂烧去的相对质量，设 m_p 和 m_{p0} 分别是装药的当前瞬时质量和初始质量，则有

$$\psi = 1 - \frac{m_p}{m_{p0}} \quad (2-79)$$

在整个燃烧过程中，平均散热损失为

$$\bar{\chi} = \frac{\int_0^1 \chi \mathrm{d}\psi}{\int_0^1 \mathrm{d}\psi} = 1 - \frac{a}{d}\ln(1+d) \quad (2-80)$$

不同装药类型的 a、d 值及对应的 $\bar{\chi}$ 值列于表 2-5 中。

表 2-5 不同装药类型下散热损失的经验常数及平均散热损失

装药类型	a	d	$\bar{\chi}$
单根管状装药	0.30	5.00	0.89
多根管状装药	0.16	2.00	0.91
贴壁内孔燃烧装药	0.05	1.54	0.97

发动机的散热损失主要影响燃烧温度，因此，χ 即是对燃烧温度的修正系数。而燃烧不完全和散热两项损失，都是能量的损失，均对特征速度 c^* 有影响，因此特征速度的修正系数为

$$\varphi_{c^*} = \varphi_b\sqrt{\chi} \quad \text{或} \quad \varphi_{c^*} = \varphi_b\sqrt{\bar{\chi}} \quad (2-81)$$

2. 燃气膨胀损失的修正系数

如前所述，表征喷管燃气流动膨胀过程充分程度的参数是推力系数 C_F，因此，燃气膨胀过程中的损失主要是对推力系数 C_F 的修正。

1）两相流损失

在计算理想性能参数时假设固体推进剂的燃烧产物是纯气相的燃气，且为理想气体，而没有考虑凝聚相。实际上，大多数固体推进剂的燃烧产物中都包含有一定量的凝聚相微粒。有关凝聚相对喷管性能的影响将在第 6 章中讨论，

主要表现在：①凝聚相微粒不能膨胀做功，减少了膨胀做功的工质，使推力和比冲下降；②凝聚相与气相之间存在速度滞后和温度滞后，速度滞后是对气流的阻力，温度滞后则降低了热效率，使性能下降。

柯茨等给出的两相流损失修正系数经验公式为

$$\varphi_{tp} = 1 - \frac{c_1 n_s^{c_2} d_s^{c_3}}{p_0^{0.15} \varepsilon_e^{0.08} d_t^{c_4}} \quad (2-82)$$

式中，$\varepsilon_e = \zeta_e^2$；$n_s$ 为凝聚相微粒浓度，mol/0.1 kg；d_t 为喷喉直径，mm；p_0 为燃烧室压强，MPa；$c_1 \sim c_4$ 均为与 d_t 和 d_s 有关的常数，见表 2-6；d_s 为凝聚相微粒直径，μm，并有

$$d_s = 2.385\,34 p_0^{\frac{1}{3}} n_s^{\frac{1}{3}} (1 - e^{-0.000\,157\,5 L^*}) \cdot (1 + 0.001\,772 d_t) \quad (2-83)$$

式中，$L^* = V_c/A_t$ 为发动机的特征长度，mm；V_c 为燃烧室自由容积，mm³；A_t 为喷喉面积，mm²。

表 2-6 两相流损失的经验常数

n_s	c_2	d_t(mm) 和 d_s(μm) 的范围		c_1	c_3	c_4
≥0.09	0.5	$d_t \leq 50.8$	$d_t < 25.4$	108.4	1.0	1.0
			$25.4 \leq d_t \leq 50.8$	56.74	1.0	0.8
		$d_t > 50.8$	$d_s < 4$	84.48	0.8	0.8
			$4 \leq d_s \leq 8$	17.63	0.8	0.4
			$d_s > 8$	10.45	0.8	0.33
<0.09	1.0	$d_t \leq 50.8$	$d_t < 25.4$	361.2	1.0	1.0
			$25.4 \leq d_t \leq 50.8$	189.13	1.0	0.8
		$d_t > 50.8$	$d_s < 4$	281.2	0.8	0.8
			$4 \leq d_s \leq 8$	58.77	0.8	0.4
			$d_s > 8$	34.74	0.8	0.33

2）质量流率损失

燃气从燃烧室末端进入喷管收敛段时，由于流动通道截面积的突然变化，在喷管入口处形成局部阻力区，总压下降；自由装填式发动机的燃烧室末端通常有保持装药固定的挡药板，使喷管入口处的流动更为复杂，进一步加大了总压损失；燃气从喷管收敛段流到喷管喉部时，由于流动的惯性作用，流

线不能完全适应流道截面的变化，实际的喷喉直径减小，如图 2-20 所示。

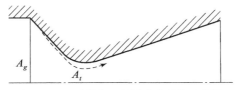

图 2-20 喷管入口质量流率损失示意图

上述因素都将导致喷管质量流率 $\dot{m}$ 的损失，从而使推力下降。质量流率损失的修正系数为

$$\varphi_{\dot{m}} = (1 - 0.112\beta)\left[1 - 0.3\left(\frac{A_t}{A_g}\right)^2\right] \quad (2-84)$$

式中，A_t 为喷喉面积；A_g 为挡药板通气面积，无挡药板时可使用燃烧室末端通气面积；β 为喷管的收敛半角，rad。质量流率损失修正系数 $\varphi_{\dot{m}}$ 的数值一般在 0.95 左右。

3）边界层损失

边界层损失是指燃气与喷管壁面之间存在摩擦与散热而造成的损失，柯茨给出的修正系数为

$$\varphi_{bl} = 1 - c_1\frac{p_0^{0.8}}{d_t^{0.2}}\left(1 + 2e^{-\frac{c_2 p_0^{0.8} t}{d_t^{0.2}}}\right) \cdot [1 + 0.016(\varepsilon_e - 9)] \quad (2-85)$$

式中，p_0 为燃烧室压强，MPa；d_t 为喉径，mm；t 为发动机的当前工作时间，s；c_1 和 c_2 为与喷管有关的常数，对于有隔热防护层的喷管 $c_1 = 0.3736$、$c_2 = 0.0959$，对于无隔热防护层的一般钢喷管 $c_1 = 6.6599$，$c_2 = 0$；$\varepsilon_e = \zeta_e^2$，其取值为

$$\varepsilon_e = \zeta_e^2 = \begin{cases} \varepsilon_e, & \varepsilon_e < 9 \\ 9, & \varepsilon_e \geq 9 \end{cases} \quad (2-86)$$

在式 (2-85) 中，第一个括号项表示散热损失，可见，冷喷管（$t=0$ 时）的散热损失等于完全加热时的 3 倍；第二个括号项表示摩擦损失，扩张比 ζ_e 越大，喷管内壁面积越大，因此摩擦损失相应增大。

4）喷管扩张损失

在理想喷管中，流动是一维的，即流动方向平行于喷管轴线，在垂直于轴线的截面上流动参数均匀分布，而实际情况并不是这样。将喷管内的流动假设成源流可能更接近于真实流动，即近似认为燃气是沿喷管的锥形向外扩张流动的，如图 2-21 所示。设 O 点为源点，所有流线均从 O 点发出进入扩张段，则以 O 点为球心，在不同半径的球面上可以认为流动参数是均匀一致的。

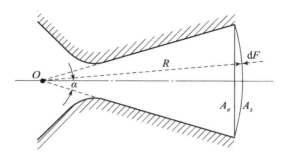

图 2-21 喷管源流示意图

燃气存在源流特性，使得燃气的流动速度呈锥形发散，从而造成轴向流速的损失，推力下降。根据源流假设，喷管的排气截面是 A_s 而不是 A_e，且排气参数在 A_s 面上均匀一致，由此可以推导出源流的推力公式为

$$F = \dot{m}V_e \frac{1+\cos\alpha}{2} + A_e(p_e - p_a) \quad (2-87)$$

式中，α 为喷管扩张段的扩张半角。由式（2-87）可知，考虑扩张损失后的推力比理论值要小，其修正系数为

$$\varphi_\alpha = \frac{1+\cos\alpha}{2} \quad (2-88)$$

显然，$\varphi_\alpha < 1$。

关于扩张损失修正系数，有以下几点需要注意：

（1）从式（2-87）可以看出，φ_α 只对流速修正，即只修正动推力。显然，扩张半角 α 越小，扩张损失就越小，其变化规律如表 2-7 和图 2-22 所示。

表 2-7 不同扩张半角时的扩张损失修正系数

扩张半角/(°)	φ_α	扩张半角/(°)	φ_α
0	1.000 0	12	0.989 0
2	0.999 7	14	0.985 1
4	0.998 8	16	0.980 6
6	0.997 3	18	0.975 5
8	0.995 1	20	0.969 8
10	0.992 4	22	0.963 6

（2）扩张损失修正系数式（2-88）适用于扩张半角 $\alpha \leqslant 40°$ 的情况。实验表明，当 $\alpha > 40°$ 时，用式（2-88）计算的结果与实验值相差较大，这是因为此时径向流速已相当可观，出口截面上燃气参数的不均匀性增大，流动与管壁之间可能发生分离，一维或准一维流动的假设已不再适用。

（3）减小扩张半角有利于降低扩张损失，但同时喷管长度增加，摩擦及散热损失增大，因此必须综合考虑。通常，锥形喷管扩张半角的取值范围为 $8° \leqslant \alpha \leqslant 20°$。

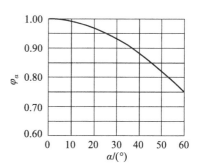

图 2-22 不同扩张半角时的扩张损失修正系数

（4）对于钟形喷管（以图 2-23 所示的双圆弧喷管为例），可将扩张损失修正系数改写成

$$\varphi_\alpha = \frac{1}{2}\left(1 + \cos\frac{\alpha_0 + \alpha_e}{2}\right) \quad (2-89)$$

式中，α_0 和 α_e 分别为扩张段母线的起始扩张半角和出口扩张半角。

5）化学动力学损失

燃气在喷管中的流动有冻结流和平衡流两种假设（详见第 8 章）。冻结流是指燃气在流动过程中组分保持不变，而平衡流则是指在喷管的任一截面处燃气都处于化学平衡状态。平

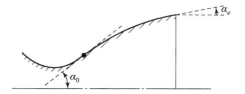

图 2-23 双圆弧喷管的扩张半角

衡流假设由于考虑了在喷管流动过程中燃烧产物发生化学反应所放出的热量，比冲量有所增加，而冻结流的比冲则偏小。实际流动介于两者之间，既非平衡流，也非冻结流。

柯茨提出的估算模型表明，在相同扩张比下，化学动力学损失约为平衡流理论比冲 I_{spe} 与冻结流理论比冲 I_{spf} 两者相对差值的 $1/3$，即 $(I_{spe} - I_{spf})/(3I_{spe})$。但是，喷管内的燃气流动在高压下更接近于平衡流动，故需对高压情况进行必要的修正。化学动力学损失引起的修正系数为

$$\varphi_{kin} = 1 - 33.3\left(1 - \frac{I_{spf}}{I_{spe}}\right) \cdot \frac{1.38}{p_0'} \quad (2-90)$$

式中，

$$p_0' = \begin{cases} 1.38, & p_0 < 1.38 \\ p_0, & p_0 \geqslant 1.38 \end{cases}$$

其中，p_0 为喷管总压，MPa。

一般地，化学动力学损失修正系数 φ_{kin} 的取值在 0.995~0.998。双基推进剂的化学动力学损失更小，通常可以忽略不计。

6) 喷管潜入损失

为了缩短发动机的总长度，或者由于总体结构的需要，有时采用图 2-24 所示的潜入式喷管，其潜入深度视发动机具体结构而定，但通常不宜超过喷管长度的 1/2。

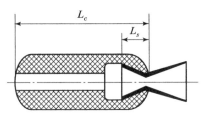

图 2-24 潜入式喷管示意图

潜入式喷管产生的能量损失称为喷管潜入损失，柯茨给出的潜入损失修正系数的经验公式为

$$\varphi_{sub} = 1 - \frac{7.002}{d_t^{0.2}} \left(\frac{p_0 n_s}{\zeta_i^2} \right)^{0.8} \left(\frac{L_s}{L_c} \right)^{0.4} \qquad (2-91)$$

式中，p_0 为燃烧室压强，MPa；n_s 为凝聚相微粒浓度，mol/0.1 kg；$\zeta_i^2 = A_i/A_t$，A_i 为喷管入口截面的面积，mm^2，A_t 为喷喉面积，mm^2；L_s 为喷管潜入长度，mm；L_c 为燃烧室内腔长度，mm；d_t 为喷喉直径，mm。

3. 长尾管发动机流动损失的修正系数

超声速长尾管的总压损失远大于亚声速长尾管，在工程上很少采用，这里仅讨论亚声速长尾管的流动损失修正。

由于长尾管长度较长，不能忽略摩擦作用，一般将长尾管内的流动近似为简单摩擦管流。长尾管入口截面 1-1 的流动参数 λ_1、ρ_1、T_1、p_1、T_{01} 和 p_{01} 可通过等熵流动假设从燃烧室末端 i 截面的参数求出，而出口截面 2-2 参数 λ_2、ρ_2、T_2、p_2、T_{02} 和 p_{02} 则是喷管进口截面的流动参数。

在等熵假设下，p_{01} 是装药通道末端的总压，近似等于燃烧室的平均压强（即工作压强），一般是已知的设计参数，喷管进口压强 p_{02} 则是需要计算的。为了保持燃烧室的压强 p_{01}，假设长尾管入口有一虚拟喉部 $t'-t'$，面积为 A_t'，燃气流动在此截面达到声速，如图 2-25 所示。根据临界状态的定义，虚拟喉部

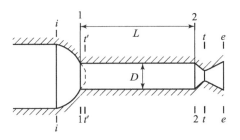

图 2-25 亚声速长尾管的计算

实际是长尾管进口流动条件所能达到的临界截面。已知，燃烧室工作压强 p_{01} 与喉部面积的关系为

$$A'_t = \frac{\rho_p a \varphi(\mathit{œ}) c^* A_b}{\varphi_{\dot{m}} p_{01}^{1-n}} \qquad (2-92)$$

式中，ρ_p 和 c^* 分别为固体推进剂的密度和特征速度；$\varphi(\mathit{œ})$ 为平均侵蚀函数；$\varphi_{\dot{m}}$ 为质量流率修正系数；a 和 n 分别为推进剂燃速系数和燃速压强指数；A_b 为推进剂装药燃烧面积。因此，给定燃烧室工作压强 p_{01}，可以通过式（2-92）计算出虚拟喉部面积 A'_t。根据连续方程，质量流率相等，即

$$\dot{m}_{t'} = \dot{m}_t$$

即

$$\frac{\Gamma p_{01} A'_t}{\sqrt{RT_{01}}} = \frac{\Gamma p_{02} A_t}{\sqrt{RT_{02}}}$$

假设流动是绝热的，总温不变，$T_{01} = T_{02}$，可得长尾管的总压恢复系数 σ_L 为

$$\sigma_L = \frac{p_{02}}{p_{01}} = \frac{A'_t}{A_t} \qquad (2-93)$$

长尾管存在摩擦，流动不等熵，造成总压损失，$\sigma_L < 1$，因此虚拟喉部面积 A'_t 小于实际喉部面积 A_t。将式（2-92）代入式（2-93），可得总压恢复系数

$$\sigma_L = \frac{\rho_p a c^*}{\varphi_{\dot{m}} p_{01}^{1-n}} \cdot \frac{A_b}{A_t} = \frac{\rho_p a \varphi(\mathit{œ}) c^* K_N}{\varphi_{\dot{m}} p_{01}^{1-n}} \qquad (2-94)$$

式中，K_N 为发动机的面喉比。由式（2-94）确定总压恢复系数 σ_L 后，可以计算出喷管入口的总压 p_{02}。

总压的改变，必然导致推力的改变，从而使推力系数也发生变化。根据推力公式（2-15），有

$$F = C_{FL} p_{02} A_t = \sigma_L \cdot C_{FL} p_{01} A_t \qquad (2-95)$$

式中，C_{FL} 是相应于长尾管发动机中喷管入口总压 p_{02} 的推力系数。

由推力系数公式（2-20）可知，推力系数主要受压强比 p_e/p_0 和 p_a/p_0 的影响，在长尾管中则成为 $p_e/(\sigma_L \cdot p_{01})$ 和 $p_a/(\sigma_L \cdot p_{01})$，因此，长尾管发动机的推力系数为

$$\begin{aligned} C_{FL} &= \Gamma \cdot \sqrt{\frac{2\gamma}{\gamma-1}\left[1-\left(\frac{p_e}{\sigma_L \cdot p_{01}}\right)^{\frac{\gamma-1}{\gamma}}\right]} + \zeta^2\left(\frac{p_e}{\sigma_L \cdot p_{01}} - \frac{p_a}{\sigma_L \cdot p_{01}}\right) \\ &= \Gamma \cdot \sqrt{\frac{2\gamma}{\gamma-1}\left[1-\sigma_L^{-\frac{\gamma-1}{\gamma}}\left(\frac{p_e}{p_{01}}\right)^{\frac{\gamma-1}{\gamma}}\right]} + \frac{1}{\sigma_L} \cdot \zeta^2\left(\frac{p_e}{p_{01}} - \frac{p_a}{p_{01}}\right) \quad (2-96) \end{aligned}$$

由于 $p_e/(\sigma_L \cdot p_{01}) > p_e/p_{01}$，所以 $C_{FL} < C_F$，即长尾管使总压降低，同时也使得推力系数减小。当 $\sigma_L = 1$，即无损失时，推力系数公式与式（2-20）

相同。

引入长尾管对推力系数的修正系数 φ_L，则有

$$\varphi_L = \frac{C_{FL}}{C_F} = \frac{\Gamma \cdot \sqrt{\dfrac{2\gamma}{\gamma-1}\left[1-\sigma_L^{-\frac{\gamma-1}{\gamma}}\left(\dfrac{p_e}{p_{01}}\right)^{\frac{\gamma-1}{\gamma}}\right]} + \dfrac{1}{\sigma_L} \cdot \zeta_e^2\left(\dfrac{p_e}{p_{01}} - \dfrac{p_a}{p_{01}}\right)}{\Gamma \cdot \sqrt{\dfrac{2\gamma}{\gamma-1}\left[1-\left(\dfrac{p_e}{p_{01}}\right)^{\frac{\gamma-1}{\gamma}}\right]} + \zeta_e^2\left(\dfrac{p_e}{p_{01}} - \dfrac{p_a}{p_{01}}\right)} \quad (2-97)$$

显然，当 $\sigma_L = 1$ 时，$\varphi_L = 1$，即没有长尾管损失修正。实际上，用式（2-96）所做的计算表明，长尾管对推力系数的影响程度很小，基本上可以忽略不计，所以长尾管对推力的影响主要是取决于总压恢复系数 σ_L。

由于假设长尾管内为绝热流动，故特征速度在长尾管中没有损失。长尾管引起的发动机比冲损失主要是体现在推力系数上，质量流率损失是总压损失引起的，总压恢复系数 σ_L 即为质量流率修正系数。因此，关于长尾管可以得出的主要结论是，在其他条件（工作压强、喷管和装药结构尺寸、推进剂性能等）不变情况下，长尾管增加了固体火箭发动机的长度，对质量流率和推力产生的影响较大，而对推力系数、比冲的影响较微弱。

2.4.3 固体火箭发动机的实际性能参数预估

用修正系数对理论性能参数进行修正，即可得到实际性能参数。

前已述及，燃气在喷管膨胀过程中的损失主要是对推力系数 C_F 进行修正，其修正系数为

$$\varphi_{C_F} = \varphi_{\text{tp}} \cdot \varphi_{\dot{m}} \cdot \varphi_{\text{bl}} \cdot \varphi_\alpha \cdot \varphi_{\text{kin}} \cdot \varphi_{\text{sub}} \cdot \varphi_L \quad (2-98)$$

特征速度的修正系数为式（2-81），即

$$\varphi_{c^*} = \varphi_b \cdot \sqrt{\chi} \quad \text{或} \quad \varphi_{c^*} = \varphi_b \cdot \sqrt{\bar{\chi}} \quad (2-99)$$

比冲 I_{sp} 的修正系数为

$$\varphi_{I_{\text{sp}}} = \varphi_{C_F} \cdot \varphi_{c^*} \quad (2-100)$$

用 χ 表示燃烧温度的修正系数，则修正后的实际性能参数为

$$\begin{cases} f_{0\text{r}} = \chi R T_0 \\ c_\text{r}^* = \varphi_{c^*} \cdot c^* \\ \dot{m}_\text{r} = \sigma_L \varphi_{\dot{m}} \cdot \dot{m} = \dfrac{\sigma_L \varphi_{\dot{m}} \cdot p_0 A_t}{\varphi_{c^*} \cdot c^*} \\ c_{F\text{r}} = \varphi_{C_F} c_F \\ I_{\text{spr}} = \varphi_{I_{\text{sp}}} I_{\text{sp}} \\ F_\text{r} = \sigma_L \cdot c_{F\text{r}} p_0 A_t = \sigma_L \varphi_{C_F} \cdot c_F p_0 A_t = \sigma_L \varphi_{C_F} \cdot F \end{cases} \quad (2-101)$$

式中，下标"r"表示实际性能参数。为简洁起见，在以后的公式中直接使用修正后的性能参数，而不再用下标表示。在推力计算中，推力的修正系数即为推力系数的修正系数，而对质量流率及压强的修正体现在对特征速度的修正上。如果忽略燃烧不完全损失，则修正特征速度时只对温度进行修正，即

$$c^* = \frac{\sqrt{\chi R T_0}}{\Gamma} \tag{2-102}$$

如果忽略燃烧不完全损失和长尾管损失，则质量流率为

$$\dot{m} = \frac{\varphi_{\dot{m}} \cdot \Gamma p_0 A_t}{\sqrt{\chi R T_0}} = \frac{\varphi_{\dot{m}} \cdot p_0 A_t}{c^*} \tag{2-103}$$

需要指出的是，以上讨论都是在假设各种损失完全独立、互不影响的基础上进行的，因此可对每项损失做单独修正，为了防止重复计算，每项损失只能计算一次。实际上，固体火箭发动机的各种损失相互之间可能是有影响的，不同损失之间的影响程度也不相同。在典型发动机结构和工作条件下，各种损失相互之间的影响程度列于表2-8中。

表2-8 不同损失之间的相关性

流动特征	性能损失				
	扩张损失	边界层损失	化学动力学损失	两相流动损失	燃烧不完全损失
非一维流动	直接影响	>0.2%	<0.2%	<0.2%	微弱
燃气的黏性和导热性	微弱	直接影响	微弱	<0.2%	微弱
有限化学反应速率	微弱	<0.2%	直接影响	微弱	微弱
多相流动	>0.2%	<0.2%	<0.2%	直接影响	微弱
不完全燃烧	微弱	<0.2%	<0.2%	微弱	直接影响

由表2-8中数据可见，有两种损失的相互影响是严重的：

（1）非一维流动对边界层损失有较大影响。这是因为边界层流动对来流条件是很敏感的，实际的喷管流线与一维流的流线有显著差别，特别是在喉部附近差别更大，同时喉部的传热速率也是最大的。

（2）两相流动对扩张损失有较大影响。在惯性作用下，凝聚相微粒容易集中在喷管轴线附近，使凝聚相传递给气相的热量在轴线附近要大于在管壁附近，造成流速不均匀，从而影响扩张损失。

从宏观上看，各项损失相互之间的影响不大。柯茨用上述方法对20个产

品发动机的比冲进行了预估,得到的 $\varphi_{I_{sp}}$ 预估值在 89.8%~96.3% 范围内,与实测结果的最大偏差为 1.5%,说明上述发动机性能参数的预估方法有较高的预估精度,可以满足发动机设计的工程需要。

2.4.4 预估固体火箭发动机实际比冲的统计法

根据已有的火箭发动机比冲实验数据,应用多元回归分析对影响比冲的发动机设计参数进行最佳拟合,从而得到实际比冲与设计参数之间的函数关系,称为预估火箭发动机实际比冲的统计法。这种方法简单、直观,其通用性与预估精度取决于实验数据的数量及各设计参数的数值范围。

兰兹伯(E. M. Landsbaum)等人分析了美国常见的 30 多种火箭发动机的比冲数据,统计给出了比冲修正系数的经验公式(标准偏差 $\sigma = 2.77 \times 10^{-3}$,相关系数 $R = 0.968$),即

$$\varphi_{I_{sp}} = 1.066\,9 + 0.012\,2\ln d_t - 0.046\,5\ln \beta_e - 0.230 a_{Al} - 4.48 \times 10^{-3}\ln \varepsilon_e + 0.015\,3\ln(1-\delta) - 8.42 \times 10^{-3}\ln \zeta_i^2 - 5.48 \times 10^{-3}\ln p_0 + 3.33 \times 10^{-3}\ln \rho_t$$
(2-104)

式中,d_t 为喷喉直径,mm;a_{Al} 为推进剂含铝量,%;$\varepsilon_e = \zeta_e^2$ 为喷管面积扩张比;$\delta = L_s/L_p$ 为喷管潜入分数,L_s 为潜入长度,mm,L_p 为装药长度,mm;$\zeta_i^2 = A_i/A_t$,A_i 为喷管入口截面的面积,mm²,A_t 为喷喉面积,mm²;p_0 为燃烧室压强,MPa;ρ_t 为喷喉上游的曲率半径,mm;β_e 为反映扩张损失的系数,(°),并有

$$\beta_e = \frac{1}{3}\left\{\tan^{-1}\left[\frac{d_t(\varepsilon_e^{0.5}-1)}{2L_n}\right] + 2\alpha_e\right\}$$
(2-105)

式中,α_e 为喷管出口扩张半角,(°);L_n 为从喷管喉部到出口截面的距离,mm,亦即喷管扩张段的长度。

影响比冲损失最主要的因素是 d_t、β_e、a_{Al} 和 ε_e,所以可将经验公式的变量减少到 4 个,即

$$\varphi_{I_{sp}} = 1.024\,6 + 0.011\,1\ln d_t - 0.032\,8\ln \beta_e - 0.254 a_{Al} - 6.17 \times 10^{-3}\ln \varepsilon_e$$
(2-106)

其中,标准偏差 $\sigma = 3.42 \times 10^{-3}$,相关系数 $R = 0.940$。

郭志勇等在收集国内大型发动机地面试验数据的基础上,统计整理出比冲修正系数的经验公式(标准偏差 $\sigma = 3.152 \times 10^{-3}$,相关系数 $R = 0.953\,7$),即

$$\varphi_{I_{sp}} = 1.099\,5 + 1.239 \times 10^{-2} \ln d_t - 3.553 \times 10^{-2} \ln \beta_e - 0.247\,1 a_{Al} +$$
$$5.448 \times 10^{-3} \ln \varepsilon_e + 8.054 \times 10^{-3} \ln(1-\delta) - 2.976 \times 10^{-3} \ln \zeta_i^2 +$$
$$4.868 \times 10^{-3} \ln p_0 + 4.393 \times 10^{-3} \ln \rho_t$$

(2 - 107)

同样，只考虑影响比冲损失的最主要因素 d_t、β_e、a_{Al} 和 ε_e 时，经验公式变为

$$\varphi_{I_{sp}} = 1.014\,55 + 1.111 \times 10^{-2} \ln d_t - 3.028 \times 10^{-2} \ln \beta_e -$$
$$0.218\,1 a_{Al} - 6.874 \times 10^{-3} \ln \varepsilon_e$$

(2 - 108)

其中，标准偏差 $\sigma = 3.574 \times 10^{-3}$，相关系数 $R = 0.927\,6$。

2.4.5 固体火箭发动机实际性能参数的测量与计算

在发动机的研制与设计阶段，可以使用上述方法进行性能参数的预估计算，但是这些参数还必须经过试验检验。为此，可以通过固体火箭发动机静止试验测量出压强、推力随时间变化的曲线，即 $p-t$ 和 $F-t$ 曲线，根据这些测量数据可以得出比冲、特征速度和推力系数等性能参数，从而得到发动机的实际性能参数。这种试验通常称为发动机内弹道性能试验，其中，测量的压强可以是燃烧室头部压强 p_1 或末端压强 p_2，也可以是燃烧室末端总压 p_0。

根据测量的 $F-t$ 曲线和比冲定义式（2-40），通过积分可以得到平均比冲，即

$$I_{sp} = \frac{\int_0^{t_k} F dt}{m_p}$$

(2 - 109)

推力系数定义由式（2-12）定义，重写如下：

$$C_F = \frac{F}{p_0 A_t}$$

(2 - 110)

于是，根据实验测量的 $F-t$ 曲线和 p_0-t 曲线，可得平均推力系数为

$$\bar{C}_F = \frac{\int_0^{t_k} \frac{F}{p_0 A_t} dt}{t_k}$$

(2 - 111)

或

$$\bar{C}_F = \frac{\int_0^{t_k} F dt}{\int_0^{t_k} p_0 A_t dt}$$

(2 - 112)

对于一般的火箭发动机,喉部面积 A_t 不变,可看作常数;而对于工作时间长的续航发动机以及喉部烧蚀或沉积严重的发动机,却不能近似为常数。由式(2-110)知,燃烧室末端总压 p_0(即 p_{02})可表示成如下形式:

$$p_0 \approx \frac{1}{2}(p_1 + p_2) \qquad (2-113)$$

于是,通过测量的 p_1 和 p_2 可以计算出 p_0。

由式(2-45),可得平均特征速度为

$$\bar{c}^* = \frac{I_{sp}}{\bar{C}_F} \qquad (2-114)$$

第 3 章
固体火箭发动机装药设计

根据智能弹药设计所提出的战术技术要求，确定火箭发动机合理的装药形状、尺寸及相应的质量称为固体火箭发动机装药设计。装药设计不仅与火箭发动机设计有关，而且和全弹的总体设计有关，也是总体设计的主要组成部分。

3.1 推进剂型号与装药药型的选择

3.1.1 推进剂选择

1. 对推进剂性能的要求

设计智能弹药时一般都选用已经定型生产的推进剂。从设计角度出发，对选择的推进剂有以下要求：

（1）能量尽量高，即推进剂的比冲 I_{sp} 尽量大。由最大理想速度公式 $v_{ik} = I_{sp}\ln(1 + m_p/m_k)$ 可知，当装药质量 m_p 和被动段质量 m_k 一定时，最大理想速度 v_{ik} 取决于 I_{sp}。I_{sp} 大时 v_{ik} 大，射程远；如果射程相同，威力可以加大；若射程和威力不变，则可以使质量减少。

（2）在燃烧室内正常燃烧的临界压强尽可能低。这有利于减轻燃烧室的质量，提高速度与射程。

（3）压强温度系数小。燃烧室壳体是以高温最大压强设计其强度的，过大的压强温度系数会使低温和常温时强度储备过大，从而增加消极质量；压强温度系数小，可使高、低温压强差别小，对保证低温正常燃烧也有好处。

(4)力学性能良好。在贮存期内和使用环境条件下,推进剂的抗拉强度、伸长率和弹性模量应满足在贮运和使用过程中结构完整性的要求,不产生过大的变形。对于贴壁浇药,一般要求推进剂具有较大的伸长率;而对于端面燃烧的实心自由装填药柱,则要求推进剂具有较大的模量。

(5)物理化学安定性好,冲击摩擦感度小,可长期贮存和安全运输。

(6)经济性好,原材料有稳定来源。生产工艺性好,适于大批生产。

2. 固体推进剂的选用原则

选用的推进剂应满足性能和使用方面的要求。性能方面:要求高比冲、大密度、所需的内弹道性能、良好的力学性能和较低的温度敏感系数;燃烧产物的分子量要小、比热要大、离解程度要小,最好全是气态物质。使用方面:要求物理化学安定性好、自燃温度高、危险性小、能长期贮存,燃烧产物无毒、少烟。此外,要求原材料丰富、制造工艺简单、成本低廉。

现在,各种推进剂在比冲、密度、燃速、力学性能、危险等级和使用性能等方面都有较宽的选择范围,有些性能还可通过改变配方和工艺来调整和改进。但是,应当注意,调整某一特性时,往往会引起另一特性的变化。所以选用的推进剂应全面鉴定其性能,务必使选用的推进剂满足发动机的技术要求。

一旦选中了某种推进剂,且推进剂药柱设计定型后,发动机结构设计亦随之确定了。而发动机结构加工、药柱芯模加工及发动机壳体的组装,因涉及机加和装药工艺,以及各种工装等,加工周期长,不宜做较大变动;又因为推进剂性能参数也影响发动机结构设计,发动机设计首先要选定推进剂,在发动机设计过程中不能轻易改变所选定的推进剂。具体的选择原则如下。

1) 能量特性

选用的推进剂应具有设计条件所要求的实际比冲和尽可能大的体积比冲。由公式 $I_s = I/m_P$,当总冲 I 一定时,所选用的推进剂比冲 I_s 越大,则所需推进剂质量 m_P 越小。体积比冲 $I_s \rho_P$ 越大,则药柱体积越小,相应的燃烧室容积也越小,从而发动机结构质量越轻。相反,给定发动机尺寸,药柱体积一定,体积比冲越大,则发动机总冲越大,导弹速度增量也越大。部分固体推进剂的能量特性见表 3-1。

2) 内弹道特性

选用的推进剂在预期工作条件下,在设计的推力-时间历程内,应具有所需要的内弹道性能。推进剂的内弹道性能是以燃速、压强指数和燃速的温度敏感系数来表征的(表 3-1)。

表3-1 某些推进剂的能量特性和内弹道特性

推进剂	比冲 I_{sp} /(N·s·kg^{-1})	密度 ρ_p /(g·cm^{-3})	燃速 r /(mm·s^{-1})	压强指数 n	燃速温度系数 $(\alpha_r)_p$% /(℃$^{-1}$)	特征速度 C^*/(m·s^{-1})	临界压强 p_{cr}/MPa
双钴-1	2 009	1.64~1.66	10.5	0.19	0.25		3.82
双钴-2	1 989	1.64~1.66	12.8	0.21	0.07		4.22
GLQ-1	2 279	1.668	25.0	0.35	0.233	1 544	3.92
双铅-2	1 960	1.61	10.5	0.358	0.23		
GLQ-2	2 222	1.682	30.0	0.394	0.19	1 508	3.43
DR-3		1.57	2.8~3.8	0.2	0.1	1 262.7	
DR-5		1.59	4.5~6.0	0.11	0.17	1 347.5	
GHT$_0$-1	2 183	1.69	23.24	0.121	0.2	1 485	
GHQT$_0$-1	2 301	1.72	20.68	0.36	0.11	1 558	
GHT-1	2 381	1.73	20.48	0.302	0.1	1 601	
862A丁羟	2 320	1.70	9.0	0.4	0.22	1 584.0	
863A丁羟	2 342	1.74	9.4	0.44			
864A丁羟	2 332	1.79	12.0	0.34		1 650.0	

（1）燃速应符合推力-时间历程的要求。推力大、工作时间短的助推器，要求燃速高；工作时间较长的主发动机要求燃速稍低些；长时间工作的低推力燃气发生器，则要求低燃速的推进剂。固体推进剂的燃速一般是可调的，对于复合推进剂和CMDB推进剂，可采用增减燃速催化剂、改变氧化剂颗粒大小和粒度配比等方法来调节。

（2）压强指数应尽量低。压强指数 n 对发动机性能影响较大，在发动机工作过程中，燃烧不完全的物质及熔融铝或氧化铝的沉积，可能使喷喉面积变小，药柱中的小气孔或裂纹可能使燃面超出设计值，从而使燃烧室压强急剧升高。因此，通常要求压强指数（$n<1$）越小越好，以免引起燃速和燃烧室压强的剧烈变化。

(3)温度敏感系数应尽量小。温度敏感系数是描述推进剂初温对燃速和压强影响的参数。要使发动机能在较宽的环境温度范围内工作,并有着相近的内弹道性能,要求推进剂的温度敏感系数和压强指数尽量小。

3)燃烧特性

(1)侵蚀燃烧效应要弱。推进剂燃速受平行于药柱燃面的高速气流影响,这种现象叫作侵蚀效应。有侵蚀效应的燃烧叫作侵蚀燃烧。侵蚀燃烧会影响发动机的性能。首先,强烈的侵蚀效应会造成初始压强急升,形成所谓"侵蚀压强峰";其次,侵蚀效应使靠近喷管一端的药柱先烧完,药柱不能同时燃尽,造成压强-时间曲线拖尾加长。侵蚀效应多发生在发动机工作初期,随着工作时间的加长,侵蚀效应减弱并消失。通常以侵蚀比 ε 来定义有侵蚀效应时的燃速 r 与同样条件(初温、压强)无侵蚀效应时的燃速 r_0 之比:

$$\varepsilon = r/r_0$$

ε 值主要靠实验来测定,有不少学者在大量实验基础上提出了许多表达 ε 的经验式。

实验表明:①对于不同的推进剂,引起侵蚀燃烧的平行气流速度是不一样的,即每一种推进剂都有一个界限速度存在,只有当平行气流速度大于界限速度时才产生侵蚀燃烧;②推进剂的燃烧温度越高,侵蚀效应越弱,一般燃烧温度低于 3 000 K 的推进剂大多发生侵蚀燃烧;③燃烧室压强增加,侵蚀效应加剧。

(2)燃烧稳定性要好。选用的推进剂不应出现不稳定燃烧。通常,复合推进剂中加入铝粉可抑制高频振荡燃烧。对于复合推进剂和 CMDB 推进剂,可通过调整铝粉含量和粒度配比来改善推进剂燃烧稳定性。

4)力学特性

固体推进剂的力学特性包括抗拉和抗压强度、伸长率、松弛模量。根据药柱结构完整性分析,对推进剂的力学性能提出最低要求;或根据极端温度下药柱可能承受的最低单向应力和应变值,对推进剂提出力学性能要求。通常推进剂的抗拉、抗压强度在高温时最低,而伸长率在低温下最低,故应以高温下的强度和低温下的伸长率来评价推进剂的力学性能。

5)安定性

安定性是指推进剂在贮存条件下,在规定时期内,其本身理化性能和燃烧性能的改变程度,一般分化学安定性和物理安定性两种。前者指推进剂本身有无化学变化或组分自动分解,后者指推进剂有无物理性质的变化(如老化、汗析、结晶、吸湿)。

一般地说,复合推进剂的热安定性优于 DB 推进剂。CTPB 推进剂和 HTPB

推进剂有良好的热安定性。PU 推进剂对水敏感，在潮湿空气中存放会降低力学性能，但 HTPB 推进剂已解决了这一致命弱点。PB 推进剂对水的敏感性不大。

6）危险性

冲击、摩擦和静电的作用都有可能引起推进剂燃烧、爆燃（deflagration）或爆轰。在一定条件下，如果药柱几何尺寸和质量都足够大，则爆燃可能转变为爆轰。如果药柱几何尺寸大到超过推进剂的临界尺寸，理论上讲，所有固体推进剂都可能由于受高速冲击波的作用而引起爆轰。通常复合推进剂的临界尺寸大于 DB 推进剂和 CMDB 推进剂的临界尺寸，即前者的冲击敏感度比后二者低；但前者的摩擦感度却高于 DB 推进剂而与 CMDB 推进剂相当。

7）经济性

推进剂的成本取决于原材料的价格、加工工艺、环境要求和品质控制水平等。因此选用的推进剂应在本国有丰富的原料、价格低廉、制造工艺简单、品质控制容易，可大批量生产，贮存期长，这样可取得较好的经济效果。

3.1.2 装药药型的选择

装药药型的选择是装药设计的第一步，因为不同的药型适用于不同要求的固体火箭发动机，并有不同的设计方法，只有选定了药型之后，才能着手进行装药几何尺寸的设计。几种常见的装药药型如图 3-1 所示。

一般来讲，选择装药药型应遵循以下原则：

（1）使装药的药型有足够的燃烧面。

（2）对燃烧室壁的传热少。从传热角度，内孔燃烧的装药传热最少。因为这类装药的外径是紧贴在燃烧室的内壁上，燃气不直接与燃烧室壁接触，可以显著地减少对室壁的传热。而管状药在燃烧过程中，因燃气直接作用在燃烧室内壁上，传热较多，热损失较大。

（3）装药药柱在燃烧室内容易固定。浇注装药在燃烧室内易于固定，可以不用挡药板；管状药固定比较困难，一般要采用挡药和固药装置。

（4）装药的余药少，利用率高。星孔装药有余药损失，管状药余药损失较小。

（5）装药有足够的强度。装药的强度主要取决于推进剂的组分与制造方法。但是即使是同一种推进剂，装药形状、尺寸与受载方向都对装药强度有影响。当轴向惯性力较大时，无论是单孔管状药或星孔装药的长度都不宜太长，长度太大会使受压端面产生较大的应力；当单孔管状药内孔与外侧的通气参量差别较大时，药柱的厚度不宜太薄，否则，药柱内外压强差可能引起药柱破坏。

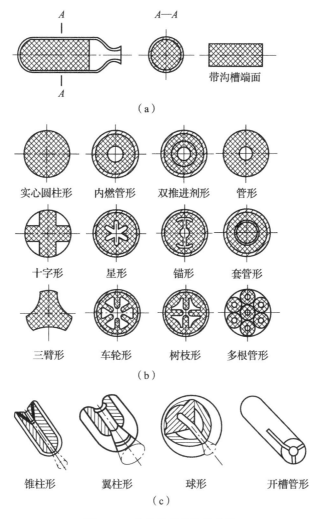

图 3-1 几种常见的装药药型
(a) 端燃药柱；(b) 侧燃药柱；(c) 侧端同时燃烧药柱

(6) 结构及工艺简单，便于大批量生产。

3.2 单孔管状药的装药设计

具有单个中心圆孔的圆柱形装药称为单孔管状药，它的形状由 4 个参数确定,即外径 D、内径 d、长度 L 和装药根数 n,通常用 D/d – Ln 表示。这种装药当两端包覆时燃烧面呈等面性变化。如果装药较长,长细比达 10 以上时端面不包覆亦可看作等面性装药。

3.2.1 装药尺寸与设计参量的关系

1. 单孔管状药燃烧面变化规律

实际燃烧过程中燃烧面的变化相当复杂。下面的推导是按照几何燃烧定律——在整个燃烧过程中,装药按平行层燃烧规律逐层燃烧进行推导的。因此推导得到的是装药燃烧面理论上的变化规律。

图 3 – 2 为无包覆单孔管状药燃烧面变化示意图。燃烧前装药尺寸为外径 D、内径 d、长度 L,装药的肉厚为 e_1。则由图 3 – 2 可知:

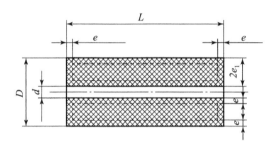

图 3 – 2 无包覆单孔管状药燃烧面变化示意图

装药的起始肉厚为

$$e_1 = (D - d)/4$$

当装药燃烧到某瞬时,烧去肉厚为 e,则装药一端的端面积为

$$A_T = \pi[(D-2e)^2 - (d+2e)^2]/4$$

装药的外侧和内孔表面积之和为

$$A_S = \pi[(D-2e) + (d+2e)](L-2e)$$
$$= \pi(D+d)(L-2e)$$

燃烧总面积为

$$A_b = \pi(D+d)(L-2e) + \pi[(D-2e)^2 - (d+2e)^2]/2 \qquad (3-1)$$

当 $e = 0$ 时,装药各起始燃烧面积为

$$A_{T0} = \pi(D^2 - d^2)/4$$

$$A_{s0} = \pi(D + d)L$$

$$A_{b0} = \pi(D + d)L + \pi(D^2 - d^2)/2$$

由式（3-1）整理可得总燃面的变化规律为

$$A_b = A_{b0} - 4\pi(D + d)e \tag{3-2}$$

由式（3-2）可知，当单孔管状药两端不包覆时，呈线性减面型燃烧。用同样方法可得到装药一端或两端包覆时燃烧面变化规律。

2. 通气参量 æ 与装药尺寸的关系

在固体火箭发动机原理中，介绍过通气参量 æ，它定义为在固体火箭发动机燃烧室中所研究的 x 截面前的装药燃烧面积 A_{bx} 与该截面的燃气通道截面积 A_{px} 之比，它在装药未燃烧时靠近喷管处一端最大，称为起始通气参量 $æ_0$，其计算公式为

$$æ_0 = \frac{A_{b0} - A_{T0}}{A_{p0}} = \frac{A_{b0} - A_{T0}}{A_c - A_{T0}}$$

式中，A_c 为燃烧室内腔横截面积，$A_c = \pi D_i^2/4$，D_i 为燃烧室内径或绝热层内径。

将 A_{b0}、A_{T0}、A_c 代入上式，简化后可得

$$æ_0 = \frac{4(D + d)L + (D^2 - d^2)}{D_i^2 - (D^2 - d^2)} \tag{3-3}$$

如果装药长细比较大，端面积与侧表面积相比很小，或者装药两端面包覆，则式（3-3）可简化为

$$æ_0 = \frac{4(D + d)L}{D_i^2 - (D^2 - d^2)} \tag{3-4}$$

对于多根装药则有

$$æ_0 = \frac{4n(D + d)L}{D_i^2 - n(D^2 - d^2)} \tag{3-5}$$

上面讨论的是管状药总的通气参量，实际上燃气沿装药外表面和内表面流动速度是不一样的，也就是侵蚀效应不同。因此有时还需要分别计算单孔管状药沿装药外表面的外通气参量 $æ_e$ 与沿装药内表面的通气参量 $æ_i$。它们的表达式分别为

$$æ_e = \frac{4nDL}{D_i^2 - nD^2} \tag{3-6}$$

$$æ_i = \frac{4L}{d} \tag{3-7}$$

内外通气参量之比为

$$m = æ_i/æ_e = \frac{D_i^2 - nD^2}{nd \cdot D} \tag{3-8}$$

实验证明，$æ_i$ 与 $æ_e$ 的比值对装药燃烧稳定性及初始压强峰有一定影响，尤其是在 $æ_0$ 较大时其影响更为明显。为了使初始压强峰不致过大以及保证正常燃烧的临界压强不致太高，通常取 $æ_i/æ_e = 1 \sim 2$。

3. 充满系数和极限充满系数

充满系数 ε 是装药在燃烧室横截面上的充满程度，即装药横截面积与燃烧室内腔横截面积之比。

由定义得

$$\varepsilon = \frac{A_{T0}}{A_C} = \frac{\pi n(D^2 - d^2)/4}{\pi D_i^2/4} = \frac{n(D^2 - d^2)}{D_i^2} \tag{3-9}$$

在设计过程中往往首先求出 ε 然后再计算装药尺寸。为了防止计算出的装药尺寸装不进燃烧室，引入极限充满系数 ε_l。极限充满系数是装药外径为极限直径时所对应的充满系数。装药的极限直径是指外径相等的多根单孔管状药对应于一定的装药根数和排列方式，所有装药都能装入燃烧室时，装药的最大外径，记为 D_l。

令

$$\varphi_l = D_l/D_i$$

不同的装药根数与排列方式所对应的 φ_l 值，可以通过一定的几何关系求得。

图 3-3 为外实排列法装药。外实排列法装药先从外层密实排列，再逐步向内层排列。表 3-2 为外实排列法各层的装药根数。

由图 3-3 可知，D_l 与 D_i 和外层装药根数 n_1 的关系为

$$\frac{D_l}{2} + \frac{D_l/2}{\sin(\pi/n_1)} = \frac{D_i}{2}$$

故

$$\varphi_l = \frac{D_l}{D_i} = \frac{\sin(\pi/n_1)}{1 + \sin(\pi/n_1)} \tag{3-10}$$

图 3-4 为多根装药内实排列法，装药先从中心排起。采用这种排列法装药的根数是限定的。同样可以通过几何关系计算 φ_l 值。

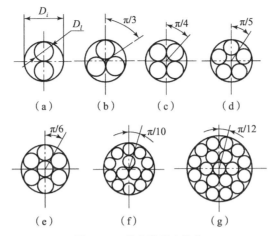

图 3-3 外实排列法装药

(a) $n=2$; (b) $n=3$; (c) $n=4$; (d) $n=5$;
(e) $n=7$; (f) $n=13$; (g) $n=19$

表 3-2 外实排列法各层的装药根数

总装药根数	3	4	5	6	7	8	9	10	13	14	15	17	19	20	22	24
第一层（外层）	3	4	5	6	6	7	8	9	10	10	11	12	12	13	14	15
第二层					1	1	1	1	3	4	4	5	6	6	7	8
第三层													1	1	1	1

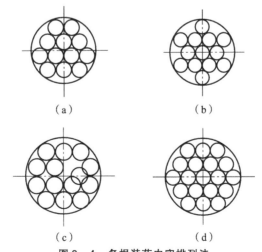

图 3-4 多根装药内实排列法

(a) $n=12$; (b) $n=13$; (c) $n=14$; (d) $n=15$

当 $n > 7$ 时，φ_l 还可按下式进行近似计算：

$$\varphi_l = \sqrt{\frac{0.7}{n}}$$

极限充满系数 ε_l 的大小除了与装药根数、排列方式有关外，还与 $æ_i/æ_e$ 的比值有关。

当 $æ_i = mæ_e$ 时：

$$D = \frac{m\varepsilon_l - \varepsilon_l + 1}{\sqrt{mn(m\varepsilon_l - 2\varepsilon_l + 2)}} D_i$$

$$\varphi_l = \frac{m\varepsilon_l - \varepsilon_l + 1}{\sqrt{mn(m\varepsilon_l - 2\varepsilon_l + 2)}}$$

为了求出上式中的 ε_l 值，将其整理为

$$a\varepsilon_l^2 + b\varepsilon_l + c = 0$$

得

$$\varepsilon_l = \frac{-b + \sqrt{b^2 - 4ac}}{2a} \qquad (3-11)$$

式中，

$$a = (m-1)^2$$
$$b = 2\varphi_l^2 mn - \varphi_l^2 m^2 n + 2m - 2$$
$$c = 1 - 2\varphi_l^2 mn$$

用式（3-11）可以计算出不同装药根数、不同排列方式及不同的 $æ_i$ 与 $æ_e$ 比值 m 时的 ε_l 值。

装药能装入燃烧室的条件是

$$\varepsilon < \varepsilon_l$$

4. 单孔管状药尺寸表达式

单孔管状药尺寸表达式主要是建立装药的几何尺寸与充满系数 ε 和燃烧室内径 D_i（或绝热层内径 D_h）之间的关系。若燃烧室内壁有绝热层则下面推导得到的公式中 D_i 用 D_h 代替。

$æ_i/æ_e$ 的比值不同，单孔管状药的表达式也不同，下面按 $æ_i/æ_e = m$ 来推导单孔管状药尺寸表达式。

当装药长径比较大时，$æ_e \approx æ_0$，这样可以近似取 $æ_i = mæ_e \approx mæ_0$，由 $æ_i$ 和 $æ_0$ 的定义得

$$\frac{4L}{d} = m\frac{4n(D+d)L}{D_i^2 - n(D^2 - d^2)}$$

将式（3-9）代入上式得

$$d = \frac{1-\varepsilon}{m\varepsilon - \varepsilon + 1} D \tag{3-12}$$

由式（3-9）得

$$d^2 = \frac{nD^2 - \varepsilon D_i^2}{n} \tag{3-13}$$

将式（3-12）代入式（3-13）得

$$D = \frac{m\varepsilon - \varepsilon + 1}{\sqrt{mn(m\varepsilon - 2\varepsilon + 2)}} D_i \tag{3-14}$$

将式（3-14）再代入式（3-12）得

$$d = \frac{1-\varepsilon}{\sqrt{mn(m\varepsilon - 2\varepsilon + 2)}} D_i \tag{3-15}$$

由于

$$L = \text{æ}_i d/4 = m\text{æ}_0 d/4$$

则

$$L = \frac{\text{æ}_0 (1-\varepsilon)}{4} \frac{\sqrt{m}}{\sqrt{n(m\varepsilon - 2\varepsilon + 2)}} D_i \tag{3-16}$$

若燃烧室外径为 D_e，则装药尺寸及燃烧室内径对 D_e 的相对量为

$$\bar{D} = \frac{D}{D_e}, \quad \bar{d} = \frac{d}{D_e}, \quad \bar{L} = \frac{L}{D_e}, \quad B = \frac{D_i}{D_e}$$

在 $\text{æ}_i = m\text{æ}_e \approx m\text{æ}_0$ 时单孔管状药尺寸相对量表达式为

$$\bar{D} = \frac{m\varepsilon - \varepsilon + 1}{\sqrt{mn(m\varepsilon - 2\varepsilon + 2)}} B \tag{3-17}$$

$$\bar{d} = \frac{1-\varepsilon}{\sqrt{mn(m\varepsilon - 2\varepsilon + 2)}} B \tag{3-18}$$

$$\bar{L} = \frac{(1-\varepsilon)\text{æ}_0}{4} \frac{\sqrt{m}}{\sqrt{n(m\varepsilon - 2\varepsilon + 2)}} B \tag{3-19}$$

式（3-17）~式（3-19）是单孔管状药尺寸的一般表达式。用 1 或 2 代入 m 就可以得到 $\text{æ}_i = \text{æ}_e \approx \text{æ}_0$ 和 $\text{æ}_i = 2\text{æ}_e \approx 2\text{æ}_0$ 时装药尺寸的表达式。

3.2.2 不同约束条件下的装药设计方法

1. 不限长装药设计方法

不限长装药设计方法是在弹径和战斗部质量不变的条件下满足理想速度最大的要求。不限长的含义是装药长度不受限制，通过装药设计可以使主动段末端速度达到最大值。这种方法所得到的装药长度较长，适用于尾翼式火箭的装

药设计。

由火箭理想速度计算公式 $v_{ik} = I_{sp}\ln(1 + m_p/m_k)$ 可知，当 I_{sp} 一定时，要使 v_{ik} 获得极大值，必须使 m_p/m_k 获得极大值。

以充满系数 ε 表示装药的质量 m_p，则

$$m_p = \frac{\pi}{4}D_i^2 \varepsilon L \rho_p = \frac{\pi}{4}B^2 \varepsilon \bar{L} \rho_p D_e^3 \qquad (3-20)$$

式中，ρ_p 为推进剂的密度。

由式（3-20）和式（3-1）可以看出，若燃烧室内径不变，当装药长度增加时，装药质量和燃烧面积都增加（装药内、外径不变），而通气面积不变，则通气参量 $æ$ 随燃烧面积的增加而增大。当通气参量达到规定值时，若再增加装药长度，为了使通气参量保持一定的值，装药端面积必须减少。装药的增长使装药质量增加，而端面积减小则使装药质量减少。装药质量开始时随长度的增长而增加；当长度达到一定值后，再增长装药长度，装药的质量反而下降，装药质量存在极值。装药长度增长，燃烧室长度增大，被动段弹质量也相应增加。质量比（装药质量与火箭弹被动段质量之比）m_p/m_k 也存在着极值。

火箭被动段的质量 m_k 为

$$m_k = m_w + m_c + m_d \qquad (3-21)$$

式中，m_w 为战斗部质量；m_c 为燃烧室壳体质量；m_d 为火箭附件质量（包括喷管、稳定装置、挡药板及绝热层等）。

又因

$$m_c = \frac{\pi}{4}(D_e^2 - D_i^2)L_c\rho_m = \frac{\pi}{4}(1 - B^2)\bar{L_c}D_e^3\rho_m = \frac{\pi}{4}(1 - B^2)(K_c + \bar{L})D_e^3\rho_m$$

$$(3-22)$$

式中，L_c 为燃烧室壳体长度；ρ_m 为燃烧室材料密度；K_c 为燃烧室壳体相对长与装药相对长之差，即 $K_c = \bar{L_c} - \bar{L}$，一般 K_c 取 $0.7 \sim 0.8$。

则火箭质量比为

$$\frac{m_p}{m_k} = \frac{\frac{\pi}{4}B^2\varepsilon\bar{L}D_e^3\rho_p}{m_w + m_d + \frac{\pi}{4}(1-B^2)(K_c+\bar{L})D_e^3\rho_m} = \frac{a\varepsilon\bar{L}}{m_{wd} + b\bar{L}} \qquad (3-23)$$

式中，

$$m_{wd} = m_w + m_d + \frac{\pi}{4}(1-B^2)K_cD_e^3\rho_m$$

$$a = \frac{\pi}{4}B^2D_e^3\rho_p$$

$$b = \frac{\pi}{4}(1 - B^2) D_e^3 \rho_m$$

当给定战斗部质量，估算出附件质量及选定燃烧室压强、燃烧室材料和推进剂型号时，m_{wd}、a、b 可以看作是与 ε、$\bar{L}$ 无关的常量。m_p/m_k 则是 ε 和 $\bar{L}$ 的函数。将式（3-23）对 ε 求导，并令其为 0，则可求得 m_p/m_k 的极值。显然，该极值为极大值。即

$$\frac{d\left(\frac{m_p}{m_k}\right)}{d\varepsilon} = \frac{a\left(\bar{L} + \varepsilon \frac{d\bar{L}}{d\varepsilon}\right)(m_{wd} + b\bar{L}) - ab\varepsilon \bar{L}\frac{d\bar{L}}{d\varepsilon}}{(m_{wd} + b\bar{L})^2} = 0$$

得

$$\frac{b}{m_{wd}} = -\left(\bar{L} + \varepsilon \frac{d\bar{L}}{d\varepsilon}\right)\Big/\bar{L}^2 \qquad (3-24)$$

将式（3-19）对 ε 求导数

$$\frac{d\bar{L}}{d\varepsilon} = \frac{æ_0 \sqrt{m} B(2\varepsilon - m\varepsilon - m - 2)}{8\sqrt{n}(m\varepsilon - 2\varepsilon + 2)^{3/2}}$$

将上式代入式（3-24），整理后可得

$$\frac{æ_0 \sqrt{m} Bb}{4\sqrt{n} m_{wd}} = \frac{(3\varepsilon - 1)(m\varepsilon - 2\varepsilon + 2) - 2(1 - \varepsilon)}{2(1-\varepsilon)^2 \sqrt{m\varepsilon - 2\varepsilon + 2}}$$

令

$$N = \frac{æ_0 \sqrt{m} B\pi(1 - B^2)\rho_m}{16\sqrt{n} C_{mwd}} \qquad (3-25)$$

式中，

$$C_{mwd} = \frac{m_w + m_d + \frac{\pi}{4}(1 - B^2) K_c D_e^3 \rho_m}{D_e^3}$$

$$= C_{mw} + C_{md} + \frac{\pi}{4}(1 - B^2) K_c \rho_m$$

则得

$$\frac{(3\varepsilon - 1)(m\varepsilon - 2\varepsilon + 2) - 2(1 - \varepsilon)}{2(1-\varepsilon)^2 \sqrt{m\varepsilon - 2\varepsilon + 2}} = \varphi(\varepsilon) = N \qquad (3-26)$$

式（3-26）所解出的 ε 值就是使质量比取得极大值 $(m_p/m_k)_{max}$ 时的 ε 值，记为 ε_{max}。由式（3-25）计算出 N 值后，用逐次逼近法求解式（3-26），可得 ε_{max}。

对于多根装药必须进行检验，使 $\varepsilon_{max} < \varepsilon_l$。

图 3-5 是利用式（3-25）和式（3-26）计算得到的 $m=1$ 时的 ε_{max} 与 N_1 的关系曲线。

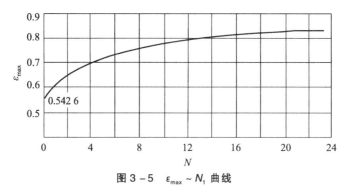

图 3-5　$\varepsilon_{max} \sim N_1$ 曲线

从图 3-5 可以看出，ε_{max} 随 N_1 的增大而增大。当 $N_1=0$ 时，$\varepsilon_{max}=0.5426$，这是燃烧室壳体没有质量的假想情况。从式（3-25）中看出，要使 $N_1=0$，只有 $\rho_m=0$ 或者 $B=1$，也就是燃烧室壳体材料的密度为 0，或者是燃烧室壁厚为 0 的情况。这种情况在实际中是不存在的。

然而有实际意义的是 $\varepsilon_{max}=0.5426$ 的数值，在设计时取 $N_1>0$，则使质量比取得极值的充满系数必然满足 $\varepsilon_{max}>0.5426$。

2. 限长装药设计方法

有些火箭由于特殊需要弹长受到限制，在弹长受到限制时，装药设计可采用限长装药设计方法。限长装药设计方法是根据给定装药相对长度 $\bar{L}$，求出充满系数 ε，再求出装药的外径、内径和质量。

将装药相对长度 $\bar{L}$ 看作一个定值，由式（3-19）可得出

$$\frac{(1-\varepsilon)^2}{m\varepsilon - 2\varepsilon + 2} = \frac{16n\bar{L}^2}{mB^2 \alpha_0^2}$$

令

$$Z = \frac{16n\bar{L}^2}{mB^2 \alpha_0^2} \quad (3-27)$$

解得

$$\varepsilon = 1 + \frac{Z}{2}m - Z - \sqrt{\frac{1}{4}[2+Z(m-2)]^2 - (1-2Z)} \quad (3-28)$$

由式（3-27）计算出 Z 值代入式（3-28），就可以求得 ε 值。对于多根装药同样要使 $\varepsilon < \varepsilon_l$。

求出 ε 之后，代入相应的公式则可求得装药外径 D、内径 d，并确定装药质量。当 m_w 与 m_d 给定后也就可以求出对应于 $\bar{L}$ 值的质量比 m_p/m_k 和理想速度 v_{ik}。

限长装药设计方法与不限长装药设计是有密切关系的。若选择多个 $\bar{L}$ 值，计算不同的 $\bar{L}$ 所对应的 v_{ik}，其中使 v_{ik} 取得最大值的充满系数，就是在相同条件下用不限长装药设计方法所求得的充满系数。

3. 限肉厚装药设计方法

有些火箭，当选定推进剂类型时，在装药设计中就要限定装药的厚度。除了限定装药肉厚外，有时还要求装药根数 n 一定，或者要求主动段末速度最大。

1）要求装药根数一定

当装药厚度 e_1 和装药根数 n 已限定时，由式（3-17）和式（3-18）可以得出

$$\bar{d} = \frac{1-\varepsilon}{(m-1)\varepsilon+1}\bar{D} \qquad (3-29)$$

装药的肉厚 e_1 对燃烧室外径的相对值为

$$\bar{e_1} = \frac{e_1}{D_e} = \frac{\bar{D}-\bar{d}}{4} \qquad (3-30)$$

将式（3-29）代入式（3-30）可得

$$\bar{e_1} = \frac{\bar{D}}{4}\frac{m\varepsilon}{(m-1)\varepsilon+1}$$

将式（3-17）代入上式，并令

$$H = \frac{16n\,\bar{e_1^2}}{B^2}$$

可解得

$$\varepsilon = \frac{m-2}{2m}H + \sqrt{\left(\frac{m-2}{2m}H\right)^2 + \frac{2}{m}H} \qquad (3-31)$$

将 H 值和给定的 m 值代入式（3-31）就可求得 ε 值，然后代入装药尺寸表达式即可求得装药的内外径和长度。

2）要求主动段末速度最大

为了讨论方便，取一个厚度相等、端面形状任意的装药来研究，如图 3-6（a）所示。以 s 表示装药端面的平均周长（图中虚线）。由于装药厚度很薄，内外周长总和可取为 $2s$，则装药质量为

$$m_p = 2e_1 sL\rho_p \tag{3-32}$$

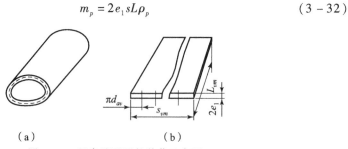

图 3-6 任意端面形状装药示意图

（a）厚度相等、端面形状任意的装药；（b）单根药柱端面板状药

通气参量为

$$œ_0 = \frac{8sL}{\pi D_i^2 - 8se_1} \tag{3-33}$$

装药端面的平均周长为

$$s = \frac{\pi D_i^2 œ_0}{8(L + e_1 œ_0)} \tag{3-34}$$

由于装药厚度 $2e_1$ 是给定的，在通气参量一定时，改变装药长度就可以改变 m_p、m_c 以及 v_{ik} 的值，其中有一个是极大值。

由式（3-34）可知，s 与 L 是相互关联的，改变装药端面的平均周长 s 也可以得到 v_{ik} 的极大值。由式（3-21）与式（3-32）并参照式（3-23）的形式，可得出质量比为

$$\frac{m_p}{m_k} = \frac{2e_1 sL\rho_p}{m_w + m_d + m_c} = \frac{2e_1 sL\rho_p}{m_{wd} + b_1 L} \tag{3-35}$$

式中，

$$b_1 = \frac{\pi}{4}(1-B^2)D_e^2 \rho_m$$

将式（3-34）代入式（3-35），并以 L 为自变量，可得

$$\frac{m_p}{m_k} = \frac{e_1 \pi D_i^2 \rho_p L œ_0}{4(e_1 œ_0 + L)(m_{wd} + b_1 L)} \tag{3-36}$$

式（3-36）对 L 求导数并令其为 0，则

$$\frac{d(m_p/m_k)}{dL} = \frac{e_1 \pi D_i^2 œ_0 \rho_p [(e_1 œ_0 + L)(m_{wd} + b_1 L) - L(m_{wd} + 2b_1 L + b_1 e_1 œ_0)]}{4(e_1 œ_0 + L)^2 (m_{wd} + b_1 L)^2} = 0$$

解出使质量比取得极大值的装药长度，并记为 L_{vm}，即

$$L_{vm} = \sqrt{\frac{e_1 œ_0 m_{wd}}{b_1}} \tag{3-37}$$

采用相对量表示，则为

$$\bar{L}_{vm} = \sqrt{\frac{\bar{e}_1 \alpha_0 c_{mwd}}{\bar{b}_1}} \qquad (3-38)$$

对应于质量比为极大值时的相对装药平均周长为

$$\bar{s}_{vm} = \frac{\pi B^2}{8\left(\sqrt{\frac{\bar{e}_1 C_{mwd}}{\bar{b}_1 \alpha_0}} + \bar{e}_1\right)}$$

式中，$\bar{L}_{vm} = \dfrac{L_{vm}}{D_e}$，$\bar{s}_{vm} = \dfrac{s_{vm}}{D_e}$，$\bar{b}_1 = \dfrac{b_1}{D_e^2}$。

由式（3-36）可得

$$\frac{m_p}{m_k} = \frac{\pi D_i^2 \rho_p}{4} \Big/ \left[\left(\frac{L}{e_1 \alpha_0} + 1\right)\left(\frac{m_{wd}}{L} + b_1\right)\right] \qquad (3-39)$$

将式（3-37）变为

$$\frac{m_{wd}}{L_{vm}} = \frac{L_{vm} b_1}{e_1 \alpha_0}$$

将上式代入式（3-39）便可得质量比的极值

$$\left(\frac{m_p}{m_k}\right)_{\max} = \frac{\pi D_i^2 \rho_p}{4 b_1 \left(\dfrac{L_{vm}}{e_1 \alpha_0} + 1\right)^2} = \frac{\pi B^2 \rho_p}{4 \bar{b}_1 \left(\dfrac{\bar{L}_{vm}}{\bar{e}_1 \alpha_0} + 1\right)^2}$$

将式（3-38）代入上式得到

$$\left(\frac{m_p}{m_k}\right)_{\max} = \frac{\pi B^2 \rho_p}{4\left(\sqrt{\dfrac{C_{mwd}}{\bar{e}_1 \alpha_0}} + \sqrt{\bar{b}_1}\right)^2} \qquad (3-40)$$

在推导公式时假设装药端面形状是任意的，故可将装药看成具有一定间隙的卷状药。对于多根单孔管状药，可把装药看成是长度为 L_{vm}、宽度为 s_{vm}、厚度为 $2e_1$ 的板状药，以单根药柱端面的平均周长除以板状药的宽来确定装药根数，如图 3-6（b）所示。

在 $\alpha_i = m\alpha_e \approx m\alpha_0$ 的条件下，由式（3-7）可得药柱相对内径为

$$\bar{d} = \frac{4\bar{L}_{vm}}{\alpha_i} = \frac{4\bar{L}_{vm}}{m\alpha_0} \qquad (3-41)$$

装药的相对平均直径为

$$\bar{d}_{av} = \frac{\bar{D} + \bar{d}}{2} = \bar{d} + 2\bar{e}_1 \qquad (3-42)$$

装药的根数为

$$n = \frac{\overline{s}_{vm}}{\pi \overline{d}_{av}} \quad (3-43)$$

计算所得的 n 可能不是整数,则应舍去小数,取整数。

3.3 星孔药的装药设计

星孔装药又称星形装药,这种装药可以利用不同的星孔几何尺寸获得等面型、增面型和减面型的燃烧特征;同时直接将推进剂浇注在燃烧室内,既解决了大尺寸装药的成型和支承问题,又可以使高温燃气不直接与燃烧室壁接触,减小了燃烧室壁的受热,相当于增强了室壁强度。星孔装药的缺点是装药形状复杂,给药模的加工带来困难,内孔星尖处易产生应力集中,同时燃烧结束后有余药等。但这些缺点可以通过装药设计来减轻或者避免,因此星孔装药被广泛应用于火箭和导弹的发动机设计中。目前常见的星孔装药有三种形状,如图3-7所示。

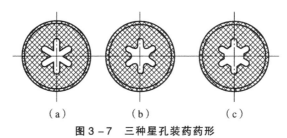

图 3-7 三种星孔装药药形
(a) 尖角星形;(b) 圆角星形;(c) 平角星形

3.3.1 装药尺寸与设计参量的关系

星孔装药的几何尺寸包括装药外径 D、长度 L、肉厚 e_1、星角数 n、角分数 ε、特征长度 l、星根半角 $\theta/2$ 及星尖圆弧半径 r 和星根圆弧半径 r_1 等 (图 3-8)。星孔装药的设计参量主要有燃烧面积 A_b、通气面积 A_p 和余药质量 m_f 等。

1. 星孔装药燃烧面变化规律

一般星孔装药的外侧面及端面都进行包覆,燃烧过程中长度和星角数不变,因此燃烧面积 A_b 的变化规律可以用半个星角的周长 s_i 的变化规律来表示,

即 $A_b = 2ns_i L$。

下面以尖角星形为例，并设 $\beta = \pi/n$（β 星孔半角），来推导其燃烧面变化规律。

由图 3-9 可知，半个星角的起始周边长 s_{i0} 是由两个圆弧段和一个直线段组成，即 $s_{i0} = AB + BC + CD$。在装药燃烧过程中，按照平行层燃烧定律，燃烧面将沿起始表面各点的法线向内部推移。以星边消失瞬间为界限（图 3-9 中 H 点），可将整个燃烧过程分为两个阶段，即星边消失前和星边消失后，最后是余药的燃烧。

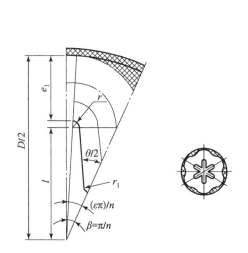

图 3-8 星孔装药尺寸符号   图 3-9 尖角星孔装药燃面变化

所谓星边消失，就是直线段 $\overline{CD}$ 消失。由图 3-9 可知，星边消失的条件是

$$e^* + r = \overline{O'H} = \frac{\overline{O'M}}{\cos(\theta/2)} = \frac{l\sin(\varepsilon\beta)}{\cos(\theta/2)}$$

即

$$e^* = \frac{l\sin(\varepsilon\beta)}{\cos(\theta/2)} - r \tag{3-44}$$

式中，e^* 是星边消失瞬间烧去装药的肉厚。

1）第一阶段（星边消失前）的燃烧面变化规律

该阶段烧去装药肉厚是从 $e = 0$ 到 $e = [l\sin(\varepsilon\beta)/\cos(\theta/2)] - r$。当烧去装药肉厚为 e 时，由图 3-9 可以看出，半个星角的周边长 s_i 为

$$s_i = \widehat{A'B'} + \widehat{B'C'} + \overline{C'D'}$$

其中，

$$\widehat{A'B'} = (l + r + e)(\beta - \varepsilon\beta) = (l + r + e)(1 - \varepsilon)\beta$$

$$\widehat{B'C'} = (e+r)\angle B'O'C' = (e+r)(\varepsilon\beta + \pi/2 - \theta/2)$$

$$\overline{C'D'} = \overline{O'E} - \overline{FE} = \frac{l\sin(\varepsilon\beta)}{\sin(\theta/2)} - (e+r)\cot\frac{\theta}{2}$$

经整理后可得

$$s_i = l\left[\frac{\sin(\varepsilon\beta)}{\sin(\theta/2)} + (1-\varepsilon)\beta + \frac{(r+e)}{l}\left(\frac{\pi}{2} + \beta - \frac{\theta}{2} - \cot\frac{\theta}{2}\right)\right] \quad (3-45)$$

总的燃烧周边长 $s = 2ns_i$。

将 $e = 0$ 代入式 (3-45),并乘以 $2n$,可得总的起始燃烧周边长 s_0:

$$s_0 = 2nl\left[\frac{\sin(\varepsilon\beta)}{\sin(\theta/2)} + (1-\varepsilon)\beta + \frac{r}{l}\left(\frac{\pi}{2} + \beta - \frac{\theta}{2} - \cot\frac{\theta}{2}\right)\right] \quad (3-46)$$

总的起始燃烧面积为

$$A_{b0} = s_0 L$$

由式 (3-45) 可知,第一阶段某瞬时的周边长 s_i 与烧去肉厚 e 呈线性关系,$(r+e)/l$ 项的系数决定燃烧面的变化规律,即

$$\begin{cases} \frac{\pi}{2} + \beta - \frac{\theta}{2} - \cot\frac{\theta}{2} > 0, & 增面 \\ \frac{\pi}{2} + \beta - \frac{\theta}{2} - \cot\frac{\theta}{2} = 0, & 等面 \\ \frac{\pi}{2} + \beta - \frac{\theta}{2} - \cot\frac{\theta}{2} < 0, & 减面 \end{cases} \quad (3-47)$$

给定不同的星角数 n,由以上等面燃烧条件可获得等面燃烧的星根半角 $\theta/2$(称为等面角,记为 $\overline{\theta}/2$),其值列于表 3-3。

表 3-3 星角数 n 与等面角 $\overline{\theta}/2$ 的关系

n	4	5	6	7	8	9	10	11	12
$\overline{\theta}/2/(°)$	28.21	31.12	33.53	35.55	37.30	38.83	40.20	41.41	42.52

对等面型装药有

$$s_i = l\left[\frac{\sin(\varepsilon\beta)}{\sin(\overline{\theta}/2)} + (1-\varepsilon)\beta\right] \quad (3-48)$$

前面推导的是尖角星形第一阶段的燃烧面变化规律。由于这种形状的装药其尖角处易产生较大的应力集中以及拔模时易损坏尖角,故一般要把尖角修圆或平整,形成圆角星形或平角星形,如图 3-7 (b)、(c) 所示。此时在该阶段之初又附加了一个初始增面性阶段。

对于尖角以 r_1 圆化的圆角星形,第一阶段之初的半个星角的燃烧周边长 s'_i 为

$$s'_i = s_i + (r_1 - e)\left(\frac{\pi}{2} - \frac{\theta}{2} - \cot\frac{\theta}{2}\right)$$
$$= \frac{l\sin(\varepsilon\beta)}{\sin(\theta/2)} + l(1-\varepsilon)\beta + (r+r_1)\left(\frac{\pi}{2} + \beta - \frac{\theta}{2} - \cot\frac{\theta}{2}\right) - \beta r_1 + \beta e$$
(3-49)

则总的燃烧面积为
$$A'_b = 2ns'_i L$$

由上式可以看出，当烧去肉厚 e 不断增大时，燃烧面亦不断增大。也就是不管第一阶段是增面型、等面型还是减面型燃烧，当尖角被圆化后，在第一阶段之初燃烧面总是增面型的（图 3-12）。

以 $e=0$ 代入式（3-49），并乘以 $2n$，可得星角被 r_1 圆化后总的起始周边长 s'_0：

$$s'_0 = 2nl\left[\frac{\sin(\varepsilon\beta)}{\sin(\theta/2)} + (1-\varepsilon)\beta + \frac{r+r_1}{l}\left(\frac{\pi}{2} + \beta - \frac{\theta}{2} - \cot\frac{\theta}{2}\right) - \frac{r_1\beta}{l}\right]$$
(3-50)

总的起始燃烧面积为
$$A_{b0} = s'_0 \cdot L$$

2) 第二阶段（星边消失后）的燃烧面变化规律

该阶段烧去装药肉厚是从 $e = [l\cdot\sin(\varepsilon\beta)/\cos(\theta/2)] - r$ 到 $e = e_1 = D/2 - l - r$。

由图 3-9 可以看出
$$s_i = \widehat{A''B''} + \widehat{B''D''}$$

其中，
$$\widehat{A''B''} = (l+r+e)(1-\varepsilon)\beta$$
$$\widehat{B''D''} = (r+e)\angle B''O'D'' = (r+e)\left[\varepsilon\beta + \arcsin\frac{l\sin(\varepsilon\beta)}{r+e}\right]$$

于是
$$s_i = (l+r+e)(1-\varepsilon)\beta + (r+e)\left[\varepsilon\beta + \arcsin\frac{l\sin(\varepsilon\beta)}{r+e}\right]$$
$$= l(1-\varepsilon)\beta + (r+e)\left[\beta + \arcsin\frac{l\sin(\varepsilon\beta)}{r+e}\right]$$
(3-51)

总的燃烧面积为
$$A_{bi} = 2nLs_i$$

由式（3-51）右边第二项可以看出，当 e 增大时 $\arcsin[l\sin(\varepsilon\beta)/(r+e)]$ 是减小的，但 $(r+e)$ 是增大的，两项乘积随 e 的增大是增大还是减小，要看这两项哪个的变化率大。通过计算可以发现，对于减面型装药（$\theta/2 < \bar{\theta}/2$），第一阶段为减面型，第二阶段先继续为减面型，而后转为增面型；对于等面型装药（$\theta/2 = \bar{\theta}/2$），第一阶段为等面型，第二阶段为增面型；对于增面型装药，两个阶段均为增面型。如图 3-10 所示。

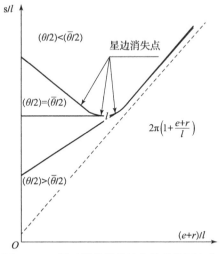

图 3-10　星孔装药星边消失前后燃面变化

图 3-11 表示星角数为 6、7 时星孔装药的相对周边长 s/l 随 $(r+e)/l$ 的变化规律。

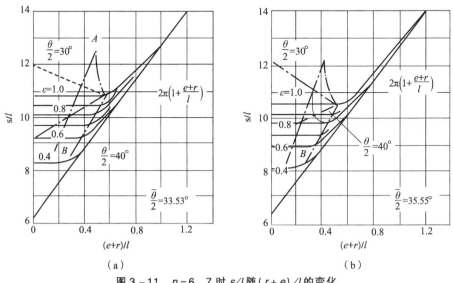

图 3-11　$n=6$、7 时 s/l 随 $(r+e)/l$ 的变化

（a）$n=6$；（b）$n=7$

图 3-11 中虚线 A 是在不同 ε 的情况下,当 $\theta/2 = 0$ 时星边消失点的连线。$\theta/2 = 0$ 就是相邻两星边相互平行而无交点,此时 $s/l = \infty$。

虚线 B 表示不同 ε 条件下最小燃面点的连线。由 A 到 B 之间的虚线表示在一定 ε 条件下,$\theta/2$ 由 0 到 $\bar{\theta}/2$ 时,星边消失点移动的轨迹。

从图 3-11 中可以看出以下内容:

(1) 对于同一个星角数 n,当星根半角为等面角 $\bar{\theta}/2$ 时,ε 越大,则第一阶段的燃烧周边长越长,且等面燃烧的时间越长。

(2) 当 ε 一定时,随着 n 的增大,第一阶段的燃烧周边长略有减小,但无论 ε 或 n 为何值,第二阶段均以相同的规律呈增面燃烧。

(3) 当 $\varepsilon = 0$ 时,即无星角,装药成了内孔燃烧的管状药,在整个燃烧过程中都呈增面型燃烧。

(4) 当 $\theta < \bar{\theta}$ 时,第一阶段的周边长是渐减的;$\theta > \bar{\theta}$ 时,第一阶段的周边长是渐增的。

为了使火箭发动机在整个工作过程中获得较平稳的推力曲线,通常采用的星孔装药多为减面型的。这种装药周边长的变化规律如图 3-12 所示,前期为减面性(如有 r_1 圆化,则在该期前段还有一小段增面型),后期为增面型。最小周边长发生在星边消失之后。这是因为星边消失时,星根半角 $\theta/2$ 会逐渐增大,但仍未达到 $\bar{\theta}/2$ 值缘故。

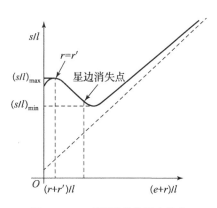

图 3-12 减面型装药周边长变

下面计算 $\theta/2$ 为何值时 s/l 为最小。星边消失时有

$$\frac{e+r}{l} = \frac{\sin(\varepsilon\beta)}{\cos(\theta/2)}$$

将上式代入式 (3-51),其中,

$$\arcsin\frac{l\sin(\varepsilon\beta)}{r+e} = \arcsin\left(\cos\frac{\theta}{2}\right) = \arcsin\left[\sin\left(\frac{\pi}{2} - \frac{\theta}{2}\right)\right] = \frac{\pi}{2} - \frac{\theta}{2}$$

于是可得

$$s_i = l\left[(1-\varepsilon)\beta + \frac{\sin(\varepsilon\beta)}{\cos(\theta/2)}\left(\frac{\pi}{2} + \beta - \frac{\theta}{2}\right)\right] \tag{3-52}$$

这样，s_i 已变为自变量 $\theta/2$ 的函数。将式（3-52）对 $\theta/2$ 求导数，并令其等于 0，则得

$$\frac{\mathrm{d}s_i}{\mathrm{d}(\theta/2)} = \left(\frac{\pi}{2} + \beta - \frac{\theta}{2}\right)\frac{\sin(\varepsilon\beta)\sin(\theta/2)}{\cos^2(\theta/2)} - \frac{\sin(\varepsilon\beta)}{\cos(\theta/2)} = 0$$

即

$$\left(\frac{\pi}{2} + \beta - \frac{\theta}{2}\right)\frac{\sin(\varepsilon\beta)\sin(\theta/2)}{\cos^2(\theta/2)} = \frac{\sin(\varepsilon\beta)}{\cos(\theta/2)}$$

最后可得

$$\frac{\pi}{2} + \beta - \frac{\theta}{2} - \cot\frac{\theta}{2} = 0 \tag{3-53}$$

将式（3-53）与式（3-47）比较，可见此时 $\theta/2 = \bar{\theta}/2$。将式（3-53）代入式（3-52）得

$$(s_i)_{\min} = l\left[\frac{\sin(\varepsilon\beta)}{\sin(\bar{\theta}/2)} + (1-\varepsilon)\beta\right] \tag{3-54}$$

式中，$\bar{\theta}/2$ 为等面型星孔装药的星根半角。

由式（3-48）与式（3-54）可见，减面性装药的最小周边长等于等面型装药的周边长，此最小值发生在 $(e'+r)/l = \sin(\varepsilon\beta)/\cos(\bar{\theta}/2)$ 处。此处亦为等面型装药的星边消失点，即 $e' = [l\sin(\varepsilon\beta)/\cos(\bar{\theta}/2)] - r$。

以 ξ_1 表示最小周边长与前期的最大周边长之比，称为减面比，则

$$\xi_1 = \frac{(s_i)_{\min}}{(s_i)_{\max(前)}} \tag{3-55}$$

以 ξ_2 表示后期最大周边长与最小周边长之比，称为增面比，则

$$\xi_2 = \frac{(s_i)_{\max(后)}}{(s_i)_{\min}} \tag{3-56}$$

令

$$\xi = \frac{(s_i)_{\max(后)}}{(s_i)_{\max(前)}} \tag{3-57}$$

则

$$\xi = \xi_1 \xi_2 \tag{3-58}$$

显然，减面型星孔装药燃烧面的变化呈马鞍形。适当地选择星孔参数，可以减小这种波动。

3）余药的燃烧面变化规律

由图 3-9 可以看出，当燃烧面推进到 $\widehat{A'''B'''D'''}$ 时（此时烧去的肉厚等于

总肉厚 e_1），燃烧面迅速减小，由 $\overset{\frown}{A''B''D''}$ 变为 $\overset{\frown}{B''D''}$，此时燃烧可能终止。所对应的装药端面积（图3-9中的影线部分）称为余药面积，所剩余的推进剂称为余药。对于目前常用的复合推进剂，由于正常燃烧的临界压强较低，故一般这部分余药也能烧掉一部分。特别是对于组合装药，如内孔圆形加内孔星形装药，这部分余药的燃面与内孔圆形的燃面将继续燃烧。为了准确计算内弹道曲线，必须考虑余药燃烧面的变化规律。

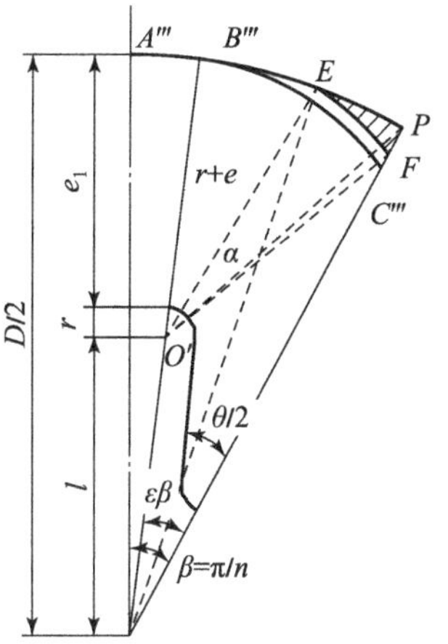

由图3-13可知，余药燃烧的肉厚从 $e = e_1$ 开始到 $e = \overline{O'P} - r$ 结束。

$$\overline{O'P} = \sqrt{l^2 + D^2/4 - lD\cos(\varepsilon\beta)}$$

图3-13 余药燃面变化

所以余药燃烧结束时的肉厚 e 为

$$e = \overline{O'P} - r = \sqrt{l^2 + D^2/4 - lD\cos(\varepsilon\beta)} - r \tag{3-59}$$

由图3-13可知，半个星角的余药周边长为

$$s_i = \overset{\frown}{EF} = (e + r)\angle EO'F = (r + e)(\angle OO'E - \angle OO'F)$$

因为

$$\angle OO'E = \arccos\frac{l^2 + (r+e)^2 - (D/2)^2}{2l(r+e)}$$

$$\angle OO'F = \pi - \angle O'FO - \varepsilon\beta$$

$$\angle O'FO = \arcsin\frac{l\sin(\varepsilon\beta)}{r+e}$$

所以

$$s_i = (r+e)\left[\arccos\frac{l^2+(r+e)^2-(D/2)^2}{2l(r+e)} - \pi + \arcsin\frac{l\sin(\varepsilon\beta)}{r+e} + \varepsilon\beta\right] \tag{3-60}$$

则总的燃烧周边长 $s = 2ns_i$，总的余药燃烧面积为 $A_b = 2ns_iL$。

2. 星孔装药通气面积变化规律

与燃烧面变化规律一样，通气面积变化规律也可以分为两个阶段。

1）第一阶段（星边消失前）的通气面积变化规律

由图3-9可知，烧去肉厚为 e 时半个星角的通气面积为

$$\nabla A_{pi} = KOO' + \Delta OO'E + \int_0^{r+e} S_i \mathrm{d}(r+e)$$

其中，
$$\triangledown KOO' = \frac{1}{2}l^2(1-\varepsilon)\beta$$

$$\Delta OO'E = \frac{1}{2}\overline{OE} \cdot \overline{O'M} = \frac{1}{2}(\overline{OM} - \overline{ME}) \cdot \overline{O'M}$$

$$= \frac{1}{2}\left[l\cos(\varepsilon\beta) - l\sin(\varepsilon\beta)\operatorname{ctg}\frac{\theta}{2}\right]l\sin(\varepsilon\beta)$$

$$\int_0^{r+e} s_i \mathrm{d}(r+e) = \int_0^{r+e}\left[\frac{l\sin(\varepsilon\beta)}{\sin(\theta/2)} + l(1-\varepsilon)\beta + (r+e)\left(\frac{\pi}{2} + \beta - \frac{\theta}{2} - \cot\frac{\theta}{2}\right)\right]\mathrm{d}(r+e)$$

$$= l(r+e)\left[\frac{\sin(\varepsilon\beta)}{\sin(\theta/2)} + (1-\varepsilon)\beta\right] + \frac{1}{2}(r+e)^2\left(\frac{\pi}{2} + \beta - \frac{\theta}{2} - \cot\frac{\theta}{2}\right)$$

则
$$A_{pi} = \frac{1}{2}l^2\left\{(1-\varepsilon)\beta + \sin(\varepsilon\beta)\left[\cos(\varepsilon\beta) - \sin(\varepsilon\beta)\cot\frac{\theta}{2}\right]\right\} +$$
$$l(r+e)\left[\frac{\sin(\varepsilon\beta)}{\sin(\theta/2)} + (1-\varepsilon)\beta\right] + \frac{1}{2}(r+e)^2\left(\frac{\pi}{2} + \beta - \frac{\theta}{2} - \cot\frac{\theta}{2}\right) \tag{3-61}$$

总的通气面积为
$$A_p = 2nA_{pi}$$

将 $e=0$ 代入式（3-61）并乘以 $2n$，可得总的起始通气面积为
$$A_{p0} = nl^2\left\{(1-\varepsilon)\beta + \sin(\varepsilon\beta)\left[\cos(\varepsilon\beta) - \sin(\varepsilon\beta)\cot\frac{\theta}{2}\right]\right\} +$$
$$2nrl\left[\frac{\sin(\varepsilon\beta)}{\sin(\theta/2)} + (1-\varepsilon)\beta + \frac{r^2}{2l}\left(\frac{\pi}{2} + \beta - \frac{\theta}{2} - \cot\frac{\theta}{2}\right)\right] \tag{3-62}$$

对于尖角被 r_1 圆化的第一阶段之初的半个星角的通气面积为
$$A'_{pi} = A_{pi} + \frac{1}{2}(r_1-e)^2\left(\cot\frac{\theta}{2} + \frac{\theta}{2} - \frac{\pi}{2}\right) \tag{3-63}$$

因为 $\theta/2$ 在 $0°\sim 90°$ 时有 $\cot(\theta/2) + \theta/2 - \pi/2 \geqslant 0$，且 A_{pi} 总是随 e 的增大而增大，尖角被 r_1 圆化后通气面积将增大。因此有了 r_1 不仅可以减小应力集中，而且在相同的通气参量 æ 条件下，可以增加装药量（装药长度增长）。总的通气面积为
$$A'_p = 2nA'_{pi}$$

以 $e=0$ 代入式（3-63），并乘以 $2n$，则尖角被 r_1 圆化后的总的起始通气面积为

$$A'_{p0} = A_{p0} + nr_1^2\left(\cot\frac{\theta}{2} + \frac{\theta}{2} - \frac{\pi}{2}\right) \qquad (3-64)$$

2）第二阶段（星边消失后）的通气面积变化规律

由图 3-9 可知，星边消失后半个星角的通气面积为

$$A_{pi} = \triangledown A''OB'' + \triangledown B''O'D'' + \Delta D''O'O$$

$$\triangledown A''OB'' = \frac{1}{2}(l + r + e)^2(1 - \varepsilon)\beta$$

其中,

$$\triangledown B''OD'' = \frac{1}{2}(r+e)^2 \angle B''O'D'' = \frac{1}{2}(r+e)^2(\angle O'OM + \angle O'D''M)$$

$$= \frac{1}{2}(r+e)^2\left[\varepsilon\beta + \arcsin\frac{l\sin(\varepsilon\beta)}{r+e}\right]$$

$$\Delta D''O'O = \frac{1}{2}\overline{OD''} \cdot \overline{O'M} = \frac{1}{2}(\overline{D''M} + \overline{MO}) \cdot \overline{O'M}$$

$$= \frac{1}{2}\left[\sqrt{(r+e)^2 - l^2\sin^2(\varepsilon\beta)} + l\cos(\varepsilon\beta)\right]l\sin(\varepsilon\beta)$$

则

$$A_{pi} = \frac{1}{2}\left\{(l+r+e)^2(1-\varepsilon)\beta + (r+e)^2\left[\varepsilon\beta + \arcsin\frac{l\sin(\varepsilon\beta)}{r+e}\right] + \left[\sqrt{(r+e)^2 - l^2\sin^2(\varepsilon\beta)} + l\cos(\varepsilon\beta)\right]l\sin(\varepsilon\beta)\right\}$$

$$(3-65)$$

总的通气面积为

$$A_p = 2nA_{pi} \qquad (3-66)$$

3. 星孔装药余药面积计算

余药面积就是装药外径所对应的圆面积减去第二阶段燃烧结束时的通气面积，图 3-9 中的影线部分就是半个星角的余药面积。为了减小火箭发动机的能量损失及减少推力曲线的拖尾现象，要求余药面积尽量小。

设 A_f 为余药面积，则

$$A_f = \frac{\pi}{4}D^2 - A_{p(e=e_1)} = \pi(l + r + e_1)^2 - A_{p(e=e_1)} \qquad (3-67)$$

将 $e = e_1$ 代入式（3-65），然后将 $A_P = 2nA_{pi}$ 代入式（3-67）得

$$A_f = (l + r + e_1)^2 \varepsilon\pi - n(r + e_1)^2\left[\varepsilon\beta + \arcsin\frac{l\sin(\varepsilon\beta)}{r + e_1}\right] -$$

$$nl\sin(\varepsilon\beta)\left[l\cos(\varepsilon\beta) + \sqrt{(r + e_1)^2 - l^2\sin^2(\varepsilon\beta)}\right]$$

$$(3-68)$$

通气面积相对值 A_p/l^2 与余药面积相对值 A_f/l^2 随 $(r+e)/l$ 变化的关系曲线如图 3-14 所示。

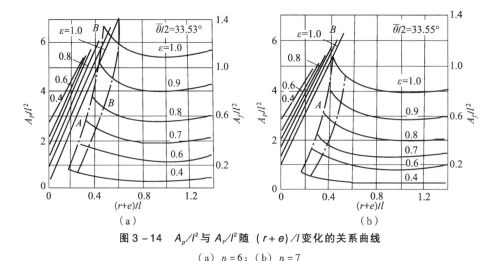

图 3-14　A_p/l^2 与 A_r/l^2 随 $(r+e)/l$ 变化的关系曲线
(a) $n=6$；(b) $n=7$

(1) 对于一定的星角数 n，当角分数 ε 增大时，起始通气面积 A_{p0} 减小，相当于使装药端面积增大，即充满系数增大。由此可知，$\varepsilon=1$ 的星孔装药充满系数最大。

(2) 在角分数 ε 一定的情况下，星角数 n 增大，使 A_{p0} 增大，亦即使充满系数减小。

(3) 对于一定的星角数 n，当角分数 ε 增大时，余药面积 A_f 增大，即余药量增多。$\varepsilon=1$ 时星孔装药的余药量最大。

(4) 角分数 ε 一定时，余药量随 n 增大而减小。

(5) 当 $(r+e_1)/l \leqslant 1$ 时，A_f 随 $(r+e_1)/l$ 的增大而减小，在 $(r+e_1)/l=1$ 时达最小值；然后又随 $(r+e_1)/l$ 继续增加而略有增大。因此，从减小余药的角度考虑，应使 $r+e_1$ 接近 l。

4. 通气参量、装填系数与装药尺寸的关系

根据通气参量 $\mathscr{X}$ 的定义，星孔装药起始通气参量 $\mathscr{X}_0$ 为

$$\mathscr{X}_0 = \frac{A_{b0}}{A_{p0}} = \frac{s_0 L}{A_{p0}} \tag{3-69}$$

将式 (3-46) 和式 (3-62) 的 s_0、A_{p0} 或式 (3-50) 和式 (3-64) 的 s'_0、A'_{p0} 的表达式代入式 (3-69) 可得星孔装药的起始通气参量。

根据装填系数（或充满系数）的定义，星孔装药的装填系数 η 为

$$\eta = \varepsilon = \frac{A_{T0}}{A_c} = \frac{A_c - A_{p0}}{A_c} = 1 - \frac{A_{p0}}{A_c} = 1 - \frac{4A_{p0}}{\pi D^2} \quad (3-70)$$

将式（3-62）或式（3-64）的 A_{p0} 或 A'_{p0} 的表达式代入式（3-70）可得星孔装药的装填系数。

3.3.2 星孔装药设计方法

由于星孔装药包含的几何参数较多，而且这些参数都可以在较大的范围内变化，在进行星孔装药设计时，通常是预先选定其中的一些参数，再根据一定的要求确定另一些参数。除了与单孔管状药一样，首先选定推进剂种类、通气参量 $æ_0$、燃烧室工作压强 p_0 以及燃烧室壳体材料之外，通常还要预先选定星根半角 $\theta/2$、星尖圆弧半径 r 和星根圆弧半径 r_1。当战术技术要求中给定了最大射程 x_m 和战斗部质量 m_w 时，星孔装药的设计大体可按下列步骤进行。

1. 星孔装药的一般设计步骤

1）确定装药外径 D

如果燃烧室外径 D_e 已选定，则装药外径为

$$D = D_e - 2\delta_c - 2\delta_h - 2\delta'$$

式中，δ_c 为燃烧室壳体壁厚，可按强度条件求出；δ_h 为燃烧室内壁隔热层厚度；δ' 为装药包覆层厚度。

如果燃烧室外径 D_e 暂时定不下来，也可以给定几个 D_e 分别进行计算，待分析比较后再确定合适的 D_e。

2）计算特征长度 l

特征长度 l 可按式（3-71）计算：

$$l = \frac{D}{2} - r - e_1 \quad (3-71)$$

当装药外径 D 确定以后，星尖圆弧半径 r 给定，如果再给定了发动机工作时间 t_k，则肉厚 e_1 可初步按下式计算：

$$e_1 = ap^n t_k$$

或者

$$e_1 = (a + bp) t_k$$

式中，a，n 为推进剂呈指数燃速定律燃烧时的燃速系数和压强指数；a，b 为推进剂呈线性燃速定律燃烧时的燃速系数；p 为火箭发动机工作压强，可取平均压强。

求得 e_1 后,代入式(3-71)可求得 l。特征长度 l 也可按式(3-72)计算,由式(3-71)可得

$$1 + \frac{r+e_1}{l} = \frac{D}{2l}$$

故

$$l = \frac{D}{2[1+(r+e_1)/l]} \quad (3-72)$$

当比值 $(r+e_1)/l$ 给定时,由式(3-72)即可求出 l。如前所述,$(r+e_1)/l$ 太大则燃烧结束时的燃烧面积与起始燃烧面积相差很大,使火箭发动机开始工作与工作结束时燃气压强相差很大,这是通常所不希望的。$(r+e_1)/l$ 太小,则余药面积较大,拖尾现象严重。兼顾以上两点,一般可取 $(r+e_1)/l = 0.8 \sim 1.2$。

3)计算 s_0、A_{p0}、A_f

给定一组星角数 n 与角分数 ε,分别求出 s_0/l、A_{p0}/l、A_f/l,即可求得对应于各个 n 和 ε 值的 s_0、A_{p0}、A_f。

4)计算装药长度 L 与装药质量 m_p

星孔装药长度 L 可由式(3-69)求得

$$L = \mathcal{æ}_0 A_{P0}/s_0 \quad (3-73)$$

装药质量为

$$m_p = \left(\frac{\pi}{4}D^2 - A_{P0}\right)L\rho_p \quad (3-74)$$

余药量为

$$m_f = A_f L \rho_p$$

有效装药质量为

$$m_p' = m_p - m_f = \left(\frac{\pi}{4}D^2 - A_{p0} - A_f\right)L\rho_p \quad (3-75)$$

5)计算 m_c、m_0、v_{ik}、L_B 等

计算燃烧室壳体质量 m_c、全弹质量 m_0、主动段末端的理想速度 v_{ik}、弹长 L_B 等参数的方法与单孔管状药的相应计算方法类似。

上面介绍的是一般的设计方法,在了解了星孔装药参数间的基本关系后,根据设计任务的不同,可选取不同的参数,采用不同的设计方法。

2. 星孔装药基本参数的选取方法

1)过渡圆弧半径 r 的选取

光弹性实验表明,r 增大时,应力集中减小。然而由式(3-62)和

式 (3-64) 可知，r 增大则通气面积增大，从而使装填系数降低。因此 r 值应选取适当，一般取 $\bar{r} = r/D = 0.015 \sim 0.030$。若推进剂力学性能较好，可取其下限；若力学性能差，则应取其上限或更高些。

光弹性实验还表明，若角分数 ε 小，应力集中亦小。因此，r 的选取还应考虑到 ε 的大小。ε 小，r 可取较小值；ε 大，r 应取较大值。

2) 星根圆弧半径 r_1 的选取

对于尖角被 r_1 圆化的星孔装药，可降低应力集中，同时初始燃烧面将减小，而初始通气面积将增加，这对减小起始通气参量 $æ_0$ 有利。但当喷喉面积 A_t 不变时，将使初始喉通比 J_0 减小（$J_0 = A_t/A_{p0}$）。

由气体动力学可知 $J_0 = q(\lambda_0)$，即 J_0 表示沿通道气流速度的大小。J_0 越大沿通道的气流速度越大，而气流速度太大会产生侵蚀效应。

喉通比 J_0 对侵蚀效应的影响还与装药结构复杂程度及推进剂燃速有关。对于圆孔形装药和速燃推进剂（$r > 12.7$ mm/s），J_0 可大于 0.5（受喷喉扼流影响，一般 $J_0 < 1$）。而对复杂结构装药及缓燃药（$r < 7.6$ mm/s），J_0 要小于 $0.3 \sim 0.5$ 或者更小。因此 r_1 不能太大，一般可取 $r_1 \leq r$。

3) 星根半角 $\theta/2$ 的选取

星根半角 $\theta/2$ 根据减面比 ξ_1 的限制选取。

为了获得平稳的推力曲线，通常希望前期的减面比与后期的增面比相适应，亦即使 $\xi = \xi_1 \xi_2 = 1.0$ 左右。

选定 ξ 和 ξ_2 值后，可由式 (3-58) 求得 ξ_1。又因为 $(s_i)_{\min}$ 已由式 (3-54) 求出，有了 ξ_1 和 $(s_i)_{\min}$ 就可由式 (3-55) 求得 $(s_i)_{\max(前)}$。

星根半角被 r_1 圆化的减面型星孔装药，其 $(s_i)_{\max(前)}$ 的值对应于烧去肉厚 $e = r_1$ 时的燃面，即

$$(s_i)_{\max(前)} = (s_i)_{e=r_1} = l\left[\frac{\sin(\varepsilon\beta)}{\sin(\theta/2)} + (1-\varepsilon)\beta + \frac{r_1 + r}{l}\left(\frac{\pi}{2} + \beta - \frac{\theta}{2} - \cot\frac{\theta}{2}\right)\right]$$

根据已选取的几组 n、ε、r_1 及 r 值，由上式计算出对应的 $\theta/2$，从中选取合适的 $\theta/2$。

4) 角分数 ε 的选取

角分数 ε 应根据增面比 ξ_2 的限制选取，即由式 (3-56) 限制

$$\xi_2 \leq \frac{(s_i)_{\max(后)}}{(s_i)_{\min}}$$

对于星孔装药，由于第二阶段是增面型燃烧，因此，$(s_i)_{\max(后)}$ 对应于第二阶段结束时的最大压强。为了不使此压强过高，一般要求 $\xi_2 \leq 1.20$。因为 $(s_i)_{\min}$ 可由式 (3-54) 求出，再由 ξ_2 的限制就可求得 $(s_i)_{\max(后)}$。

对于星孔装药第二阶段结束时的燃烧面，只要将 $e = e_1$ 代入式（3-51）便可求得

$$(s_i)_{\max(后)} = l\left[(1-\varepsilon)\beta + (r+e_1)\left(\beta + \arcsin\frac{l\sin(\varepsilon\beta)}{r+e_1}\right)\right]$$

由 $(s_i)_{\min}$ 和 $(s_i)_{\max(后)}$，再根据 $\xi_2 \leq 1.20$ 的限制，选取几组 n、r_1、r 的值，可得到几个 ε 值，从中选取合适的 ε 值。

3.4 轮孔药的装药设计

轮孔药又称"车轮形装药"或"轮辐形装药"，它可以看作是星孔装药的延伸。由于这种装药可以通过改变轮辐厚度得到不同的燃烧面变化规律，从而可以得到不同的推力方案。图 3-15 为三种轮孔装药药型。这种装药能提供较大的燃烧面积，故适用于薄肉厚（肉厚系数 0.2~0.3）、体积装填系数不大的大推力短时间工作助推器及需要较大燃气生成量的点火发动机的装药。

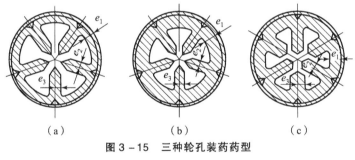

图 3-15 三种轮孔装药药型

(a) $e_1 = e_2 = e_3$；(b) $e_1 > e_2 = e_3$；(c) $e_1 > e_2 > e_3$

它的设计方法与星孔装药基本相同。下面主要介绍图 3-15（b）所示的轮孔装药设计。

3.4.1 装药尺寸与设计参量的关系

轮孔装药的尺寸包括外径 D、长度 L、轮辐数 n、肉厚 e_1、轮辐厚 e_2、特征长度 l、轮辐高 h、角分数 ε、轮辐半角 $\theta/2$、过渡圆弧半径 r、轮辐角圆弧半径 r_1、轮辐圆弧半径 r_2 等，如图 3-16 所示。由图 3-16 可知

$$e_1 = \frac{D}{2} - l - r$$

$$e_2 = l\sin(\varepsilon\beta) - r$$

1. 轮孔装药燃烧面变化规律

假设装药两端包覆，轮孔为等截面，且所有轮辐厚度、高度相等，则可用半个辐角周边长的变化规律来代表整个轮孔装药燃烧面的变化规律。

下面以图 3-16 中的轮孔装药来推导其燃烧面变化规律。为了推导方便，先假设 $r_1 = r_2 = 0$，并设 $\beta = \pi/n$（β 为轮孔半角）。

由图 3-17 可知，半个辐角的周边长是由两个不断增长的圆弧（$\widehat{A'B'}$，$\widehat{B'C'}$）和两条不断缩短的直线段（$C'D'$ 和 $D'E'$）组成，当燃烧面推进到 H 点时，轮辐消失，亦即直线段消失。这时一般情况下燃烧面积突然下降，而后的燃烧面变化规律与星孔装药的第二阶段相同。

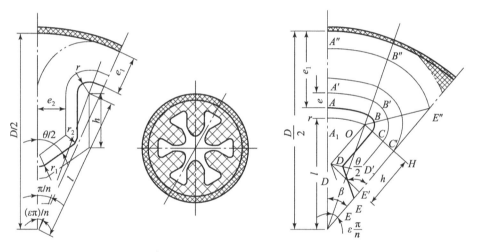

图 3-16　轮孔装药尺寸符号　　图 3-17　轮孔装药燃面变化

轮辐消失的条件是烧去肉厚 $e = \overline{CH}$，由图 3-17 可知

$$\overline{CH} = e^* = l\sin(\varepsilon\beta) - r$$

或

$$\frac{e^* + r}{l} = \sin(\varepsilon\beta) \tag{3-76}$$

1）第一阶段（轮辐消失前）的燃烧面变化规律

该阶段烧去装药肉厚 e 的变化范围是从 $e = 0$ 到 $e = l\sin(\varepsilon\beta) - r$。

由图 3-17 可以看出，半个轮辐的周边长 s_i 为

$$s_i = \widehat{A'B'} + \widehat{B'C'} + \overline{C'D'} + \overline{D'E'}$$

其中,

$$\widehat{A'B'} = (l + r + e)(1 - \varepsilon)\beta$$

$$\widehat{B'C'} = (r + e)\angle B'O'C' = (r + e)(\pi/2 + \varepsilon\beta)$$

$$\overline{C'D'} = h - \overline{G_1D_1} = h - (e + r)\tan\frac{\theta}{4}$$

$$\overline{D'E'} = \frac{\overline{D'M}}{\sin(\theta/2)} = \frac{l\sin(\varepsilon\beta) - (r + e)}{\sin(\theta/2)}$$

经整理后可得

$$s_i = l\left[\frac{\sin(\varepsilon\beta)}{\sin(\theta/2)} + (1 - \varepsilon)\beta + \frac{h}{l} + \frac{(r+e)}{l}\left(\frac{\pi}{2} + \beta - \tan\frac{\theta}{4} - \csc\frac{\theta}{2}\right)\right]$$

(3-77)

总的周边长为 $s = 2ns_i$。

当 $e = 0$ 时,可得起始总的周边长为

$$s_0 = 2nl\left[\frac{\sin(\varepsilon\beta)}{\sin(\theta/2)} + (1 - \varepsilon)\beta + \frac{h}{l} + \frac{r}{l}\left(\frac{\pi}{2} + \beta - \tan\frac{\theta}{4} - \csc\frac{\theta}{2}\right)\right]$$

(3-78)

总的起始燃烧面积为 $A_{b0} = s_0 L$。

由式 (3-77) 可知,与星孔装药一样,轮孔装药第一阶段燃烧面也有增面、等面和减面三种情况,它取决于 $\left(\frac{\pi}{2} + \beta - \tan\frac{\theta}{4} - \csc\frac{\theta}{2}\right)$ 项的正负。

$$\begin{cases} \frac{\pi}{2} + \beta - \tan\frac{\theta}{4} - \csc\frac{\theta}{2} > 0, & \text{增面} \\ \frac{\pi}{2} + \beta - \tan\frac{\theta}{4} - \csc\frac{\theta}{2} = 0, & \text{等面} \\ \frac{\pi}{2} + \beta - \tan\frac{\theta}{4} - \csc\frac{\theta}{2} < 0, & \text{减面} \end{cases}$$

(3-79)

同样可以获得等面燃烧的轮辐半角 $\theta/2$,记为 $\overline{\theta}/2$,对应于不同轮辐数 n 的 $\overline{\theta}/2$ 角列于表 3-4。

表 3-4 轮辐数 n 与轮孔半角 $\overline{\theta}/2$ 的关系

轮辐数 n		3	4	5	6	7	8	9	10	11	12
轮辐半角 $\frac{\overline{\theta}}{2}/(°)$	第一组	22.46	28.40	31.45	34.00	36.25	38.20	40.00	41.65	43.40	44.70
	第二组						87.70	84.90	82.50	80.10	78.00

比较式（3-78）和式（3-46）可见，两式相似。因为在轮孔装药中有轮辐存在，故在式（3-78）中多了一项 h/l，因此，它的燃烧面积比星孔装药的燃烧面积大。轮孔装药的燃烧面积随着轮辐高度 h 的增大而增大。然而轮辐高度 h 是有极限值的。

（1）轮辐的最小高度 $h_{\min}$。当轮辐高度很小时，有可能在燃烧面未达到 H 点之前轮辐即消失，不能充分发挥轮孔装药的特点。所以轮辐有最小高度 $h_{\min} = \overline{O_1 G_1}$（图3-18）。

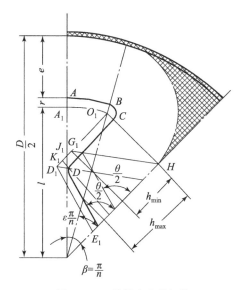

图3-18 轮辐高度的极值

由图3-18可知

$$\overline{O_1 G_1} = \overline{O_1 H} \tan(\angle O_1 H G_1) = (r + e^*) \tan \frac{\theta}{4}$$

将式（3-76）代入上式可得

$$h_{\min} = l\sin(\varepsilon\beta) \tan \frac{\theta}{4} \qquad (3-80)$$

（2）轮辐的最大高度 $h_{\max}$。当轮辐高度达一定值时，相邻两轮辐就会相交，此时的轮辐高度为最大值 $h_{\max}$。

由图3-18可知

$$h_{\max} = \overline{O_1 D_1} = \overline{O_1 J_1} + \overline{J_1 K_1} + \overline{K_1 D_1}$$

其中，

$$\overline{O_1 J_1} = \frac{l\sin(\beta - \varepsilon\beta)}{\sin\beta}$$

$$\overline{J_1K_1} = r\cot\beta$$

$$\overline{K_1D_1} = r\tan\frac{\theta}{4}$$

所以轮辐的最大高度为

$$h_{\max} = \frac{l\sin(\beta-\varepsilon\beta)}{\sin\beta} + r\left(\cot\beta + \tan\frac{\theta}{4}\right) \qquad (3-81)$$

要应用轮孔装药第一阶段燃烧面变化规律表达式（3-77），轮辐高度必须满足的条件为

$$h_{\min} \leqslant h \leqslant h_{\max}$$

如果 $h < h_{\min}$，则第一阶段燃烧面变化规律必须重新推导。

以上推导的是 $r_1 = r_2 = 0$ 时的轮孔装药第一阶段燃烧面变化规律。实际应用的轮孔装药其轮辐曲线均以圆弧过渡，如图 3-16 所示。这些圆弧的存在，既可减小应力集中，又能使脱膜时不易损坏尖角。

对于轮辐曲线以 r_1、r_2 圆弧过渡的轮孔装药，其半个轮辐的周边长 s_i 为

$$s_i = l\left[\frac{\sin(\varepsilon\beta)}{\sin(\theta/2)} + (1-\varepsilon)\beta + \frac{h}{l} + \frac{r+e}{l}\left(\frac{\pi}{2}+\beta-\tan\frac{\theta}{4}-\csc\frac{\theta}{2}\right)\right] -$$
$$l\left[2\left(\frac{r_2-e}{l}\right)\left(\tan\frac{\theta}{4}-\frac{\theta}{4}\right) + \frac{r_1-e}{l}\left(\tan\frac{\theta}{2}-\frac{\theta}{2}\right)\right] \qquad (3-82)$$

将式（3-82）与式（3-77）比较可以看出，当存在 r_1 和 r_2 时相当于在无 r_1 和 r_2 时的轮孔装药第一阶段燃烧面的基础上附加一个增面型的燃烧面。

因为当 $\theta/2 < \pi/2$ 时，有数学关系式

$$\tan\frac{\theta}{2} - \frac{\theta}{2} \geqslant 0$$

故式（3-82）右边第二个方括号内的数值随着烧去肉厚 e 的增大而减小。由于此方括号前面是负号，因此式（3-82）等式右边的第二项将随着 e 的增大而增大。对于等面型的轮孔装药，有了 r_1 和 r_2，将在第一阶段初附加一个增面段；对于减面型轮孔装药，则第一阶段初是增面还是减面要看式（3-82）等式右边两方括号内的数值随 e 的增大哪个的变化率大。

对式（3-82），当燃烧到 $e \geqslant r_1$ 时，式中 $(r_1-e)/l = 0$；当燃烧到 $e \geqslant r_2$ 时，式中 $(r_2-e)/l = 0$；当燃烧到 $e \geqslant r_1$ 和 $e \geqslant r_2$ 时，式（3-82）即变为式（3-77）。

以 $e = 0$ 代入式（3-82）并乘以 $2n$，可得轮辐曲线有过渡圆弧时半个轮辐总的起始周边长为

$$s_0 = 2nl\left[\frac{\sin(\varepsilon\beta)}{\sin(\theta/2)} + (1-\varepsilon)\beta + \frac{h}{l} + \frac{r}{l}\left(\frac{\pi}{2} + \beta - \tan\frac{\theta}{4} - \csc\frac{\theta}{2}\right)\right] -$$
$$2nl\left[\frac{2r_2}{l}\left(\tan\frac{\theta}{4} - \frac{\theta}{4}\right) + \frac{r_1}{l}\left(\tan\frac{\theta}{2} - \frac{\theta}{2}\right)\right] \tag{3-83}$$

总的起始燃烧面积为

$$A_{b0} = Ls_0$$

2）第二阶段（轮辐消失后）的燃烧面变化规律

对于典型的轮孔装药（$e_1 = e_2 = e_3$），轮辐消失时，燃烧结束，见图 3-15 (a)。对于双推力装药（$e_1 > e_2 = e_3$），轮辐消失后，燃烧进入第二阶段。

由图 3-17 不难看出，这一阶段的燃烧面变化规律与星孔装药在星边消失之后的燃烧面变化规律完全相同，见式（3-51）。

图 3-19 为轮孔装药燃烧周边长相对量的变化规律。

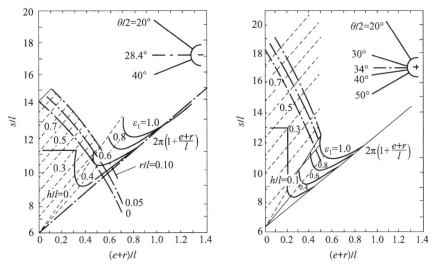

图 3-19　轮孔装药 s/l 随 $(r+e)/l$ 的变化

（a）$n=4$；（b）$n=6$

由图 3-19 可以看出：

（1）对一定的轮辐数 n，当 $\theta/2$ 为等面角 $\bar{\theta}/2$ 时，角分数 ε 越大，第一阶段燃烧周边长越长，而且等面燃烧的时间也越长。

（2）角分数 ε 一定时，随着轮辐数 n 的增大，第一阶段的燃烧周边长略有减小，但无论 n 或 ε 为何值，第二阶段均为增面性燃烧。

（3）角分数 ε 一定时，随着轮辐高度 h 的增加，第一阶段与第二阶段的燃烧周边长之差增大,在发动机结构不变时,能形成越来越明显的阶梯推力。

3) 余药的燃烧面变化规律

当轮孔装药与其他形式的装药组合在一起时,如轮孔装药与内孔燃烧的管状药组合在一起时,必须考虑余药的燃烧。

轮孔装药余药燃烧面的变化规律与星孔装药余药燃烧面变化规律完全相同,见式(3-60)。

2. 轮孔装药通气面积变化规律

1) 第一阶段(轮辐消失前)的通气面积变化规律

以 A_{pi} 代表半个轮辐所对应的通气面积,由图 3-17 可知

$$A_{pi} = A_1 O_1 O + \Delta O O_1 H - O_1 D_1 E_1 H + \int_0^{r+e} s_i d(r+e)$$

其中,

$$A_1 O_1 O = \frac{1}{2} l^2 (1-\varepsilon) \beta$$

$$\Delta O O_1 H = \frac{1}{2} \overline{O_1 H} \cdot \overline{OH} = \frac{1}{2} l^2 \sin(\varepsilon\beta) \cos(\varepsilon\beta)$$

$$O_1 D_1 E_1 H = \frac{1}{2} \overline{O_1 H} \left(h + h + \overline{O_1 H} \cot \frac{\theta}{2} \right) = hl\sin(\varepsilon\beta) + \frac{1}{2} l^2 \sin^2(\varepsilon\beta) \cot \frac{\theta}{2}$$

$$\int_0^{r+e} s_i d(r+e) = \int_0^{r+e} \left[\frac{l\sin(\varepsilon\beta)}{\sin(\theta/2)} + l(1-\varepsilon)\beta + h + (r+e)\left(\frac{\pi}{2} + \beta - \tan\frac{\theta}{4} - \csc\frac{\theta}{2}\right) \right] d(r+e)$$

$$= \left[\frac{l\sin(\varepsilon\beta)}{\sin(\theta/2)} + l(1-\varepsilon)\beta + h \right](r+e) + \frac{1}{2}\left(\frac{\pi}{2} + \beta - \tan\frac{\theta}{4} - \csc\frac{\theta}{2}\right)(r+e)^2$$

于是半个辐角的通气面积为

$$A_{pi} = \frac{1}{2} l^2 \left\{ (1-\varepsilon)\beta + \sin(\varepsilon\beta)\left[\cos(\varepsilon\beta) - \sin(\varepsilon\beta)\cot\frac{\theta}{2} - \frac{2h}{l} \right] \right\} +$$

$$l(r+e)\left[\frac{\sin(\varepsilon\beta)}{\sin(\theta/2)} + (1-\varepsilon)\beta + \frac{h}{l} \right] +$$

$$\frac{1}{2}(r+e)^2 \left(\frac{\pi}{2} + \beta - \tan\frac{\theta}{4} - \csc\frac{\theta}{2} \right)$$

$$(3-84)$$

总的通气面积为

$$A_p = 2nA_{pi}$$

当轮辐曲线有圆弧 r_1、r_2 过渡时，第一阶段总的通气面积为

$$A_p = nl^2 \left\{ (1-\varepsilon)\beta + \sin(\varepsilon\beta) \left[\cos(\varepsilon\beta) - \sin(\varepsilon\beta)\cot\frac{\theta}{2} - \frac{2h}{l} \right] \right\} +$$

$$2nl(r+e) \left[\frac{\sin(\varepsilon\beta)}{\sin(\theta/2)} + (1-\varepsilon)\beta + \frac{h}{l} \right] +$$

$$n(r+e)^2 \left(\frac{\pi}{2} + \beta - \tan\frac{\theta}{4} - \csc\frac{\theta}{2} \right) +$$

$$2n(r_2-e)^2 \left(\tan\frac{\theta}{4} - \frac{\theta}{4} \right) + n(r_1-e)^2 \left(\tan\frac{\theta}{2} - \frac{\theta}{2} \right)$$

$$(3-85)$$

当 $e=0$ 时，总的起始通气面积为

$$A_{p0} = nl^2 \left\{ (1-\varepsilon)\beta + \sin(\varepsilon\beta) \left[\cos(\varepsilon\beta) - \sin(\varepsilon\beta)\cot\frac{\theta}{2} - \frac{2h}{l} \right] \right\} +$$

$$2nrl \left[\frac{\sin(\varepsilon\beta)}{\sin(\theta/2)} + (1-\varepsilon)\beta + \frac{h}{l} \right] + nr^2 \left(\frac{\pi}{2} + \beta - \tan\frac{\theta}{4} - \csc\frac{\theta}{2} \right) +$$

$$2nr_2^2 \left(\tan\frac{\theta}{4} - \frac{\theta}{4} \right) + nr_1^2 \left(\tan\frac{\theta}{2} - \frac{\theta}{2} \right)$$

$$(3-86)$$

由式（3-86）可知，因为 $\tan(\theta/2) - \theta/2 \geq 0$，有 r_1、r_2 过渡圆弧的轮孔装药的起始通气面积要比无 r_1、r_2 的轮孔装药的通气面积大。

2）第二阶段（轮辐消失后）的通气面积变化规律

轮孔装药燃烧第二阶段的通气面积变化规律，与星孔装药第二阶段的通气面积变化规律完全相同，见式（3-65）。

3. 轮孔装药余药面积计算

轮孔装药的余药面积计算公式与星孔装药的余药面积计算公式完全相同，见式（3-68）。

3.4.2 轮孔装药设计方法

前面已介绍过轮孔装药可用于助推器和点火发动机装药设计。除此之外，由于改变轮辐厚度可实现阶梯推力，因此，亦可用于单室双推力火箭发动机装药设计。特别是可以与内孔燃烧管状药组合成组合装药，实现双推力，增大装填系数。

轮孔装药根据其不同用途，设计方法也不同。在给定火箭弹的最大射程 x_m 和战斗部质量 m_w 后，其设计方法与前面介绍的星孔装药设计方法相同。下面介绍做助推器用的设计方法。

1. 装药质量 m_p 的计算

根据规定的总冲量 I，计算推进剂有效质量：

$$m_{peff} = \frac{I}{I_{sp}} \tag{3-87}$$

考虑到推进剂制造上的性能偏差和装药尺寸偏差，以及低温时比冲量小的情况，实际的装药质量按式（3-88）计算：

$$m_{peff} = \frac{(1.01 \sim 1.05)I}{I_{sp(-40\text{℃})}} \tag{3-88}$$

对于有剩药 m_f 的发动机，总的推进剂质量为

$$m_p = m_{peff} + m_f \tag{3-89}$$

2. 喷喉面积 A_t 的计算

根据给定的平均推力和选定的平均压强，喷喉面积由式（3-90）计算：

$$A_t = \frac{F_{cp(+20\text{℃})}}{C_{F(+20\text{℃})}p_{cp(+20\text{℃})}} \tag{3-90}$$

式中，$F_{cp(+20\text{℃})}$、$p_{cp(+20\text{℃})}$ 为常温下（+20℃）发动机的平均推力和平均压强；$C_{F(+20\text{℃})}$ 为常温下（+20℃）的推力系数。

若火箭发动机的最大推力 F_{max} 和最大压强 p_{max} 有限制，应按式（3-91）计算喷喉面积：

$$A_t = \frac{F_{max}}{C_{F(+50\text{℃})}p_{max}} \tag{3-91}$$

式中，$C_{F(+50\text{℃})}$ 为高温下（+50℃）的推力系数。

若发动机的最小推力 F_{min} 和最小压强 p_{min} 有限制，应按式（3-92）计算 A_t：

$$A_t = \frac{F_{min}}{C_{F(-40\text{℃})}p_{min}} \tag{3-92}$$

式中，$C_{F(-40\text{℃})}$ 为低温下（-40℃）的推力系数。

3. 燃烧面积 A_b 的计算

根据选定的平均工作压强，燃烧面积可由式（3-93）计算：

$$A_b = K_N A_t = \frac{p_{cp(+20\text{℃})}^{1-n(+20\text{℃})}}{C^*_{(+20\text{℃})}\rho_p a_{(+20\text{℃})}} A_t \tag{3-93}$$

当推进剂的燃速已知时，可直接由推力公式计算燃烧面积：

$$A_b = \frac{F_{cp(+20\text{℃})}}{\rho_p r_{(+20\text{℃})} I_{sp(+20\text{℃})}} \quad (3-94)$$

式中，$C^*_{(+20\text{℃})}$ 为常温时推进剂的特征速度；$a_{(+20\text{℃})}$、$n_{(+20\text{℃})}$ 为常温时推进剂的燃速系数和压强指数；ρ_p 为推进剂密度；$r_{(+20\text{℃})}$ 为常温下推进剂燃速；$I_{sp(+20\text{℃})}$ 为常温下推进剂比冲；K_N 为燃烧面积与喷管喉部面积之比。

若燃烧室最大压强 $p_{\max}$ 有限制，燃烧面积可按式（3-95）计算：

$$A_b = \frac{A_t \left(\dfrac{0.9 p_{\max}}{p_r}\right)^{1-n(+50\text{℃})}}{C^*_{(+50\text{℃})} \rho_p a_{(+50\text{℃})}} \quad (3-95)$$

式中，p_r 为初始压强峰的峰值比（$p_r > 1$）。

当燃烧室最小压强 $p_{\min}$ 有限制时，燃烧面可按式（3-96）计算：

$$A_b = \frac{A_t (1.1 p_{\min})^{1-n(-40\text{℃})}}{C^*_{(-40\text{℃})} \rho_p a_{(-40\text{℃})}} \quad (3-96)$$

4. 装药的总肉厚 e_1 的计算

根据工作时间 t_k 的要求，可按式（3-97）计算总肉厚：

$$e_1 = a p^n t_k \quad (3-97)$$

5. 通气参量 æ 和喉通比 J 的计算

为了设计出高质量比的发动机，应使发动机的体积装填系数 η_v（或装填系数 η）尽量高，然而装填系数受到 æ 和 J 的限制。

通气参量 æ、喉通比 J 与装填系数 η 之间有如下关系：

$$æ = \frac{A_b}{A_p} = \frac{A_b}{A_c(1-\eta)} = \frac{F}{I_{sp} \rho_p g r A_c (1-\eta)} \quad (3-98)$$

$$J = \frac{A_t}{A_p} = \frac{A_t}{A_c(1-\eta)} = \frac{F}{C_F p A_c (1-\eta)} \quad (3-99)$$

式中，η 为装填系数，$\eta = A_T/A_C$；A_b 为装药燃烧面积；A_T 为装药横截面积；A_c、A_t 为燃烧室内腔横截面积、喷管喉部面积。

由式（3-98）和式（3-99）可知，在推力、压强和燃烧室内径一定的情况下，装填系数 η 越大，通气参量 æ 和喉通比 J 也越大。过大的通气参量 æ 和 J 会引起严重的侵蚀燃烧效应，出现过大的初始压强峰，且推力和压强曲线会有较长的拖尾现象，使发动机内弹道性能变坏。

各种推进剂的 æ 和 J 值与 p_r 的关系可由推进剂手册查到，也可以通过缩比发动机的内弹道实验来确定。因为在 $æ$ 和 J 值一定时，装药形状不同则 p_r 的值也不同。

轮孔装药尺寸的选取和计算可参考星孔装药设计方法进行。

3.5 复合药型装药设计

为了调节装药的燃烧面变化规律，通常在装药的部分表面包覆一层缓燃物质，这种物质称为包覆层。

3.5.1 变截面星孔装药设计

星孔装药由于一系列的优点，如装填系数大、对燃烧室绝热性能好、燃烧面随时间可按一定要求变化等，因此广泛应用于火箭和导弹的发动机中。对于等截面星孔装药（药柱内孔通道截面积恒定）来说，这种形状的装药设计简单，芯棒加工方便。但由于其受起始通气参量 $æ_0$ 的限制，因此当弹径一定时，随着装药长度的增加，其体积装填系数 η_v 将减小。为进一步提高装药的 η_v，可采用变截面星孔装药设计，如图 3 – 20 所示。

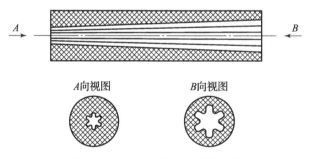

图 3 – 20 变截面星孔装药示意图

变截面星孔装药可用三维药柱设计方法设计。但这种方法比较复杂，内弹道计算和芯棒加工比较困难。这里介绍一种简单的变截面星孔装药设计方法。这种方法的特点是沿装药长度方向各截面星孔的星角数 n、角分数 ε、星根半角 $\theta/2$、过渡圆弧半径 r 和星根圆弧半径 r' 保持不变，只改变特征长度 l，如图 3 – 21 所示。

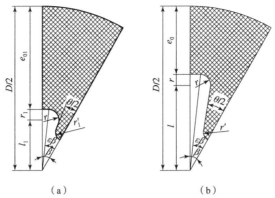

图 3-21 变截面星孔装药两端面尺寸（$r = r_1$，$r' = r'_1$）

(a) 小端面；(b) 大端面

1. 变截面星孔装药的几何尺寸所设计参量

变截面星孔装药的几何尺寸有：

D——装药半径；　　　　　　　L——装药长度；

n——星角数；　　　　　　　　ε——角分数；

$\theta/2$——星根半角；　　　　　　β——星孔半角（π/n）；

r、r_1——大、小端面上星尖过渡圆弧半径；

r'、r'_1——大、小端面上星根圆弧半径；

e_0、e_{01}——大、小端面上装药起始肉厚；

e——某瞬时烧去的装药厚度；

α——倾角，定义为装药两端面上内孔星尖过渡圆弧圆心的连线与装药轴线的夹角，即

$$\tan\alpha = \frac{l - l_1}{L} \quad \text{或} \quad \alpha = \arctan\frac{l - l_1}{L}$$

变截面星孔装药的设计参量有：

S_0——装药起始燃烧面积；

$\mathscr{æ}_0$——装药起始通气参量；

A_{p0}——装药起始通气面积；

η_v——星孔装药体积装填系数。

2. 变截面星孔装药几何尺寸与设计参量之间的关系

1）变截面星孔装药起始燃烧面积 S_0 与几何尺寸之间的关系

小端面星孔的起始周边长为

$$\Pi_{01} = 2nl_1\left[\frac{\sin\varepsilon\beta}{\sin(\theta/2)} + (1-\varepsilon)\beta + \frac{r_1}{l_1}\left(\frac{\pi}{2} + \beta - \frac{\theta}{2} - \cot\frac{\theta}{2}\right) - \frac{r_1'}{l_1}\left(\cot\frac{\theta}{2} + \frac{\theta}{2} - \frac{\pi}{2}\right)\right]$$

因为 $r = r_1$，$r' = r_1'$，故上式可写成

$$\Pi_{01} = 2nl_1\left[\frac{\sin\varepsilon\beta}{\sin(\theta/2)} + (1-\varepsilon)\beta\right] + 2n\left[\left(\frac{\pi}{2} - \frac{\theta}{2} - \cot\frac{\theta}{2}\right)(r + r') + r\beta\right]$$

令

$$F_1 = 2n\left[\frac{\sin\varepsilon\beta}{\sin\theta/2} + (1-\varepsilon)\beta\right]$$

$$F_2 = 2n\left[\left(\frac{\pi}{2} - \frac{\theta}{2} - \cot\frac{\theta}{2}\right)(r + r') + r\beta\right]$$

则小端面的起始周边长为

$$\Pi_{01} = l_1 F_1 + F_2$$

上式中 F_1 和 F_2 沿整个装药长度是不变的，因此与装药小端面相隔 x 长度的截面的周边长为

$$\Pi x = (l_1 + x\tan\alpha)F_1 + F_2$$

沿整个装药长度 L 积分，可得到起始燃烧面积：

$$s_0 = \left(l_1 L + \frac{L^2}{2}\tan\alpha\right)F_1 + LF_2$$

以 $l_1 = l - L\tan\alpha$ 代入上式就可得到以大端面星孔几何尺寸表示的 s_0，即

$$s_0 = \left(lL - \frac{L^2}{2}\tan\alpha\right)F_1 + LF_2$$

2) 变截面星孔装药起始通气面积 A_{p0} 与几何尺寸之间的关系

起始通气面积 A_{p0} 是指靠近喷管一端装药的星孔面积，因此它与等截面的起始通气面积一样：

$$A_{p0} = l^2 F_3$$

式中，

$$F_3 = n\left[(1-\varepsilon)\beta + \sin\varepsilon\beta\left(\cos\varepsilon\beta - \sin\varepsilon\beta\cot\frac{\theta}{2}\right)\right] + \frac{2nr}{l}\left[\frac{\sin\varepsilon\beta}{\sin\theta/2} + (1-\varepsilon)\beta + \frac{r}{2l}\left(\frac{\pi}{2} + \beta - \frac{\theta}{2} - \cot\frac{\theta}{2}\right)\right] + \frac{nr'^2}{l^2}\left(\cot\frac{\theta}{2} + \frac{\theta}{2} - \frac{\pi}{2}\right)$$

3) 变截面星孔装药起始通气参量 $\mathscr{æ}_0$ 与几何尺寸之间的关系

起始通气参量 $\mathscr{æ}_0$ 的定义为

$$\mathscr{æ}_0 = \frac{s_0}{A_{p0}}$$

将前面推导得到的 s_0 及 $æ_0$ 代入上式可得

$$æ_0 = \frac{L\left(l - \frac{L}{2}\tan \alpha\right)F_1 + LF_2}{l^2 F_3}$$

4）变截面星孔装药体积装填系数 η_v

固体火箭发动机装药的体积装填系数为

$$\eta_v = \frac{V_P}{V_0}$$

式中，V_P 为装药体积，$V_P = \frac{\pi}{4}D^2 L - V$；$V_0$ 为发动机燃烧室容积，$V_0 = \frac{\pi}{4}D^2 L$；V 为装药星孔容积。

这样就得到

$$\eta_v = 1 - \frac{V}{\frac{\pi}{4}D^2 L}$$

根据变截面星孔装药的特点可推导得到

$$V = L\left(l^2 - Ll\tan \alpha + \frac{L^2}{3}\tan^2 \alpha\right)F_4 + L\left(l - \frac{L}{2}\tan \alpha\right)F_5 + LF_6$$

将上式代入 η_v 式中可得

$$\eta_v = 1 - \frac{\left(l^2 - Ll\tan \alpha + \frac{L^2}{3}\tan^2 \alpha\right)F_4 + \left(l - \frac{L}{2}\tan \alpha\right)F_5 + F_6}{\frac{\pi}{4}D^2}$$

式中，

$$F_4 = n\left[(1-\varepsilon)\beta + \sin \varepsilon\beta\left(\cos \varepsilon\beta - \sin \varepsilon\beta\cot \frac{\theta}{2}\right)\right]$$

$$F_5 = 2nr\left[\frac{\sin \varepsilon\beta}{\sin(\theta/2)} + (1-\varepsilon)\beta\right] = rF_1$$

$$F_6 = n\left[\left(\frac{\pi}{2} - \frac{\theta}{2} - \cot \frac{\theta}{2}\right) \cdot (r^2 - r'^2) + r^2\beta\right]$$

3. 变截面星孔装药设计方法

（1）按等截面星孔装药设计方法，确定装药的外径 D、长度 L 及星孔几何尺寸。

（2）将计算得到的星孔几何尺寸作为变截面星孔装药大端面（靠近喷管一端）的星孔几何尺寸。

（3）选择变截面星孔装药小端面星孔的特征长度 l_1，l_1 不能太大，若接近 l，则装填系数增大不多，体现不出变截面星孔装药的优点。l_1 也不能取得太小，否则燃烧结束后拖尾过长，且燃烧结束时的压力比起始压力峰高出许多，这是不合理的，因此一般取 $l_1 = \left(\dfrac{1}{3} \sim \dfrac{1}{2}\right) l$ 较为合适。由 l 和 l_1 就可以计算出倾斜角 α：

$$\alpha = \arctan \frac{l - l_1}{L}$$

（4）由上面计算得到的星孔尺寸及 D、l 和 l_1，若 η_v 相同，则变截面星孔装药的起始通气参量将小于等截面星孔装药的起始通气参量，若要保持等截面的起始通气参量 ϖ_0 及特征长度 l，则变截面星孔装药的装药长度可比等截面的长，其 L 的计算公式为

$$L = \frac{lF_1 + F_2 - \sqrt{(lF_1 + F_2)^2 - 2\varpi_0 l^2 F_1 \cdot F_2 \tan \alpha}}{F_1 \tan \alpha}$$

当其他参数不变时，L 随 α 的增大而增大，但 α 必须满足

$$\alpha < \arctan \frac{(lF_1 + F_2)^2}{2\varpi_0 l^2 F_1 F_2}$$

计算出 L 后可由 $l_1 = l - L \tan \alpha$ 计算 l_1。

（5）同样，若要保持等截面星孔装药的 ϖ_0，则变截面星孔装药的特征长度 l 可按下式计算：

$$l = \frac{LF_1 - r\varpi_0 F_1 + \sqrt{(LF_1 - r\varpi_0 F_1)^2 - 2\varpi_0 F_{10}(2\varpi_0 F_{11} + L^2 F_1 \tan \alpha - 2LF_2)}}{2\varpi_0 F_{10}}$$

式中，

$$F_{10} = n \left[(1 - \varepsilon)\beta + \sin \varepsilon\beta \left(\cos \varepsilon\beta - \sin \varepsilon\beta \cot \frac{\theta}{2} \right) \right]$$

$$F_{20} = n \left[\left(\frac{\pi}{2} + \beta - \frac{\theta}{2} - \cot \frac{\theta}{2} \right)(r^2 - r'^2) + \beta r'^2 \right]$$

当其他参数不变时，l 随 α 的增大而减小，但 α 必须满足

$$\alpha < \arctan \frac{F_1^2 \varpi_0 (r - L/\varpi_0)^2 - 4\varpi_0 F_{10} F_{11} + 4F_2 F_{10} L}{2L^2 F_1 F_{10}}$$

同样，计算出 l 后可由 $l_1 = l - L \tan \alpha$ 计算 l_1。

3.5.2 双燃速推进剂装药设计

双燃速推进剂装药是在同一药柱中使用两种不同燃速的推进剂组合的装

药,这种装药又称为组合装药或双推进剂装药。它是为弥补单推进剂装药设计中的某些不足(如不易保持等面、有余药损失等)而出现的。采用这种药型可以实现肉厚系数约为0.6、装填系数较低以及等面燃烧的无余药发动机。由于增加了两种推进剂燃速比k这个参数,在装药设计时为了满足某些特定的内弹道性能有更多的调节余地。当然由于采用了两种推进剂,就需要两次浇铸和两次固化,增加了工艺上的困难和成本。因此这种药型只有在某些特殊条件下才考虑使用。

双推进剂装药,可以做成与单推进剂相近的各种药型,如星型、轮辐型等。一般以星型的较为常见,它的几何参数与单推进剂的相类似,只是多了参数k。下面我们以双推进剂星型内孔(星孔)装药为例,简要叙述这种装药燃面的计算方法。

1. 双推进剂星孔装药的主要几何参数

装药外径:$D = 2R$　　　装药长度:L
缓燃药肉厚:e_1　　　特征尺寸:l
星角数:n　　　过渡圆弧半径:r
星根半角:$\theta/2$　　　燃速比:k

为使问题简化,设此药型的星角系数$\varepsilon = 1$。

2. 燃烧面变化规律

我们研究半个星角的参数变化。在研究这种药型时,应当注意的一个问题是在同一时刻t内,两种药由于燃速不同所烧去的肉厚也是不相等的。设缓燃药的燃速为r_1,速燃药的燃速为r_2,则燃速比$k = r_2/r_1$($k > 1$)。下面计算采用缓燃药的肉厚$e = r_1 t$,则相应的速燃药的肉厚为ke。

从图3-22中可以看出,缓燃药的燃烧线是以O为圆心的圆弧,而速燃药的燃烧线仍然和星型一样,分为有直线部分的第一阶段和无直线部分的第二阶段。当两种装药的交线为曲线AE时,则无余药。

下面首先求交线方程:以极坐标ρ、λ来表示。显然从缓燃药的燃烧圆弧$\overset{\frown}{A'B'}$来看,有

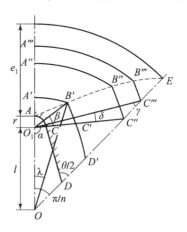

图3-22　双燃速星孔装药燃面变化规律

$$\rho = \overline{B'O} = \overline{A'O} = e + r + l$$

在 $\triangle O_1 B'O$ 中，利用余弦定理

$$\cos \lambda = \frac{\overline{O_1 O}^2 + \overline{OB'}^2 - \overline{O_1 B'}^2}{2\,\overline{O_1 O} \cdot \overline{OB'}}$$

$$= \frac{l^2 + (l+r+e)^2 - (r+ke)^2}{2l(l+r+e)}$$

有了交线上各点的 ρ 及 λ，即可求出交线 AE。下面研究双燃速装药的燃面变化规律。

对缓燃药：它的燃烧线始终是以 O 为圆心的圆。

$$A_{b1} = (l+r+e)\lambda 2nL$$

对速燃药，仍和星型一样，首先划分为两个阶段。先求出划分两个阶段的肉厚。

在 $\triangle O_1 OC''$ 中，利用正弦定理

$$\frac{\overline{OO_1}}{\sin\left(\dfrac{\pi}{2} - \dfrac{\theta}{2}\right)} = \frac{\overline{O_1 C''}}{\sin\dfrac{\pi}{n}}$$

所以

$$\overline{O_1 C''} = r + \overline{CC''} = \frac{l\sin\dfrac{\pi}{n}}{\cos\dfrac{\theta}{2}}$$

两个阶段分界时的肉厚为

$$\overline{CC''} = \frac{l\sin\dfrac{\pi}{n}}{\cos\dfrac{\theta}{2}} - r$$

第一阶段：

$$ke < \frac{l\sin\dfrac{\pi}{n}}{\cos\dfrac{\theta}{2}} - r$$

设半个星角的燃烧周界为 s_2'，则

$$s_2' = \widehat{B'C'} + \overline{C'D'}$$

$$\widehat{B'C'} = (r+ke)\beta$$

$$\angle \beta = \angle B'O_1 C''$$

在 $\triangle C''O_1 O$ 中，利用三角形内角之和等于 π 的关系，则

$$\alpha = \angle C''O_1O = \pi - \frac{\pi}{n} - \frac{\pi}{2} + \frac{\theta}{2} = \frac{\pi}{2} - \frac{\pi}{n} + \frac{\theta}{2}$$

$$\beta = \angle B'O_1O - \alpha$$

再求 $\angle B'O_1O$，利用 $\triangle O_1B'O$ 中正弦定理

$$\frac{\overline{O_1B'}}{\sin \lambda} = \frac{\overline{OB'}}{\sin \angle B'O_1O}$$

$$\frac{ke+r}{\sin \lambda} = \frac{l+e+r}{\sin \angle B'O_1O}$$

所以

$$\angle B'O_1O = \sin^{-1}\frac{(l+e+r)\sin \lambda}{ke+r}$$

$$\beta = \sin^{-1}\frac{(l+e+r)\sin \lambda}{ke+r} - \alpha$$

$$\overline{C'D'} = (\overline{O_1C''} - \overline{O_1C'})\cot \frac{\theta}{2}$$

$$= \left[\frac{l\sin \frac{\pi}{n}}{\cos \frac{\theta}{2}} - (r+ke)\right]\cot \frac{\theta}{2}$$

所以第一阶段速燃药燃面变化为

$$A_{b2} = \left\{(r+ke)\left[\sin^{-1}\frac{(l+e+r)\sin \lambda}{ke+r} - \alpha\right] + \left[\frac{l\sin \frac{\pi}{n}}{\cos \frac{\theta}{2}} - (r+ke)\right]\cot \frac{\theta}{2}\right\}2nL$$

第二阶段：

$$ke > \frac{l\sin \frac{\pi}{n}}{\cos \frac{\theta}{2}} - r$$

半个星角的燃烧边长为 s'_2：

$$s'_2 = \overparen{B'''C'''} = (r+ke)(\beta - \delta)$$

β 的关系式同前，下面求 δ。

在 $\triangle O_1C'''O$ 中

$$\delta + \alpha + \gamma + \frac{\pi}{n} = \pi$$

所以

$$\delta = \pi - \alpha - \gamma - \frac{\pi}{n}$$

前已知

$$\alpha = \frac{\pi}{2} - \frac{\pi}{n} + \frac{\theta}{2}$$

所以

$$\delta = \frac{\pi}{2} - \frac{\theta}{2} - \gamma$$

为此需求出 γ，在 $\triangle O_1 C''' O$ 中利用正弦定理

$$\frac{\overline{OO_1}}{\sin\gamma} = \frac{\overline{O_1 C'''}}{\sin\frac{\pi}{n}}$$

$$\gamma = \sin^{-1}\frac{l\sin\frac{\pi}{n}}{ke+r}$$

$$\delta = \frac{\pi}{2} - \frac{\theta}{2} - \sin^{-1}\frac{l\sin\frac{\pi}{n}}{ke+r}$$

第二阶段速燃药的燃面变化为

$$A_{b2} = (r + ke)\left(\beta - \frac{\pi}{2} + \frac{\theta}{2} + \sin^{-1}\frac{l\sin\frac{\pi}{n}}{ke+r}\right)2nL$$

应当注意的是，由于两种推进剂的燃速不同，所以计算中不应当把两种推进剂的燃面相加。而是分别用它们各自的燃面乘以它们的燃速，相加后求得总的燃烧产物生成量。

某一时刻的燃烧产物生成量为

$$\rho_{p1} r_1 A_{b1} + \rho_{p2} r_2 A_{b2} = \rho_p r_1 (A_{b1} + k A_{b2})$$

由于通常燃速的调节是通过加入少量的催化剂来实现的，所以一般情况下两种推进剂的密度是近似相等的，即

$$\rho_{p1} = \rho_{p2} = \rho_p$$

3.5.3 双推力装药设计

单室双推力发动机是指用一个燃烧室产生两级推力的固体火箭发动机。这种发动机可为火箭提供起飞时的大推力及飞行过程中的续航推力，起到主发动机和助推器所产生的相同效果。双推力可以借助采用两种不同肉厚的药型来实现，也可以借助采用两种燃速不同的推进剂来实现。当两级推力比大时，还可以借助同时采用不同燃速的推进剂和不同肉厚的药型来实现。表 3-5 为双推力药柱的一些可能方案。

表 3-5 双推力药柱的一些可能方案

推进剂	药柱形状	备注
单推进剂系统		起飞：内燃管型 续航：端燃药柱
		起飞：星型 续航：内燃管型
双推进剂系统		起飞：内燃管型（高燃速） 续航：内燃管型（低燃速），全长同心
		起飞：星型（高燃速） 续航：内燃管型（低燃速），后部同心
		起飞：星型（高燃速） 续航：内燃管型（低燃速），后串联
		起飞：星型（高燃速） 续航：变截面内燃管型（低燃速），前串联
		起飞：端燃药柱（高燃速） 续航：端燃药柱（低燃速），后串联

3.6 装药的包覆

为了调节装药的燃烧面变化规律,通常在装药的部分表面包覆一层缓燃物质,这种物质称为包覆层。这是装药设计的关键,其主要作用是限燃和绝热,使推进剂按所需的规律燃烧,把外界温度对推进剂的影响限制在允许的范围内,保证推进剂燃烧的平稳性。对于贴壁浇药,包覆层还可起到黏结剂的作用,缓冲壳体应变向药柱传递,阻挡化学组分的迁徙。

药柱的包覆和装填工艺与装药类型有关,如内孔侧燃装药,通常用离心或喷涂的方法进行包覆,然后浇药;而端燃药柱,一般采用自由脱黏或自由装填方案。

在自由装填药柱中,根据所采用包覆材料的差别,其可分为液态包覆剂和固态包覆材料两大类。液态包覆剂可用于手工涂覆、真空包覆、喷涂和挤压包覆等。复合推进剂和双基药均可采用这种包覆方法。固态包覆材料一般是将包覆层预制成带状或口袋形式。前者是将药柱预制成所需的形状,然后将包覆带缠绕黏结在药柱外表面,缠绕时应有预紧力,以提高黏结质量及抗脱黏性能;后者是把口袋放在模具里进行浇药,由模具保证包覆药柱的外形尺寸。

自由装填药柱具有很多优点,但它需要解决药柱的支承问题,药柱受力也不均匀。采用具有应力松弛效应的包覆方案,可克服上述缺点。这种包覆方案可把推进剂浇铸在燃烧室内。应力松弛结构的内层与推进剂黏结,主要起限燃作用;外层与壳体黏结,主要起绝热层作用。中间是应力松弛层,起应力松弛的作用,并把内外层连接在一起。该方案具有装填系数大、药柱受力较均匀的优点。

3.6.1 包覆层的主要功能

包覆层的主要功能包括以下几点:

(1) 控制装药燃烧面的变化规律,使之满足内弹道性能要求。因为燃烧面的变化直接影响发动机的压强和推力的变化,除了正确选择装药几何形状以外,可以通过包覆对部分燃烧面进行控制。例如,单孔管状药两端包覆时是等面燃烧,外侧面包覆时则是增面燃烧。

(2) 可使装药与燃烧室壳体之间牢固地黏结在一起,并可防止装药对燃烧室壁的腐蚀。对浇注的装药来说,包覆层既能很好地与燃烧室壁黏结,又能与推进剂牢固地黏结，以防止推进剂与燃烧室壁贴壁浇铸时因黏结不牢而引起窜火。有些推进剂对燃烧室壁有腐蚀作用，如含有过氯酸铵的复合推进剂等。在药柱和燃烧室内壁之间增加包覆层，可以避免推进剂对燃烧室壁的腐蚀。

（3）缓冲推进剂与壳体之间的应力。一般包覆材料选用延伸率较高、黏结力强的材料，浇注装药的包覆层可以缓冲因装药固化降温时黏结面上产生的热应力及运输过程中冲击、振动产生的应力，以减少脱黏的可能性。

（4）弥补壳体椭圆度对装药外径的影响，以减少装药质量偏差。

3.6.2 包覆材料的选择

用于双基推进剂的包覆材料有以下几种。

1. 乙基纤维素包覆剂

乙基纤维素包覆剂的主要成分是乙基纤维素、苯二甲酸二丁酯和少量的二苯胺。其膨胀系数与双基推进剂相近，机械强度较高，化学安定性和低温性能良好，烧蚀率约为 0.3 mm/s。其包覆方法是采用热熔黏结法，即将包覆剂加热到软化温度以上，再包覆在装药表面。

2. 硝基纤维素包覆剂

硝基纤维素包覆剂（亦称硝基油漆布）的主要成分和双基推进剂基本一致，线膨胀系数也与双基推进剂基本一致。其主要缺点是燃速较高，塑性较差，一般用作端面包覆和要求不高的侧面包覆。其包覆方法是采用"溶剂黏结法"，即在装药表面涂上溶剂，再将硝基油漆布粘贴上去；也可采用涂刷法进行药柱的包覆。

3. 胶带缠绕包覆层

它以18%的硝基油漆布和82%的丙酮配制的硝基漆作为底层，然后用电工胶布缠绕在装药表面，但装药包覆后外表粗糙，工艺性较差。

用于复合推进剂的包覆材料有以下几种。

1）丁腈软片

其主要成分是丁腈橡胶，加入石棉等填料制成软片，用"粘贴法"进行包覆。

2）环氧树脂聚硫型包覆剂

其主要成分是环氧树脂、聚硫橡胶、无机填料和固化剂、增塑剂、稀释剂等，用来包覆聚硫推进剂。其用"喷涂法"进行包覆。

3）丁羧比啶包覆剂

其主要用来包覆聚丁二烯型推进剂，亦采用喷涂法包覆。

4）四氢呋喃聚醚包覆剂

其主要成分是环氧丙烷、甘油、四氢呋喃，它们在三氟化硼催化下合成，可用来包覆聚氨酯类推进剂，亦采用喷涂法包覆。

装药各部分包覆层厚度应根据需要合理确定，既使之满足设计要求，又不使发动机质量比明显下降。如单室双推力发动机，有些地方装药先烧完，燃烧室内壁先暴露在燃气中，这部分先烧完的装药包覆层应略厚一些。

对某些需要限燃而进行包覆的地方，如装药头部开口处的包覆套，其包覆层厚度根据包覆材料烧蚀率和燃烧时间来确定，即

$$\delta' = r't_b + \Delta\delta$$

式中，δ' 为包覆层厚度；r' 为包覆材料的烧蚀率；t_b 为装药燃烧时间；$\Delta\delta$ 为燃烧终止时应保存的最小厚度，在此最小厚度下，被包覆装药表面的温度不应达到推进剂的分解温度。

对装药圆柱段，要求粘接界面具有足够的剪切强度，同时包覆层的厚度还应起到缓冲的作用，常用厚度范围为 1~2 mm。

头部包覆层厚度可取成和圆柱段一致或稍厚些。在尾部，如采用人工脱黏措施，也可使其厚度与圆柱段一样。当无人工脱黏时，包覆层厚度可采用变厚度设计，即由圆柱段到封头处的厚度逐渐加厚，例如从 1 mm 逐渐增大到 2 mm。

包覆材料选用不当，可导致设计的失败。对包覆材料的基本要求是：本身不易燃烧或烧蚀率较低；粘接性能好，不易变质和脱黏；隔热性能好；具有较高的延伸率和强度；与燃烧室材料和推进剂的相容性好；制备简单，工艺性能好等。以下介绍了部分对包覆层材料的性能要求。

1. 良好的机械性能

包覆层的力学性能应满足药柱结构完整性的要求。对于贴壁浇药，要求包覆材料具有较高的延伸率，一般要求最高延伸率 $\varepsilon_m = 6~8$ 倍推进剂的延伸率；而抗拉强度为推进剂的 1~1.2 倍。对于自由装填药柱，当包覆层与推进剂的线膨胀系数之间存在差别时，环境温度的变化，会在包覆层与推进剂之间产生热应力，当包覆材料的延伸率很低时，可导致包覆层的脱黏。只有在包覆层与推进剂之间的线膨胀系数之差很小，使由此引起的热应力小于允许值时，才能采用低延伸率的包覆材料。高延伸率的包覆材料具有良好的松弛热应力效果，可不对材料的线膨胀系数之差提出要求。

2. 与推进剂的黏结强度应大于推进剂本体强度

材料之间的黏结强度,不但与黏结剂的性能有关,还与黏结工艺有很大关系。为解决固态包覆材料与推进剂的黏结问题,常在包覆层与推进剂之间涂一层起黏结作用的过渡层。为保证黏结质量,包覆层的内表面应进行严格的表面处理,如机械打毛或吹砂等。涂过渡层前应把表面清理干净。过渡层要求薄而均匀,厚度不宜过大,否则会使黏结强度大幅度下降。过渡层的厚度最好控制在 0.1~0.2 mm,最大厚度应小于 0.5 mm。涂过渡层至浇药之间的保温时间也应严格控制,才能保证黏结质量。采用半硫化的橡胶包覆套进行浇药,可进一步提高包覆层的黏结质量。

3. 必须与推进剂相容

推进剂的增塑剂或燃速调整剂等组分可迁移到包覆层,并与包覆层的其他组分产生化学反应,造成包覆层及推进剂的力学物理性能变坏、黏结强度下降,从而导致包覆层脱黏。如双基推进剂的硝化甘油会被丁腈橡胶、聚氨酯吸收并使聚氨酯降解。采用乙烯-丁二烯的共聚物(SBR)可阻止硝化甘油的迁移。工业橡胶板与丁羟推进剂不相容,与工业橡胶板接触的推进剂不固化。适当地选取过渡层的配方,可阻挡组分的迁移。

4. 耐烧蚀及绝热性能好

为保证自由装填药柱平稳地燃烧,包覆层应有足够的厚度,以阻挡燃气对推进剂的加热,绝热性能好的包覆材料,包覆层的厚度可小些;采用耐烧蚀材料做包覆层,可使绝热层减小相应的厚度。试验表明,包覆层所形成的包覆套筒,可保护燃烧室绝热层免受燃气的烧蚀,只有在包覆层烧蚀完后,绝热层暴露在燃气之下,绝热层才开始烧蚀。

3.6.3 包覆的工艺方法

造成装药脱黏的原因很多,如包覆材料的黏结性能差、固化温度不够、环境温度的影响、工艺方法等。包覆的工艺方法也很多,用得比较多的有软片粘贴法、涂刷法、刮板法、离心法、喷涂法和浇注法等。

1. 软片粘贴法

软片粘贴法是将包覆材料预先制成一定厚度的软片,然后根据需要裁成适当形状,利用黏结胶(如 JX-6 胶)刷在装药和软片上,然后粘在包覆表面,这种方法一般用在装药的侧表面和端面包覆。黏结是否牢固与装药和软片表面的清理有关。该方法多用于自由装填装药的包覆。

2. 涂刷法

涂刷法是将包覆剂制成半强糊状，在没有固化以前，人工涂刷到装药的表面，再进行固化。这种方法工序较少，但要求操作人员比较熟练，动作迅速，而且容易受装药表面状况影响。如果装药表面清理不好，留有尘土或油污，料浆与装药表面黏合不实，容易造成脱黏。同时，料浆中不可避免地存在气泡和易挥发的溶剂，在固化时，气泡和挥发物有可能集中在装药表面，从而造成空穴性脱黏。

3. 刮板法

刮板法是将半流动的料浆倾入燃烧室壳体中，然后用半圆形的刮板来回推刮，使浆料均匀敷在壳体内壁上再进行固化。这种方法比较简单，但厚度不均匀，对于直径小而长度较长的发动机采用软片粘贴法比较困难时，可以采用刮板法。

4. 离心法

离心法是将比较稀的料浆倾入燃烧室内，缓慢转动，人工使料浆覆盖在燃烧室内表面后，装在离心机上以较高的速度旋转，同时加热和排除挥发气体，待包覆层半固化后，再浇注推进剂。这种方法包覆层厚度比较均匀，内部质量好，与推进剂黏结良好，特别适合于直径小、长度较长的发动机。

5. 喷涂法

喷涂法是将稀的料浆通过高压空气喷头，喷射到发动机壳体内表面，发动机壳体做旋转运动，喷头做往复运动；一边喷涂一边加温预固化，喷涂完成后进一步固化，固化完毕后再浇注推进剂。这种方法包覆层厚度均匀，质量高，与推进剂黏结良好，不易脱黏（由工艺引起的脱黏），适用于大型固体火箭发动机，但设备比较复杂。

6. 浇注法

浇注法是根据药柱外形尺寸及包覆层厚度要求，制作好包覆模具，将药柱移入模具后，在药柱外表面和模具内壁之间浇注较稀的料浆，待溶剂挥发、包覆层固化后，将包覆后的药柱从模具中取出。这种方法包覆工艺简单，不易脱黏，主要应用于装药的外圆柱面包覆。

总之，包覆的工艺将直接影响装药包覆的质量，应当尽可能地采用先进的技术，同时对工作场地的环境应当有一定的要求，例如要求工房除尘、除湿等。

3.7 装药结构完整性设计

发动机装药设计必须在考虑战术技术性能的同时，充分考虑药柱结构的完整性要求。装药从浇注到完成燃烧任务，必然经受一系列使其产生应力应变响应的载荷条件，如固化后的降温，环境温度变化，长期贮存，运输、发射阶段的加速度，点火后的压力冲击等。药柱结构完整性分析就是要保证在这些载荷和环境条件作用下药柱内表面及其他部位不出现裂纹，药柱与衬层、绝热层界面不出现脱黏，即药柱结构完整性不被破坏。只有在从制造、贮存到试验或飞行的全过程中保持药柱的完整性才能保证发动机的正常工作。因此，在发动机的装药设计中，药柱的结构完整性分析与内弹道性能分析具有同等的重要地位。

发动机装药结构完整性分析是很重要且很复杂的工作。这是因为固体推进剂是含有大量固体颗粒的高分子聚合物，其力学性能强烈依赖于时间和温度，表现为高度的非线性黏弹性特征。

3.7.1 固体推进剂黏弹性力学特征

固体推进剂因同时具备了弹性力学和黏性流体力学的特性，其力学性能表现出一定的独特性以及复杂性。通过大量的试验与理论研究发现，推进剂的力学性能与载荷特性（如加载速率、频率等）、外在环境（如温度、湿度等）有较大的关系，因此为准确了解材料的力学性能，需要对黏弹性力学的基本特征有所了解。

1. 蠕变和应力松弛

蠕变和应力松弛是黏弹性材料典型的两个力学行为。在阶跃应力载荷作用下应变随时间逐渐增加的现象或过程称为蠕变。当载荷卸载后，弹性应变部分瞬时响应，总应变瞬时减小一定值，而黏性应变随时间逐渐减小至0，这种现象称为延迟回复。在载荷阶跃应变载荷作用下应力随时间逐渐减小的现象或过程称为应力松弛。

2. 率相关性

为分析黏弹性材料力学响应与加载速率的相关性，需要研究不同应变加载速率对应力响应过程的影响，以及研究不同应力加载速率对应变响应过程的影响。大量的试验发现，随着应变载荷加载速率的增加，大多数黏弹性材料呈现应力响应幅值增大的现象，破坏应力也有明显的提高。

3. 频率相关性

蠕变、应力松弛和应变率效应描述黏弹性材料在准静态载荷作用下的力学特性。然而对于很多黏弹性材料或结构，所受到的载荷随时间交替变化，由于材料的黏滞效应，将产生能量耗散，这是黏弹性材料的重要特征之一。

对于推进剂而言，在其寿命周期中受到多种交变载荷的作用。如运输过程中的持续颠簸过程，发动机装药受到反复的冲击载荷，此外在发动机贮存期间，随着一年四季环境温度的循环变化，药柱同样受到交变温度载荷。通常通过振动实验、疲劳实验研究黏弹性材料的动态力学性能，其中包括频率相关和温度相关的实验。

4. 温度相关性

温度变化对黏弹性材料黏性部分的力学性能影响较大。研究表明，要使黏弹性材料中的某个运动单元具有足够大的活动性而表现出力学松弛现象，需要一定的松弛时间，温度越高松弛时间越短。根据黏弹性材料所处温度范围的不同，可分为4种不同的力学状态：玻璃态、黏弹态、橡胶态和黏流态。在一定温度条件下，黏弹性材料力学性能的时间相关性对应于物质内部存在一种特征时间，特征时间受外在条件（温度、湿度、压力等）影响较大，其中温度效应尤为明显。针对黏弹性材料的温度相关性问题，国内外学者通过研究一类热流变简单材料发现，可通过建立时温等效模型来描述这类材料的温度相关性问题。

3.7.2 描述固体推进剂力学性能的几种本构模型

为描述固体推进剂的力学性能，需要建立准确的黏弹性本构模型。黏弹性材料的力学性能大致可分为线性和非线性两大类，若材料的力学性能表现为线弹性和理想黏性的组合，则称为线性黏弹性材料，反之称为非线性黏弹性材料。固体推进剂属于典型的非线性黏弹性材料，为准确研究其力学特性，常见的线性黏弹性模型有 Maxwell 模型、Kelvin 模型、三参量固体模型、广义 Maxwell 模型和 Wiechert 模型等，这几类模型均以微分形式表述，称为微分型本构模型。为了更好地描述材料的记忆性能及材料受载后的力学响应过程，同时为便于考虑材料温度、老化和湿度等因素的影响，可根据 Boltzmann 叠加原理建立材料的积分型本构关系。在实际应用过程中，由于材料的松弛模量或蠕变柔量便于获得，且形式简单、易于有限元离散，因此积分型本构模型得到更广泛的应用。

1. 微分型本构模型

材料的线性黏弹性特性介于线弹性与理想黏性之间，因此可通过弹簧元件和粘壶元件的不同组合方式来描述。其中弹簧元件服从胡克定律，粘壶元件服从牛顿剪切定律，使用数学模型可表述为

$$\sigma_S = E\varepsilon_S \\ \sigma_D = \eta\dot{\varepsilon}_D \quad (3-100)$$

式中，σ 表示应力，ε 表示应变，$\dot{\varepsilon}$ 表示应变率，E 和 η 均为材料常数，分别表示弹性模量和黏性系数，下标"S"和"D"分别对应于弹性分量和黏性分量。通过弹簧元件和粘壶元件的不同组合方式，可得到不同的微分型黏弹性本构模型，下面将简要概述常见的几种本构模型。

1) **Maxwell 模型**

将弹簧元件和粘壶元件串联起来便得到最简单的 Maxwell 模型，具体模型如图 3-23 所示。

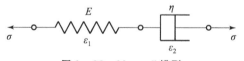

图 3-23 Maxwell 模型

设在 Maxwell 模型两端施加大小为 σ 的应力载荷，则弹簧元件和粘壶元件中的应力相等，而总应变 ε 等于弹性应变 ε_1 和粘壶应变 ε_2 之和，三者关系如下：

$$\varepsilon = \varepsilon_1 + \varepsilon_2 \quad (3-101)$$

$$\sigma = E\varepsilon_1 = \eta\dot{\varepsilon}_2 \quad (3-102)$$

根据式（3-101）和式（3-102）可以得到

$$\dot{\varepsilon} = \dot{\varepsilon}_1 + \dot{\varepsilon}_2 = \frac{\dot{\sigma}}{E} + \frac{\sigma}{\eta} \quad (3-103)$$

式（3-103）即为 Maxwell 微分型本构模型。当模型中的材料参数 E、η

获得后，便可通过该模型描述黏弹性材料的应力松弛、蠕变、回复等现象。

2）Kelvin 模型

与 Maxwell 模型不同，Kelvin 模型中弹簧元件和粘壶元件相互并联，如图 3-24 所示。

设在 Kelvin 模型两端施加大小为 σ 的应力载荷，则弹簧元件中的弹性应变和粘壶元件中的黏性应变相等，均等于总应变 ε，而总应力等于弹性应力 σ_1 和黏性应力 σ_2 之和，其关系如下：

$$\sigma = \sigma_1 + \sigma_2 = E\varepsilon + \eta\dot{\varepsilon} \qquad (3-104)$$

式（3-104）描述了 Kelvin 模型的应力应变关系，即 Kelvin 微分本构模型。

3）三参量固体模型

Maxwell 模型和 Kelvin 模型均是二参量黏弹性模型。Maxwell 模型能描述黏弹性材料的应力松弛现象，但不能表征蠕变现象，而 Kelvin 模型与此相反，能够描述蠕变过程，但不能描述材料的应力松弛现象。为了弥补上述两种模型的缺陷，通过 Kelvin 模型和一个弹簧元件串联或由一个 Maxwell 模型和一个弹簧元件并联得到三参量固体模型。以前者为例，模型如图 3-25 所示。

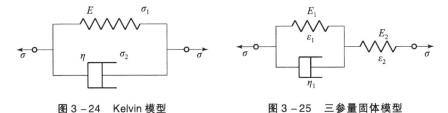

图 3-24　Kelvin 模型　　　　图 3-25　三参量固体模型

假设该模型两端受到大小为 σ 的应力载荷，则 Kelvin 模型和第二个弹簧元件中受到相同的应力，即 σ，而模型的总应变 ε 等于 Kelvin 模型中的应变 ε_1 与第二个弹簧元件中的应变 ε_2 之和，具体参量可表示为

$$\begin{cases} \varepsilon = \varepsilon_1 + \varepsilon_2 \\ \sigma = E_1\varepsilon_1 + \eta_1\dot{\varepsilon}_1 \\ \sigma = E_2\varepsilon_2 \end{cases} \qquad (3-105)$$

通过 Laplace 变换将上述微分方程转换到 Laplace 域进行求解，最后根据 Laplace 反变换得到方程解为

$$E_1 E_2 \varepsilon + E_2 \eta_1 \dot{\varepsilon} = (E_1 + E_2)\sigma + \eta_1 \dot{\sigma} \qquad (3-106)$$

式（3-106）即为三参量固体模型的应力应变时间关系，即模型的微分型本构方程。

4) 广义 Maxwell 模型和 Wiechert 模型

对于实际的黏弹性材料,其力学性能较为复杂,不管是二参量模型还是三参量模型均不足以准确描述材料的力学性能。将多个 Maxwell 模型并联起来,称为广义 Maxwell 模型;在广义 Maxwell 模型基础上再并联一个弹簧元件,则称为 Wiechert 模型,如图 3-26 所示。只要 Maxwell 单元数量足够多,这两种模型均能够很好地描述一般线性黏弹性材料的力学特性,如应力松弛、蠕变、回复等。

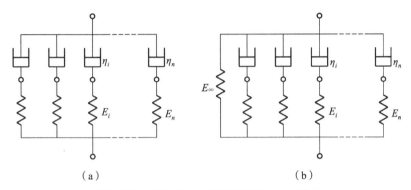

(a) (b)

图 3-26 广义 Maxwell 模型和 Wiechert 模型

(a) 广义 Maxwell 模型;(b) Wiechert 模型

假设广义 Maxwell 模型两端受到应力载荷 σ 的作用,并定义第 i 个 Maxwell 单元的应力为 σ_i,其弹簧元件的弹性系数为 E_i,其粘壶元件的黏性系数为 η_i。由于各 Maxwell 单元之间相互并联,因此每个单元具有相同的应变响应,而总应力 σ 等于各单元的应力之和,即

$$\varepsilon = \varepsilon_1 = \varepsilon_2 = \cdots = \varepsilon_i \tag{3-107}$$

$$\sigma = \sigma_1 + \sigma_2 + \cdots + \sigma_i \tag{3-108}$$

单个 Maxwell 模型微分方程为

$$\dot{\varepsilon} = \frac{\dot{\sigma}_i}{E_i} + \frac{\sigma_i}{\eta_i} \tag{3-109}$$

对式(3-109)进行 Laplace 变换后可得

$$\bar{\sigma}_i = \frac{E_i \eta_i s}{E_i + \eta_i s} \bar{\varepsilon} \tag{3-110}$$

则对于广义 Maxwell 模型其总应力 σ 等于各 Maxwell 单元应力之和,即

$$\bar{\sigma} = \sum_{i=1}^{n} \bar{\sigma}_i = \sum_{i=1}^{n} \frac{E_i \eta_i s}{E_i + \eta_i s} \bar{\varepsilon} \tag{3-111}$$

当模型受到阶跃应变载荷 $\varepsilon_0 H(t)$ 作用时,应力响应为

$$\sigma(t) = \varepsilon_0 \sum_{i=1}^{n} E_i \exp\left(-\frac{t}{\tau_i}\right), \quad \tau_i = \frac{\eta_i}{E_i} \tag{3-112}$$

定义松弛模量 $E(t)$ 为应力 $\sigma(t)$ 与恒应变 ε_0 的比值，即

$$E(t) = \sum_{i=1}^{n} E_i \exp\left(-\frac{t}{\tau_i}\right) \tag{3-113}$$

同理，对于 Wiechert 模型，在阶跃应变载荷 $\varepsilon_0 H(t)$ 作用下的应力响应为

$$\sigma(t) = \varepsilon_0 \left[E_\infty + \sum_{i=1}^{n} E_i \exp\left(-\frac{t}{\tau_i}\right) \right], \quad \tau_i = \frac{\eta_i}{E_i} \tag{3-114}$$

其松弛模量 $E(t)$ 可写作

$$E(t) = E_\infty + \sum_{i=1}^{n} E_i \exp\left(-\frac{t}{\tau_i}\right) \tag{3-115}$$

2. 积分型本构模型

为了更好地描述黏弹性材料的力学性能，并便于描述材料的记忆性能及实际的试验测试，也便于考虑材料老化和温度等因素的影响，常更多地采用积分形式的本构模型。在线性黏弹性问题中，多个起因的总效应等于各分起因的效应之和，即 Boltzmann 叠加原理。材料或结构的受载过程虽然比较复杂，但可以看作是连续多个应变载荷的作用。设作用于物体的应变为一连续可微函数 $\varepsilon(t)$，将其分解为 $\varepsilon_0 H(t)$ 和无数个微小附加阶跃应变载荷 $\mathrm{d}\varepsilon(\tau) H(t-\tau)$，其中，

$$\mathrm{d}\varepsilon(t_i) = \frac{\mathrm{d}\varepsilon(t)}{\mathrm{d}t}\bigg|_{t=t_i} \mathrm{d}\tau \tag{3-116}$$

于是，t 时刻的应力响应写作

$$\sigma(t) = E(t)\varepsilon_0 + \int_{0^+}^{t} E(t-\tau) \frac{\mathrm{d}\varepsilon(\tau)}{\mathrm{d}\tau} \mathrm{d}t$$

$$= \int_{0^-}^{t} E(t-\tau) \frac{\mathrm{d}\varepsilon(\tau)}{\mathrm{d}\tau} \mathrm{d}t \tag{3-117}$$

式（3-117）即为松弛形式积分型本构模型。类似地，假设材料受到应力的作用，根据蠕变柔量得到材料的应变响应，即蠕变型积分本构模型：

$$\varepsilon(t) = J(t)\sigma_0 + \int_{0^+}^{t} J(t-\tau) \frac{\mathrm{d}\sigma(\tau)}{\mathrm{d}\tau} \mathrm{d}t$$

$$= \int_{0^-}^{t} J(t-\tau) \frac{\mathrm{d}\sigma(\tau)}{\mathrm{d}\tau} \mathrm{d}t \tag{3-118}$$

在小变形情况下，各向同性材料的应力张量可分解为球张量和偏张量两部分，应变张量可分解为体积应变和应变偏张量。因此应力、应变可分别写作

$$\sigma_{ij}(t) = S_{ij}(t) + \frac{\delta_{ij}}{3}\sigma_{kk}, \quad \varepsilon_{ij}(t) = e_{ij}(t) + \frac{\delta_{ij}}{3}\varepsilon_{kk} \tag{3-119}$$

其中球应力与体积应变、应力偏量与应变偏量之间分别有以下关系:

$$S_{ij}(t) = \int_0^t 2G(t-\tau)\frac{\partial e_{ij}}{\partial \tau}\mathrm{d}\tau, \quad \sigma_{kk}(t) = \int_0^t 3K(t-\tau)\frac{\partial \varepsilon_{kk}}{\partial \tau}\mathrm{d}\tau \tag{3-120}$$

则三维形式的本构模型可写作

$$\begin{aligned}\sigma_{ij}(t) &= S_{ij}(t) + \frac{\delta_{ij}}{3}\sigma_{kk} \\ &= \int_0^t 2G(t-\tau)\frac{\partial e_{ij}}{\partial \tau}\mathrm{d}\tau + \frac{\delta_{ij}}{3}\int_0^t 3K(t-\tau)\frac{\partial \varepsilon_{kk}}{\partial \tau}\mathrm{d}\tau\end{aligned} \tag{3-121}$$

3.7.3 推进剂力学性能的温度效应

下面讨论推进剂力学性能的时间效应和温度效应之间存在的某种等效关系。在适中的温度范围内,推进剂呈现黏弹态,松弛模量随时间的增加而下降,并且明显地随温度的增高而下降。实验表明,要使黏弹性材料表现出力学松弛现象,需要一定的松弛时间,且同一材料随自身温度的不同其松弛时间也不等。高温环境下松弛时间短,低温环境下松弛时间增长,这是由于低温环境中材料内分子的热运动能量低,而在高温环境中分子的热运动能量高。可见延长载荷作用时间与升高温度对分子热运动的影响是等效的,即改变温度尺度和改变时间尺度对黏弹性材料的力学特性是等效的,称之为时间-温度等效原理。

研究黏弹性材料力学性能与温度相关性的方法有很多种,如变形-温度曲线、松弛模量-温度曲线以及动态力学性能温度谱等。然而动态力学性能温度谱有较高要求,而变形-温度曲线虽然方法简单,但由于变形量并不能作为材料的特征参数,因此研究中最常用的是松弛模量-温度曲线方法。采用同一对数坐标描述不同温度下松弛模量与时间的关系,选取 T_0 作为参考温度,将对应于温度 T 的模量曲线随对数时间轴平移至与参考温度 T_0 下的曲线重合位置,需要移动的量记为 $\log a_T$,如图 3-27 所示,则可得到以下关系:

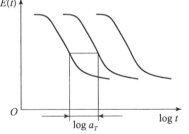

图 3-27 时间-温度移位示意图

$$E(\log(t), T) = E(\log(t) - \log a_T, T_0) \tag{3-122}$$

即

$$E(t,T) = E(t/a_T, T_0) \qquad (3-123)$$

式（3-123）表明：T 温度下 t 时刻的松弛模量等于 T_0 温度下 t/a_T 时刻的值，其中 a_T 称为温度移位因子，T 为当前温度，T_0 为参考温度。严格来说，由于温度的变化还会引起松弛模量本身和材料密度的改变，而模量又随单位体积内所含物质的多少而改变，考虑到这些影响因素，上述时间-温度转化关系需考虑 $\rho T/\rho_0 T_0$ 的修正，ρ 和 ρ_0 分别表示实验温度 T 和参考温度 T_0 下的材料密度。经过修正后，式（3-123）表述为

$$E(t,T) = \frac{\rho T}{\rho_0 T_0} E(t/a_T, T_0) \qquad (3-124)$$

对于 HTPB 材料而言，由于温度改变所引起的密度变化量较小，在实际研究过程中可基本忽略不计，因此式（3-124）可进一步修正为

$$E(t,T) = \frac{T}{T_0} E(t/a_T, T_0) \qquad (3-125)$$

根据时间-温度等效原理，首先分别研究材料在不同温度条件下的力学特性，得到一组温度下的松弛模量曲线，并用对数坐标表示；接着在同一对数坐标系中对不同温度下的模量曲线进行温度修正；选择某一温度作为参考温度，将不同温度所对应的模量曲线平移至与参考温度所对应的模量曲线重叠，即形成松弛模量主曲线；分别记录不同模量曲线所需平移的量值，即为温度移位因子的对数值 $\log a_T$。

众多的试验和理论研究证明，大多数黏弹性材料均服从时温等效原理，其温度影响因子可通过适当的时温等效模型进行描述。为准确建立这类材料力学性能的温度相关性，很多学者针对不同的材料建立了多种形式的时温等效模型，如 WLF（Williams - Landel - Ferry）模型、Arrhenius 公式、多项式形式等，其中 WLF 模型的使用范围最广。

根据大量的试验结果，时温等效因子 α_T 是温度的函数，Williams、Landel 和 Ferry 根据自由体积理论，建立了描述 $\alpha_T - T$ 关系的 WLF 模型。依据自由体积理论，材料黏度 η 与自由体积分数 f 之间满足 Doolittle 方程：

$$\ln \eta = \ln A + B\left(\frac{1}{f} - 1\right) \qquad (3-126)$$

式中，A、B 为材料常数，并假设材料的自由体积分数与温度的变化量呈线性关系：

$$f = f_0 + \phi_T(T - T_0) \qquad (3-127)$$

式中，ϕ_T 为自由体积分数的热膨胀系数，f_0 为参考温度 T_0 下材料的自由体积分数，记温度移位因子 $\alpha_T = \eta/\eta_0$，其中 η_0 为参考温度 T_0 下材料的黏度，则

$$\log \alpha_T = \log \eta - \log \eta_0 = B(f^{-1} - f_0^{-1})/2.303$$

$$= -\frac{B}{2.303 f_0}\left(\frac{T - T_0}{f_0/\phi_T + T - T_0}\right)$$

$$= -\frac{C_1(T - T_0)}{C_2 + (T - T_0)} \qquad (3-128)$$

其中，$C_1 = B/(2.303 f_0)$，$C_2 = f_0/\phi_T$ 为材料常数，该式即为目前应用广泛的 WLF 模型。

3.7.4 固体推进剂载荷分析

药柱所受的载荷一般分为两类：一类是由导弹总体设计规定的载荷，如环境温度、发射过载、运输和飞行中的振动、冲击载荷以及其他环境条件；另一类是发动机制造和工作中产生的载荷，如固化降温和工作内压等。

1. 固化降温载荷

药柱承受的第一种主要载荷是固化降温载荷。推进剂浇注后，升温固化，固化后药柱黏结到发动机壳体内壁。药柱的热膨胀系数比发动机壳体的高一个数量级。所以，发动机环境温度从较高的固化温度降到较低的贮存温度，必然在药柱内引起热应力和热应变。固化过程中还会产生固化热和固化收缩，为了把这些因素考虑进去，在计算固化降温热应力时，把零应力初始温度规定为高于固化温度 8 ℃（复合推进剂）或 15 ℃（双基推进剂）。这些规定是否正确，可通过测定固化时药柱的内部温度和体积收缩量来验证。也可以将圆孔形药柱升温使发动机中段药柱内孔直径恢复到与浇铸用芯模直径相同，由此测定零应力初始温度。

导弹飞行时的气动加热使壳体温度很快升高，而药柱导热慢，温度变化小，这就在药柱与壳体界面上产生拉应力。界面温度升高会使黏结强度下降，有可能发生破坏。有些发动机为了减小气动加热的影响，可在壳体外壁贴上一层绝热层。

对于长期贮存的火箭武器，在此期间，一方面生产期间的旧裂纹因受到环境温度周变载荷的影响可能会继续增长；另一方面，实际贮存条件为高低温热循环，使得药柱出现裂纹、脆变或汗析、晶析等缺陷。统计数据表明，不同地理位置的环境温度具有明显的周期性特点，因此可用含有多个不同谐波的正余弦级数表示：

$$T = T_{Ave} + \Delta T_y \cos(\omega_y t + \delta_y) + \Delta T_d \cos(\omega_d t + \delta_d)$$

式中，T_{Ave} 为年平均温度；ΔT_y 为年温度变化幅值；ΔT_d 为日温度变化幅值；ω_y 和 ω_d 分别为年温度变化频率和日温度变化频率；δ_y、δ_d 分别对应于初始相位时间；t 为时间，h。

2. 加速度载荷

药柱承受的第二种主要载荷是加速度载荷。发动机在贮存、运输、筒内弹射和导弹飞行中都会产生轴向和横向加速度。有时这种载荷具有振动和冲击的性质。在缓慢的轴向加速度作用下，发动机直筒段的药柱剪应力与直径成正比，药柱的下沉位移与直径的平方成正比。承受高温和高加速度的大直径发动机中，这种载荷可能引起药柱脱黏和裂纹。有潜入喷管和药柱径同开槽的发动机，还要考虑药柱的下沉变形对内弹道性能的影响。横向加速度也会产生这种影响。为了防止壳体与药柱在平卧贮存时变形过大，可将发动机定期滚转 90°。

3. 工作内压载荷

药柱承受的第三种主要载荷是工作内压载荷，其来自发动机工作时燃烧室的燃气内压。这种内压载荷从点火开始持续到熄火。发动机壳体在内压作用下扩张，药柱依附于壳体而变形。壳体柔性越大，药柱的变形也越大。点火开始后，压强快速上升，如果此时药柱温度太低，药柱的伸长率 ε_m 就小，药柱内通道表面可能产生裂纹并导致发动机工作故障。药柱的这种变形是在过去的固化降温和轴向加速度引起的应力应变基础上产生的。

在上述三种加载条件下确保药柱各部位不发生破坏是药柱完整性分析的主要任务。

发动机在地面运输、系留飞行、导弹发射和级间分离时要承受振动和冲击载荷，这是引起药柱累积损伤破坏的一个重要原因。长时间的剧烈振动使药柱升温，力学性能下降，出现裂纹和脱黏甚至发生自燃。高温下的共振使药柱变形很大，温度更高，引起药柱局部破坏和内弹道反常，质量比高的发动机对此更敏感。振动和冲击使发动机壳体畸变，导致药柱与壳体脱黏。

发动机药柱在各种环境下贮存，其使用寿命的预估是完整性分析最困难的课题。在无应力条件下推进剂方坯贮存期间会出现热老化、氧化老化和潮湿老化。发动机贮存期间，药柱内的固化降温热应力始终存在着，并随着环境温度的循环变化而变化。推进剂在有应力与无应力条件下贮存的寿命是不同的。在显微电镜下观察，推进剂内的氧化剂、铝粉等固体颗粒与黏结剂之间总存在空隙，在应力的作用下，这些细观缺陷会扩展、聚集，最后发展成宏观裂纹。

湿度太大会严重降低推进剂的力学性能，这种影响在一定的范围内是可逆的。暴露在较大湿度下的推进剂，在没有破坏结构完整性的情况下，通过干燥处理还可以部分地恢复其性能。此外，还有推进剂正常固化后的连续缓慢的后固化、聚合链断开以及可溶性物质在推进剂—衬层—内绝热层界面附近的迁移等不可逆反应，会随着温度的升高而加速，一般统称为热老化。所以需要研制老化速率很慢的推进剂。

为了研究环境温度随昼夜和季节循环变化对药柱老化的影响，需做推进剂试件的定应变贮存试验、结构试验器的贮存试验和全尺寸发动机的贮存试验。试件的情况和发动机药柱的情况不完全相同。如药柱固化时聚合热不易向周围空间散逸，使药柱的温度稍高于同时固化的推进剂方坯或试件的温度；试件老化较均匀，而发动机药柱表面老化与内部老化存在差异。结构试验器是为某一种或几种破坏模式专门设计的小尺寸发动机，一般不一定是缩比发动机。做结构试验器试验时，应监测药柱的应力和变形。必要时做破坏性试验以获得极限载荷值。全尺寸发动机贮存试验周期长，环境条件变化范围小，需要经费多，一般不能多做。

3.7.5 推进剂药柱的破坏分析

1. 破坏性能

固体推进剂的破坏性能一般由等速单向拉伸试验测得。拉伸速度除以试件的标长称为应变速率，记作 R。应变 ε 是试件的伸长量除以标长。应力 σ 是拉力除以试件初始横截面积。抗拉强度 σ_m 是拉伸试验测得的最大应力值。伸长率 ε_m 是试件应力达到 σ_m 时的应变值。试件断裂时的应力 σ_b 和应变 ε_b 分别称为断裂强度和断裂伸长率。药柱完整性分析通常采用 σ_m 和 ε_m 作为破坏性能。σ_m 和 ε_m 明显依赖于试验的应变速率 R 和温度 T，并且遵循时间-温度等效关系，推进剂的破坏性能可用 $\sigma_m - \log(1/R\alpha_T)$ 主曲线和 $\varepsilon_m - \log(1/R\alpha_T)$ 主曲线来表示，如图 3-28 所示。

实验表明，这两条主曲线的偏移因子与松弛模量主曲线的偏移因子近似相等，基本满足 WLF 关系式。

固体发动机药柱所承受的应变速率变化范围很大，例如，固化降温的应变速率一般为 $10^{-8} \sim 10^{-7} \text{s}^{-1}$；发动机点火增压的应变速率为 $0.1 \sim 1 \text{s}^{-1}$；飞行加速度引起的应变速率介于两者之间。

药柱的实际受力状态往往是多向的。为模拟药柱内孔表面的双向应力状

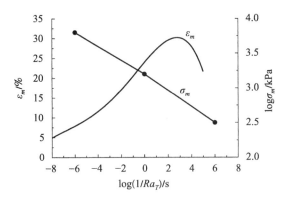

图 3-28 破坏性能主曲线

态,应做窄条试件的拉伸试验;为模拟药柱与壳体粘接界面的应力状态,应做剪切试验和圆片轴向拉伸试验(Pokerchip试验);为了模拟贮存条件,还应测定在定应力或定应变条件下的破坏性能;为模拟药柱人工脱黏层根部的应力状态,可做圆周裂纹黏结试件的轴向拉伸试验或采用其他形状的在黏结界面上有预制裂缝的拉伸试验。这些试验所提供的破坏性能数据也是药柱结构完整性分析所必需的。

药柱的力学性能波动很大,应使测试方法标准化,并做足够多数量的试验以获得材料的统计性能。

2. 破坏判据

药柱的破坏判据是一个很复杂的问题,涉及多向应力状态、加载历程、应变速率、温度、湿度、老化和大变形等很多因素,还有很多理论和实验研究工作要做。目前,根据实测药柱破坏性能数据的经验判据仍起重要作用。

壳体是发动机的主要承力部件,在固化降温和工作内压作用下,药柱依附于壳体而变形,这就要求药柱有足够的伸长率。以提高伸长率为主是推进剂力学性能的发展方向,这已为发动机研制的实践所证实。至于轴向加速度载荷,必须靠推进剂自身的强度以及推进剂—包覆层—绝热层—壳体界面的黏结强度来承担。药柱结构完整性分析所用的破坏判据一般采用混合型的,固化降温和点火内压问题以伸长率作为判据,轴向过载问题以强度作为判据。

药柱是延伸性很好的材料,可以采用有效应变 ε 或有效应力 σ 作为破坏判据,分别定义为

$$\varepsilon = \frac{3\gamma_8}{2\sqrt{2}(1+\nu)}, \quad \sigma = \frac{3}{\sqrt{2}}\tau_8$$

式中，γ_8 为药柱的八面体剪应变；τ_8 为八面体剪应力；ν 为药柱材料的泊松比。

将药柱中某一点的 ε 或 σ 值除推进剂的伸长率 ε_m 或抗拉强度 σ_m 就得到该点的安全系数。计算时将固化降温、点火内压和轴向过载问题都看作等温和等应变速率问题。由于这三个问题的温度和应变速率各不相同，必须分别计算其安全系数 f_1、f_2 和 f_3。药柱承受这三种载荷联合作用的总安全系数，由式（3-129）计算：

$$\frac{1}{f} = \frac{1}{f_1} + \frac{1}{f_2} + \frac{1}{f_3} \tag{3-129}$$

但固化降温显然不是等温过程，一个简化的处理办法是，用固化降温后的贮存温度来计算偏移因子 α_T。比较合理的办法是用下面将要提到的累积损伤判据。式（3-129）其实就是三种载荷引起的损伤累加。f 值应大于 1，具体取值根据经验决定。对于星型药柱，由于星槽的存在，药柱与壳体之间的黏结应力不是均布的，因此计算时安全系数要适当取大一些。

用有效应变 ε 或有效应力 σ 作为破坏判据，并没有包括静水压力的影响（如点火内压问题）和三轴拉伸的影响（如人工脱黏层根部），前者起增强作用，后者起削弱作用。

药柱内孔表面一旦出现宏观裂纹，结构完整性已经破坏，这样的发动机不能交付使用。因为这种宏观裂纹在点火内压作用下扩展，很可能使燃面增加而导致内弹道故障。一般推进剂的伸长率 ε_m 主曲线形状是两头低中间高，如图 3-28 所示，所以在固化降温过程中，当降温到 20~30 ℃ 和 -50~-30 ℃ 时，安全系数较小、肉厚比 m 数较大的药柱，在内孔表面可能出现裂纹。为保证固化降温过程药柱结构完整性，首先要提高在常温和极慢应变速率条件下推进剂的伸长率，这是推进剂配方研制必须解决的一个关键问题。

对于温度或应变速率不是恒定的过程，如发动机贮存期间，由于环境温度的循环变化所引起的热应力问题，可以将线性累积损伤关系和最大主应力判据结合起来，这类似于 Miner 对金属疲劳提出的破坏判据。将药柱所承受的应力水平分成 N 挡，累积损伤函数 D 由以下线性关系给出：

$$D = \sum_{i=1}^{N} \frac{\Delta t_i}{t_{fi}}$$

式中，Δt_i 为药柱内某一部位承受第 i 挡应力水平的时间增量；t_{fi} 为只承受该挡应力水平的试件的破坏时间。

药柱完整性分析大多只能给出定性的结果，主要靠结构试验器或全尺寸发动机试验去考核。特别是发动机点火内压条件的破坏判据要通过结构试验器试验加以验证。因为药柱的伸长率很高，破坏时药柱承受的应变很大，药柱的模量和泊松比又都依赖于应变水平，基于小变形假定的结构分析不能给出准确的结果。无论是固化降温、轴向过载还是点火内压问题，所用的破坏判据，都应通过结构试验器试验加以验证。

第 4 章
固体火箭发动机结构设计

4.1 概述

燃烧室壳体通常由带外部零件的圆柱形筒体、前后封头组件组成。

燃烧室壳体有多重作用,是固体发动机的主要承力部件。要求它能承受内部燃气高温(达 3 500 K)、高压(约 30 MPa)的作用,外部载荷及飞行中气动加热作用,还要把固体发动机工作产生的推力传递给整个导弹。为保证其在各种条件下可靠工作,燃烧室壳体必须具有足够的强度和刚度。

防空导弹固体发动机研制中,固体发动机直径、长度等都是由导弹总体规定的,一般是没有选择余地的,燃烧室壳体设计必须满足上述要求,其主要设计内容有:根据导弹和固体发动机的工作特点及技术要求,选择材料;确定壳体最佳设计参数(压强、结构质量系数 $\alpha = m_c/m_o$、外载荷条件等);设计结构形式及确定壁厚;热防护设计;连接与密封设计等,燃烧室壳体容积能否获得最大限度的应用,即容积装填系数尽可能大,也是评价固体发动机水平的一个重要参数。壳体封头对容积装填系数是有影响的,设计中要充分考虑。

4.2 燃烧室壳体结构

燃烧室壳体通常包括圆筒段、封头、裙部和外部零件等几个部分。其中外部零件的结构与尺寸基本是由导弹总体预先规定的,不是固体发动机设计的主要内容,只是在必要时,计算外载荷作用下的应力分布及对壳体的可能影响。

4.2.1 圆筒段结构

圆筒段是燃烧室壳体的主要部分,通常是等厚度的薄壁结构(特殊情况也可采用变厚度结构)。圆筒段的结构与所选用的材料和成型工艺是密切相关的,应用较多的有以下几种。

1. 金属高强度钢筒体结构

1) 焊接结构

焊接结构如图 4-1 所示。

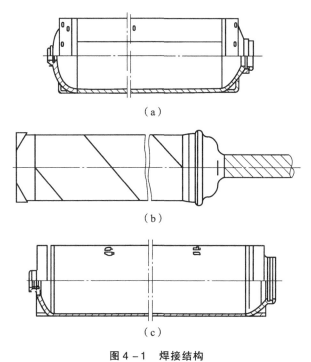

图 4-1 焊接结构
(a) 卷焊结构;(b) 螺旋焊接结构;(c) 旋压结构

用所需厚度的板材经卷筒成型后,沿纵向焊接成直筒,再用环向焊接把几个直筒对焊成圆筒;或者用一定厚度、一定宽度的钢带,经螺旋缠绕并焊接成圆筒。

2）整体结构

用无缝钢管直接制成圆筒段；用管材或棒材经加工内孔后旋压成圆筒，在旋压成型中常常把前封头与圆筒段整体旋压成型。

2. 复合材料筒体结构

复合材料用于制造防空导弹小型固体发动机壳体，是近年来在壳体技术方面的新发展，其突出的优点是比强度高、成型方便、加工周期短、成本低等。其主要工艺是缠绕成型，在成型中把前后封头制成一体，如纤维缠绕成型，用浸渍树脂的纤维在装有前后封头的芯模上，螺旋或螺旋加环向缠绕成型；或用非晶态金属带材浸渍树脂，在芯模上缠绕成圆筒，如图 4-2 所示。

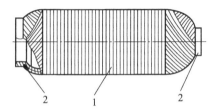

图 4-2 缠绕筒体结构

1—纤维缠绕筒体；2—前、后封头

4.2.2 封头结构

封头结构有多种形式，最简单的一种是平底封头，其优点是结构简单，制造方便；缺点是承载能力差，或所需厚度较大，质量也较大，故它只适合小型固体发动机，或工作压强较低的固体发动机。

另一种是受力最好的球形封头结构，这种封头结构简单、壁厚较薄、质量较轻；其缺点是封头深度较大，成型中要求材料具有很好的延性，球形封头的容积比椭球的小，在防空导弹固体发动机中实际应用不多。

实际应用较多的是椭球封头、三心封头（或碟形封头），如图 4-3 所示。

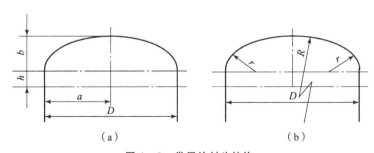

图 4-3 常用的封头结构

(a) 椭球封头；(b) 三心封头

椭球封头型面是由椭圆曲线绕其短轴旋转而形成的。封头上不会产生不连续应力，在同样的封头深度下，具有较大的空腔容积。通常应用较多的是椭球比为 2 的一种,这种封头上的最大应力与圆筒上的最大应力相当,其大小随椭球比增加而增大,椭球封头与圆柱段的连接处会出现较高的局部弯曲应力,椭球封头一般可用旋压、冲压和爆炸成型加工而成。其应用范围较宽,无论直径大小都可应用。

三心封头(或碟形封头)型面是由圆心不同的三段相切圆弧绕中心轴回转而成的 [图 4-3 (b)]。因构成封头线段的几何不连续,会产生不连续应力,往往会降低封头的承载能力,通常半径比 (r/R) 越小,转角处弯曲应力越大,故 r 不宜太小。三心封头型面通常用仿形车加工而成。

4.2.3 连接结构

固体发动机的连接结构有两部分,一部分是因其作为导弹的一个舱段,需通过前后裙等与弹体相连接,而这些连接形式与连接结构往往是由导弹总体设计所规定的,故固体发动机设计对其结构形式是没有选择余地的;另一部分是前封头(接嘴)与点火装置的连接,后封头(接嘴)与喷管的连接,以及与安全装置、伺服机构等其他部件的连接。这些连接又可分成两类,一类是不可拆连接,用焊接、铆接和胶接等,如裙、弹翼支耳、波导管夹子、导弹的后支点、导弹吊挂等。另一类是可拆连接,主要是点火装置、喷管与壳体的连接。常用的可拆连接结构有螺纹连接、螺栓连接、螺钉连接、销钉连接、卡环连接、挡环连接等,如图 4-4 所示。

螺纹连接适用范围宽、连接可靠、结构简单紧凑、操作方便,是应用最多的一种连接结构。其不足之处是对中性差,需要有定位面,精度不太高,被连接件相对位置不固定。常用的螺纹有公制螺纹和锯齿型螺纹两种。

螺栓连接可靠性高、同轴性好,被连接件的相对位置可以固定,适合于多次使用,其缺点是质量、尺寸较大,装配麻烦。

螺钉连接与销钉连接均属径向连接方式,其结构简单,连接部分质量较轻,被连接件的相对位置可以固定,缺点是制造精度要求高,操作比较麻烦。

卡环连接是在被连接件对接配合柱面的公共槽(或单边槽)内,插入矩形截面的卡环,卡环可是分段的,也可是整体的,或是膨胀卡环。这种连接结构简单、质量较轻,连接件相对位置固定,尤其适合于不便加工螺纹的情况。其缺点是装卸不太方便(对内部卡环),而外部卡环结构使用虽然方便,但轴向尺寸配合要求较高。

挡环连接结构也常常用于壳体与喷管的连接,将二者对接配合后,用一个带螺纹的挡圈拧入壳体的螺纹中,将喷管压紧在壳体上。其优点与卡环连接相类似,不足之处是不适于直径较大的连接,所有连接都必须考虑定位。

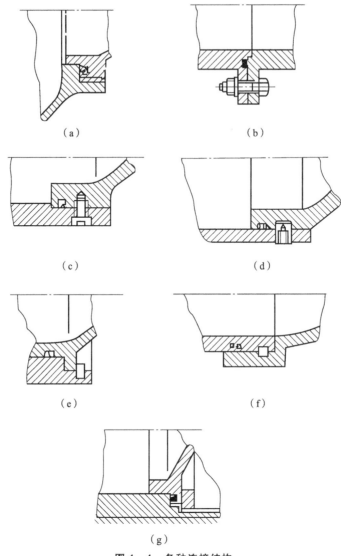

图 4-4 各种连接结构

(a) 螺纹连接；(b) 螺栓连接；(c) 螺钉连接；(d) 销钉连接；
(e) 卡环连接1；(f) 卡环连接2；(g) 挡环连接

4.2.4 密封结构

防空导弹固体发动机，通常直径都比较小，故大都采用 O 形密封圈，也有个别部位采用平板型密封圈，如直径较小的点火装置与壳体的连接，既可用 O 形密封圈，也可用平板型密封圈，而喷管与壳体连接很少用平板型密封圈，大都用O形密封圈。O形密封圈结构简单、压紧力小、使用方便、密封可靠,应用部位不受限制,既可用于端面密封,又可用于侧面密封。有时为了提高可靠性,也采用两道侧面密封,或侧面加端面两道组合密封结构,如图4-5所示。对单室双推力固体发动机,一级工作压强峰值高达17.7 MPa时,一道端面O形密封圈密封仍然是可靠的。对于小直径下的平板密封圈,密封面可采用简单的平面结构,但对直径较大或压强较高的平板密封圈,密封结构需有密封齿或密封凹槽,如图4-6所示。

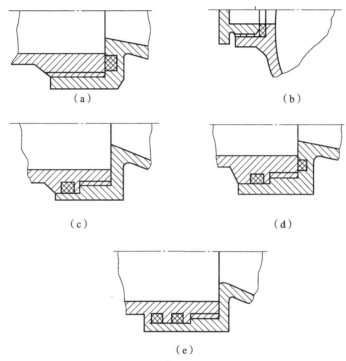

图4-5 常用的密封结构

(a)端面O形圈密封结构;(b)端面平板密封结构;(c)侧面O形圈密封结构;
(d)端面加侧面两道O形圈密封结构;(e)两道侧面O形圈密封结构

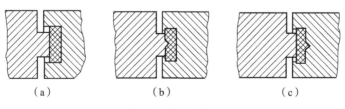

图4-6 带密封齿或凹槽的密封结构

(a)凹槽密封;(b)(c)不同密封齿密封

平板密封圈常用的材料有橡胶石棉板、氟橡胶、退火的紫铜及铝等。而 O 形密封圈大都是用耐高温的硅橡胶和氟硅橡胶材料制成。这类 O 形密封圈的压缩量 ε 可用式（4-1）表示：

$$\varepsilon = \frac{d_2 - d'}{d_2} \times 100\% \qquad (4-1)$$

式中，d_2 为密封圈截面直径；d' 为密封圈在直径方向受压后尺寸，相应的密封槽的矩形截面积约为密封圈断面面积的 1.2~1.3 倍。

4.2.5 挡药板设计

对自由装填药柱，无论是单根还是多根，都需要一定的固定装置，限制其在燃烧室内的位置，防止在工作过程中压差的作用，使药柱移动、堵塞喷管，甚至药柱吹出喷管，导致较大的总冲损失，并给使用带来一定的危害。限制自由装填药柱在燃烧室内前后移动的装置，分前后两种。前面的叫作前挡药板，其除限制药柱前移外，还应起到药柱在高低温下膨胀与收缩应力的缓冲作用，并保证药柱固定可靠，有时还是点火装置的固定支架。因前挡药板处于燃气不流动的头部，烧蚀不是很严重，故对其材料和结构都要求不高，常用的有弹簧片、网罩、带肋的隔圈等。限制药柱向后移动、装在药柱尾端的固定装置叫作后挡药板，其作用是防止药柱后移，被吹出及由厚变薄时过早破碎，后挡药板的工作条件很恶劣，它要在高温和高流速下可靠工作，故对后挡药板的材料与结构要求较高。常用的有两类挡药板材料，一类是具有一定烧蚀率的材料，在药柱燃烧中，后挡药板也烧蚀，固体发动机工作结束时，后挡药板所剩不多，如铝合金、塑料等；另一类是低碳钢之类的材料，尽管药柱燃烧道程中，它也有一定的烧蚀，但固体发动机工作结束时仍能保持完整的挡药板结构。采用什么样的挡药板，要视固体发动机具体情况而定。

后挡药板设计的原则如下。

（1）结构上要有足够的强度和刚度，在工作期间高温燃气作用下仍能基本满足这一要求。

（2）挡药板要有一定的通气面积，通常其通气面积约为喉部截面的 3~5 倍。整体上总的通气面积要大，但每个单元通气面积要尽可能小，单元分布要均匀，设计上要从有效、可靠两个方面加以协调。

（3）挡药板要有较好的整体性，避免在高温高流速气流作用下解体。应用较多的结构形式是多圈同心圆环加若干根辐条。为保证较好的整体性，圆环与辐条搭接处焊成一体，或采用整体加工结构。

4.3 燃烧室壳体壁厚的确定

4.3.1 筒体壁厚的确定

对于钢和铝一类韧性材料，可按第四强度理论确定筒体壁厚 δ：

$$\delta_1 = \delta_{\min} + \delta' \qquad (4-2)$$
$$\delta_1 = \delta_{\min} + \delta' \qquad (4-3)$$

式中，δ' 为附加厚度，包括工艺过程中因热处理的脱碳和氧化等工艺减薄量及板材的下偏差等。

几种型号固体发动机的壁厚情况见表 4-1。

表 4-1 几种型号固体发动机的壁厚情况

序号	直径 D /mm	最大工作压强 $p_{\max}$/MPa	所用材料	材料抗拉强度 σ_b/MPa	实际壁厚 δ/mm	安全系数 K	备注
1	186	12.39	37SiMnCrNiMoVA	16.7	1.2	1.2	
2	157	22.56	30Cr$_3$SiMnMoVA	16.83	1.4	1.25	单室双推力固体发动机
3	156	15.69	30Cr$_3$SiMnMoVA	16.83	0.95	1.15	高速旋转 40 r/s
4	70	16.05	00Ni12Cr5Mo3TiAlV	14.22	0.67	1.3	
5	204	12.75	00Ni12Cr5Mo3TiAlV	14.22	2	1.5	原品如此
6	208	20.59	30CrSiMnMoVA	16.83	1.7	1.2	单室双推力固体发动机
7	700	11.77	37SiMnCrNiMoVA	16.7	3.0	1.25	
8	560	11.7	37SiMnCrNiMoVA	16.7	2.5	1.25	

4.3.2 封头壁厚的确定

封头是燃烧室壳体的重要组成部分,应用较多的有椭球封头、三心封头(或碟形封头)。封头可以是与筒体等厚的,也可以比筒体厚度稍厚(如增加 15% 左右),也可采用变厚度封头,封头开口周围会引起应力集中,削弱封头强度,故常常把开口周围局部加厚。

1. 椭球封头壁厚的确定

由于封头与筒体对接处曲率半径突然变化,产生边缘应力,而且在相接处出现最大应力。为使其避开对接焊缝区,也为了焊接时对接方便,封头往往带有 10 mm 左右的圆筒段。

椭球封头壁厚可根据最大应力强度理论,在受内压作用时椭球封头最大应力发生在顶点处,进行计算,其计算式为

$$\delta_2 \geqslant \frac{p_{max} D_i}{2\left[\dfrac{\sigma_b}{K}\right]\varphi - p_{max}} Y + \delta' \qquad (4-4)$$

$$Y = \frac{1}{6}(m^2 + 2) \qquad (4-5)$$

式中,p_{max} 为设计最大压强;σ_b 为材料的抗拉强度;D_i 为筒体内径;φ 为焊接系数;Y 为封头形状系数;m 为椭球比;δ' 为工艺、材料附加厚度。

2. 三心封头(碟形封头)壁厚的确定

三心封头型面是由球面、两个过渡圆环面和端部高度为 h 的圆筒段组成,如图 4-7 所示。

三心封头的深度应等于椭球封头的深度,封头的厚度仍可按式(4-4)计算。带椭球封头的筒体与带三心封头的筒体近似等强度的条件是

$$\frac{R}{r} = m^2 \qquad (4-6)$$

表征三心封头的几何参数是 r、R_0、R 和 φ_0。由图 4-7 可知,球半径 R_0、圆环半径 r、角度 φ_0、筒体平均半径 R、椭球比 m 之间有如下关系:

$$R_0 = r + \frac{R - r}{\sin \varphi_0} \qquad (4-7)$$

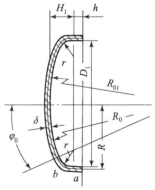

图 4-7 三心封头参数

$$\sin \varphi_0 = \frac{2(m+1)}{(m+1)^2 + 1} \quad (4-8)$$

$$\frac{R_0}{R} = \frac{1}{m^2}\left\{1 + \frac{1}{2}(m-1)\left[(m+1)^2 + 1\right]\right\} \quad (4-9)$$

已知 m 和 R 时，即可求得与典型椭球等强度、等深度的三心封头的几何尺寸 r、R_0、φ_0。

4.3.3 带椭球形封头的壳体应力分析

在壳体壁厚确定后，还需要根据壳体实际受载情况，分析壳体内的应力，评价壳体的实际强度的储备，以便对壁厚做必要的调整。完成这样的应力分析可用有限元方法，也可用如下的简便方法。

由薄壁筒体和前、后椭球封头组成的壳体，在内压（这里指最大工作压强）作用下，封头和筒体各自产生不同的变形，故将在其结合处产生边缘力 P_0 和边缘力矩 M_0，如图 4-8 所示。规定图示方向为正。

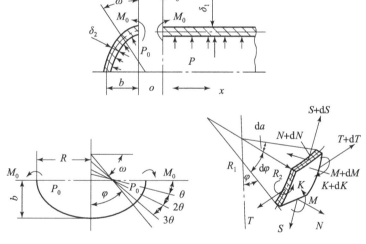

图 4-8 带椭球封头的壳体

1. 边缘力 P_0 和边缘力矩 M_0

由薄壳无矩理论可得，内压 p 在薄壁旋转壳体内（如椭球封头和三心封头）引起的内力如下。

经线方向：

$$S_m = \frac{1}{2}pR_2 \quad (4-10)$$

纬线方向：

$$T_m = \frac{1}{2}pR_2\left(2 - \frac{R_2}{R_1}\right) \quad (4-11)$$

式中，R_1 为旋转壳体经线方向曲率半径；R_2 为旋转壳体纬线方向曲率半径。

对椭球封头有

$$R_1 = \frac{mR}{[1 + (m-1)^2\cos^2\omega]^{3/2}} \quad (4-12)$$

$$R_2 = \frac{mR}{[1 + (m-1)^2\cos^2\omega]^{1/2}} \quad (4-13)$$

式中，m 为椭球比 $= R/b$；ω 为所研究截面与椭球赤道的夹角。

内压 p 在椭球赤道上引起的位移为

$$U_m(0) = \frac{1}{2}\frac{pR^2}{\delta_2 E}(2 - \mu - m^2) \quad (4-14)$$

式中，δ_2 为椭球封头壁厚。

截面转角为

$$\Theta_m(0) = 0 \quad (4-15)$$

由薄壳有矩理论可知，在边缘力 P_0 作用下旋转壳体内产生的内力和弯矩，随距边缘的距离而减小，其衰减系数为

$$k = \sqrt[4]{3(1-\mu^2)}\frac{R_1}{\sqrt{R_2\delta_2}} \quad (4-16)$$

计算各截面处的应力时，将旋转壳体分成若干微段，在每一微段内可认为曲率半径是不变的，且等于微段上、下边晃曲率半径的平均值。对椭球封头可用式（4-12）、式（4-13）计算。

在旋转壳体赤道上有向内的 P_0 作用时，在旋转壳体内产生的径向内力 $N_{P_0}(\omega)$，经线方向的内力和弯矩 $S_{P_0}(\omega)$、$M_{P_0}(\omega)$，纬线方向的内力和弯矩 $T_{P_0}(\omega)$、$K_{P_0}(\omega)$ 为

$$N_{P_0}(\omega) = \frac{R}{R_{21}}P_0 e^{-\beta}(\cos\beta - \sin\varphi) \quad (4-17)$$

$$S_{P_0}(\omega) = -N_{P_0}(\omega)\tan\omega \quad (4-18)$$

$$T_{P_0}(\omega) = -\frac{2\sqrt[4]{3(1-\mu^2)}R}{\sqrt{R_{2i}\delta_2}}P_0 e^{-\beta}\cos\beta \quad (4-19)$$

$$M_{P_0}(\omega) = -\frac{R\sqrt{\delta_2}}{\sqrt[4]{3(1-\mu^2)}\sqrt{R_{2i}}}P_0 e^{-\beta}\sin\beta \quad (4-20)$$

$$K_{P_0}(\omega) = \mu M_{P_0}(\omega) \tag{4-21}$$

式中，θ 为微段夹角，$\omega = i\theta$，$i = 1, 2, \cdots$。

$$\beta = \frac{\sqrt[4]{3(1-\mu^2)}}{\sqrt{\delta_2}} \sum_1^i \frac{R_{1i}\theta}{\sqrt{R_{2i}}} \tag{4-22}$$

式中，R_{1i} 为 i 微弧段经向平均曲率半径；R_{2i} 为 i 微弧段纬向平均曲率半径。

旋转壳体边缘（赤道）的径向位移为

$$U_{P_0}(0) = -\frac{2k_{12}R^2}{\delta_2 E} P_0 \tag{4-23}$$

$$\Theta_{P_0}(0) = -\frac{2k_{12}^2 R^2}{\delta_2 E} P_0 \tag{4-24}$$

在旋转壳体边缘上有向外转的力 M_0 作用下，旋转壳体内产生的径向内力 $N_{M_0}(\omega)$，经线方向内力和弯矩 $S_{M_0}(\omega)$、$M_{M_0}(\omega)$ 以及纬线方向的内力和弯矩 $K_{M_0}(\omega)$、$T_{M_0}(\omega)$ 为

$$N_{M_0}(\omega) = \frac{2\sqrt[4]{3(1-\mu^2)}}{R_{2i}} \sqrt{\frac{R}{\delta_2}} M_0 \mathrm{e}^{-\beta} \sin\beta \tag{4-25}$$

$$S_{M_0}(\omega) = -N_{M_0}(\omega) \tan\omega \tag{4-26}$$

$$T_{M_0}(\omega) = \frac{2\sqrt{3(1-\mu^2)}}{\delta_2} \sqrt{\frac{R}{R_{2i}}} M_0 \mathrm{e}^{-\beta} (\cos\beta - \sin\beta) \tag{4-27}$$

$$M_{M_0}(\omega) = \sqrt{\frac{R}{R_{2i}}} M_0 \mathrm{e}^{-\beta} (\cos\beta + \sin\beta) \tag{4-28}$$

$$K_{M_0}(\omega) = \mu M_{M_0}(\omega) \tag{4-29}$$

$$U_{M_0}(0) = \frac{2k_{12}^2 R^2}{\delta_2 E} M_0 \tag{4-30}$$

$$\Theta_{M_0}(0) = -\frac{4k_{12}^3 R^2}{\delta_2 E} M_0 \tag{4-31}$$

$$k_{12} = \frac{\sqrt[4]{3(1-\mu^2)}}{\sqrt{R\delta_2}} \tag{4-32}$$

2. 椭球封头与筒体结合后产生的 P_0 和 M_0 引起的壳体内的应力

壳体内应力为内压引起的薄膜应力和 P_0、M_0 引起的内应力之代数和。根据在封头与筒体结合处径向位移 $U(0)$ 和截面转角 $\Theta(0)$ 应相等的协调关系可求解 P_0 和 M_0。

$$P_0 = \frac{p}{4k_{11}} \frac{(2-\mu-m^2) - \delta_2/\delta_1(2-\mu)}{\dfrac{\delta_2}{\delta_1} + \dfrac{1}{\sqrt{\delta_2/\delta_1}} - \dfrac{[(\delta_2/\delta_1)^2 - 1]}{2[(\delta_2/\delta_1)^3 + \sqrt{\delta_2/\delta_1}]}} \tag{4-33}$$

$$M_0 = -P_O \frac{\sqrt{\delta_2/\delta_1}\left[(\delta_2/\delta_1)^2 - 1\right]}{2k_{11}\left[(\delta_2/\delta_1)^2 \sqrt{\delta_2/\delta_1} + 1\right]} \quad (4-34)$$

对于封头与筒体等厚度 $\delta_2 = \delta_1 = \delta$ 情况，$k_{11} = k_{12} = k_1$。$P_O = -\frac{pm^2}{8k_1}$，$M_O = 0$。

1）筒体内的应力

$$\sigma_z = \frac{pR}{2\delta}\left(1 \mp \frac{3}{2}\frac{m^2}{\sqrt{3(1-\mu^2)}} e^{-k_1 x} \sin k_1 x\right) \quad (4-35)$$

$$\sigma_\theta = \frac{pR}{\delta}\left(1 - \frac{m^2}{4} e^{-k_1 x} \cos k_1 x \mp \frac{3\mu m^2}{4\sqrt{3(1-\mu^2)}} e^{-k_1 x} \sin k_1 x\right) \quad (4-36)$$

$$\tau_{rx} = -\frac{\sqrt{2}pm^2}{8k_1\delta} e^{-k_1 x} \cos\left(k_1 x + \frac{\pi}{4}\right) \quad (4-37)$$

式中"$\mp$"和"$\pm$"，其上面的符号表示内表面，下面的符号表示外表面。

2）椭球封头内的应力

椭球封头内总应力为 p 和 P_O 引起的应力的代数和。经线方向的总应力为

$$\sigma_s(\omega) = \frac{pR}{2\delta}\left[\frac{m}{\sqrt{1+(m^2-1)\cos^2\omega}} + \frac{\sqrt{2}}{4}\frac{m^2}{\sqrt[4]{3(1-\mu^2)}} \frac{\sqrt{R\delta}}{R_{2i}} e^{-\beta}\cos\left(\beta + \frac{\pi}{4}\right)\tan\omega \pm \right.$$

$$\left. \frac{3m^2}{2\sqrt{3(1-\mu^2)}}\sqrt{\frac{R}{R_{2i}}} e^{-\beta}\sin\beta\right] \quad (4-38)$$

纬线方向应力为

$$\sigma_T(\omega) = \frac{pR}{\delta}\left[\frac{m}{\sqrt{1+(m^2-1)\cos^2\omega}} - \frac{m}{2}\sqrt{1+(m^2-1)\cos^2\omega} + \frac{m^2}{4}\sqrt{\frac{R}{R_{2i}}} e^{-\beta}\cos\beta \pm \right.$$

$$\left. \frac{3\mu m^2}{4\sqrt{3(1-\mu^2)}}\sqrt{\frac{R}{R_{2i}}} e^{-\beta}\cos\beta\right] \quad (4-39)$$

径向平均剪切应力为

$$\tau_{rs}(\omega) = -\frac{\sqrt{2}pm^2}{8k_1\delta}\frac{R}{R_{2i}} e^{-\beta}\cos\left(\beta + \frac{\pi}{4}\right) \quad (4-40)$$

式中，加号表示内表面而减号表示外表面。在椭球赤道上 $\omega = 0$，代入以上各式得 $\sigma_s(0) = \sigma_z(0) = \frac{pR}{2\delta}$，$\sigma_T(0) = \sigma_\theta(0) = \frac{pR}{\delta}\left(1 - \frac{m^2}{4}\right)$ 及 $\tau_{rs}(0) = -\frac{pm^2}{8k_1\delta}$。

4.4 燃烧室壳体爆破压强

壳体的爆破压强是壳体强度的极限,通常使用条件下的最大压强要低于破坏压强,使用才是安全的,二者之比表征了壳体强度的安全储备。

当筒体发生塑性变形时,可引起两个对承载能力有截然相反影响的后果,一是引起材料应变硬化效应,二是引起筒体壁厚减小,根据体积不变、平面应变假设和真实应力-应变关系可得到材料的应变硬化指数 n。

$$\frac{\sigma_{0.2}}{\sigma_b} = \left(\frac{0.002e}{n}\right)^n \quad (4-41)$$

当塑性变形时,应变硬化效应使承受能力增加,随着变形加大,壁厚减小导致的水承载能力下降将成为主要影响,故存在一个最大承载能力,即爆破压强。由广义真实应力-应变关系,在筒体是无限长的薄壁圆筒和在压强作用下整个壁厚处于塑性变形状态的两个假设下,求得壳体塑性爆破压强:

$$p_b = \frac{2}{3^{\frac{n+1}{2}}} \frac{\sigma_b \delta_o}{R_o} \quad (4-42)$$

式中,R_o、δ_o 为筒体初始半径与壁厚。

表 4-2 为几种固体发动机计算与实际爆破压强的比较。

表 4-2 几种固体发动机计算与实际爆破压强的比较

序号	直径 D /mm	长径比 L/D	壁厚 δ /mm	计算爆破压强 p_{bt}/MPa	实际爆破压强 p_o/MPa	p_b/p_{bt}
1	700	3.97	3.0	16.18	16.67	1.030
2	560	2.78	2.5	15.97	16.08	1.007
3	286	5.1	1.5	19.90	20.28	1.019
4	157	11.02	1.4	33.54	32.85	0.979
5	156	3.44	0.95	22.78	21.48	0.942

由表 4-2 可见,对长径比大于 2.7 的固体发动机,用式(4-41)计算破坏压强,与实际值还是比较接近的。

4.5 壳体安全系数与可靠性概率

因为壳体材料特性和固体发动机的工作特性,实际都是一些具有某种分布特性的随机量,所以会出现壳体安全系数大于1,也未必可靠工作的情况(当然这种情况是很少的),这是因为材料抗拉强度 σ_b 的分布边缘与壳体在固体发动机工作压强下,承受的应力分布边缘重叠处,可能产生 $\sigma_b < \sigma_{max}$ 所致。故需要研究安全系数与可靠性的关系,根据规定的可靠性要求,来确定应有的安全系数。

安全系数为

$$K = \frac{\overline{\sigma_b}}{\overline{\sigma_{max}}} = \frac{\overline{p_b}}{\overline{p_{max}}} = \frac{\overline{x_1}}{\overline{x_2}} \qquad (4-43)$$

式中,$\overline{\sigma_b}$ 为材料抗拉强度平均值;$\overline{\sigma_{max}}$ 为固体发动机工作中壳体承受的最大应力平均值;$\overline{p_b}$ 为壳体爆破压强平均值;$\overline{p_{max}}$ 为固体发动机工作最大压强的平均值。

假定 $\overline{x_1}$ 和 $\overline{x_2}$($\overline{\sigma_{max}}$ 和 $\overline{\sigma_b}$)都是按正态分布的,其标准差各为 $\overline{\sigma}_1$ 和 σ_2,则有

$$x_1 = \overline{x_1} \pm 3\sigma_1 \qquad (4-44)$$

$$x_2 = \overline{x_2} \pm 3\sigma_2 \qquad (4-45)$$

也是按正态分布的,由概率论可知,由 n 个随机变量构成的系统 Z 的标准差为

$$\sigma = \sqrt{\sum_{i=1}^{n}\left(\frac{\partial z}{\partial x_i}\right)^2 \sigma_i^2} \qquad (4-46)$$

系统 Z 的平均值等于系统关系式中独立变量,以其平均值代之。Z 的分布密度函数为

$$f(Z) = \frac{1}{\sigma\sqrt{2\pi}}\exp\langle -\frac{(z-\overline{z})^2}{2\sigma^2}\rangle \qquad (4-47)$$

或

$$f(Y) = \frac{1}{\sigma\sqrt{2\pi}}\exp\langle -\frac{Y^2}{2}\rangle \qquad (4-48)$$

式中,Y 为 $z - \overline{z}/\sigma$。

可靠性概率 $R(Z>0)$ 为

$$R(Z>0) = \frac{1}{2\pi}\int_{-\frac{\bar{z}}{\sigma}}^{\infty} e^{-\frac{Y^2}{2}} dY = \phi\left(\frac{\bar{z}}{\sigma}\right) \quad (4-49)$$

算出 $\frac{\bar{z}}{\sigma}$ 值后，即可查 $\frac{\bar{z}}{\sigma} \sim \phi\left(\frac{\bar{z}}{\sigma}\right)$ 函数表，求出 $R = \phi\left(\frac{\bar{z}}{\sigma}\right)$ 可靠性概率。$\frac{\bar{z}}{\sigma}$ 越大，R 也越高。

破坏概率为

$$P_f = 1 - R \quad (4-50)$$

把安全系数 K 与 $\frac{\bar{z}}{\sigma}$ 联系起来，即可求出可靠性概率与安全系数之间的关系。例如壳体破坏属两个随机变量系统，令 $\bar{z} = \overline{x_2} - \overline{x_1}$，则有

$$\frac{\bar{z}}{\sigma_1} \frac{\overline{x_2} - \overline{x_1}}{\sqrt{\sigma_1^2 + \sigma_2^2}} = \frac{K-1}{\sqrt{\left(\frac{\sigma_1}{\overline{x_1}}\right)^2 + K^2 \left(\frac{\sigma_2}{\overline{x_2}}\right)^2}} \quad (4-51)$$

由式（4-51）可见，减小相对偏差和增大 K 都可提高 $\frac{\bar{z}}{\sigma}$ 值，即提高可靠性概率。

4.6 燃烧室壳体低应力破坏

在采用超高强度钢的固体发动机的研制中，曾出现水压试验时，壳体在低于材料屈服强度下就发生破坏的现象，即低应力破坏，原因在于所用的超高强度钢材料有较高的裂纹敏感性，而在壳体的生产中，成型、焊接、热处理过程中都可能产生各种形状的裂纹或微裂纹；另外，防空导弹固体发动机壳体外面还要安置一些外部零件，如波导管夹子、弹翼支耳、吊挂等，这些零件厚度一般都比壳体壁厚大得多，把它们焊在薄壁筒体上时，常常会产生一些裂纹，如某固体发动机研制过程中，因焊接大支耳曾造成批次性低应力破坏，见表 4-3。

由断裂力学理论可知，裂纹发生临界扩张与应力强度因子 K_I 有关，当强度因子达到临界值 K_{1c} 时，裂纹就会扩展而导致低应力破坏，此时壳体的应力为断裂应力

$$\sigma_c = \frac{\phi_o K_{1c}}{\left[3.8a\left(\frac{b}{a}\right) + 0.212\left(\frac{K_{1c}}{\sigma_s}\right)^2\right]^{\frac{1}{2}}} \quad (4-52)$$

表4-3　××固体发动机低应力破坏情况

壳体号	破坏压强 /MPa	破坏压强屈服极限 /%	裂纹尺寸 /mm	破坏部位	备注
255	5.69	41	3.60	大支耳焊缝	临界裂纹尺寸 0.5 mm
256	9.41	68	1.27	大支耳焊缝	
266	8.43	61	1.60	筒体环焊缝	
269	9.81	68	1.16	筒体环焊缝	
270	9.51	67	1.24	中支耳焊缝	
263	9.66	63	1.20	大支耳焊缝	
262	9.02	63	1.39	大支耳焊缝	
271	7.85	53	1.86	大支耳焊缝	
272	7.45	51	2.08	中支耳焊缝	

或

$$a = \frac{\phi_o^2 - 0.212\left(\frac{\sigma_c}{\sigma_s}\right)^2}{3.8\left(\frac{b}{a}\right)} \frac{K_{1c}^2}{\sigma_c^2} \quad (4-53)$$

式中，ϕ_o 为第二类完全椭圆积 $\int_0^{\frac{\pi}{2}}\left[1-\left(\frac{a^2-b^2}{a^2}\right)\sin^2\theta\right]^{1/2}\mathrm{d}\theta$，查表可得；$K_{1c}$ 为材料的断裂韧性；a，b 为椭圆裂纹半长轴和半短轴；σ_s 为材料的屈服极限。

当 $\sigma_c < \sigma_s$ 时，壳体破坏属脆性破坏；而当 $\sigma_c > \sigma_s$ 时，壳体破坏属塑性破坏。故由 $\sigma_c = \sigma_s$ 和式（4-53）可得临界裂纹尺寸：

$$2a_c \approx 1.2 \frac{K_{1c}^2}{\sigma_s^2} \quad (4-54)$$

由壳体周向应力等于断裂应力的关系可得到，壳体脆性爆破压强 p_b 为

$$p_b = \frac{\phi_o}{\left[3.8b + 0.212\left(\frac{K_{1c}}{\sigma_s}\right)^2\right]^{1/2}} \frac{K_{1c}\delta}{R} \quad (4-55)$$

式中，R 为筒体的平均半径；δ 为筒体壁厚。

当 $p_{\max} < p_b$ 时，即使 $2a \geqslant 2a_c$，也不会发生脆性断裂。

4.7 纤维缠绕壳体设计

4.7.1 缠绕壳体壁厚计算的假设

纤维缠绕复合壳体早已成功地用作战略导弹固体发动机和空间固体发动机的壳体,而作为防空导弹固体发动机壳体还只是刚刚开始。目前,壳体材料绝大部分仍采用超高强度钢、马氏体时效钢等材料。近年来材料科学的发展,纤维强度、模量的提高,特别是粘接技术的发展,为纤维缠绕壳体用于防空导弹固体发动机提供了基础。这也是壳体材料和结构的一个新发展,纤维缠绕壳体与金属壳体的壁厚计算有很大的不同,它的厚度包括纤维和树脂两部分,为便于计算,提出如下假设:

(1) 纤维缠绕有环向(筒体部分)和螺旋两部分,环向纤维只承担周向应力,螺旋缠绕纤维主要承担轴向应力和部分周向应力。

(2) 载荷全部由纤维承担,树脂只起黏结作用,不承担载荷。

(3) 筒体仍作为薄壁圆筒处理,纤维分布是均匀的、连续的,在工作条件下全部纤维承受同样的应力(两端并非如此)。

(4) 不考虑内衬强度。

在纤维缠绕壳体设计中,前、后金属接嘴以及裙和外部零件也是必须精心设计的关键技术之一,在结构上、工艺上要保证足够的黏结面积和可靠的黏结,衬层可在缠绕前贴在芯模上,然后缠绕,使其与之紧密地结合在一起。

缠绕壳体进行液压试验的标准,尚需很好的研究,检验压强高可能造成较大的残余变形,影响其承压能力;检验压强水平太低,又不能反映壳体的承载能力,一般检验压强可稍低于最大工作压强。具体要视固体发动机壳体尺寸及工作条件而定。

4.7.2 纤维缠绕壳体壁厚计算

缠绕壳体承载主要是由纤维承担的,故纤维强度对缠绕壳体的影响很大,其抗拉强度越高,壳体壁厚就越薄,表 4-4 为几种可供缠绕壳体选用的纤维。

表 4-4 几种可供缠绕壳体选用的纤维

纤维	单丝抗拉强度/MPa	单丝模量/MPa	密度/(kg·m⁻³)
高强 1 号	2 745.9 ~ 2 942.0	79 453.2 ~ 81 395.2	2.56×10^3
高强 2 号	2 942.0 ~ 3 138.1	81 395.2 ~ 83 356.5	2.54×10^3
高强 3 号	3 432.3 ~ 3 922.7	83 356.5 ~ 88 260.0	2.54×10^3
高强 1 号	2 745.9	91 202 ~ 95 124.5	2.8×10^3
碳纤维	3 430.0	200 000	1.8×10^3

纤维缠绕的固体发动机壳体如图 4-9 所示。

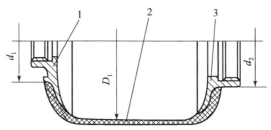

图 4-9 纤维缠绕的固体发动机壳体
1—前接嘴；2—圆筒段；3—后接嘴

1. 缠绕角 α 的计算

前封头缠绕角为

$$\alpha_1 = \arcsin \frac{d_1}{D_1} \qquad (4-56)$$

后封头缠绕角为

$$\alpha_2 = \arcsin \frac{d_2}{D_2} \qquad (4-57)$$

$$\alpha = \frac{\alpha_1 + \alpha_2}{2} \qquad (4-58)$$

式中，d_1，d_2 为前、后接嘴外径；D_i 为壳体内径。

2. 缠绕壳体纤维预计厚度 δ_f

根据在内压作用下，壳体处于平衡状态，对于单元体，任何方向的合力都为零的原理，可得到缠绕纤维的预计厚度：

$$\delta_f = \frac{3p_b D_i}{4\sigma} \qquad (4-59)$$

式中，p_b 为爆破压强；σ 为纤维的抗拉强度。

3. 螺旋缠绕层厚度 δ_{f0}

螺旋缠绕层厚度为

$$\delta_{f0} = \frac{\delta_f}{3\cos^2\alpha} \qquad (4-60)$$

考虑在工艺过程中纤维损伤对强度的影响，实际纤维强度的发挥约为 0.75~0.95，故实际的螺旋缠绕层厚度应为

$$\delta'_{f0} = \frac{\delta_{f0}}{(0.75 \sim 0.95)} \qquad (4-61)$$

4. 环向纤维缠绕层厚度 δ_{fn}

环向纤维缠绕层厚度为

$$\delta_{fn} = \delta'_{f0}(3\cos^2\alpha - 1) \qquad (4-62)$$

5. 缠绕纤维的总厚度

缠绕纤维的总厚度为

$$\delta_f = \delta'_{f0} + \delta_{fn} \qquad (4-63)$$

6. 树脂厚度 δ_r

树脂的体积含量为

$$V_r = \frac{m_r}{m_r + (1-m_r)\dfrac{\rho_r}{\rho_f}} \qquad (4-64)$$

式中，m_r 为 1 kg 复合材料中树脂的质量含量；ρ_r 为树脂的密度；ρ_f 为纤维的密度。

树脂的厚度为

$$\delta_r = \frac{V_r}{1-V_r}\delta_f \qquad (4-65)$$

7. 纤维缠绕壳体的总厚度

纤维缠绕壳体的总厚度为

$$\delta = \delta_f + \delta_r \qquad (4-66)$$

实际厚度还要根据纤缠直径与层数加以修正。

完成厚度计算后,还要对前后接嘴进行受力分析、黏结强度分析,并完成结构设计。

对于一定尺寸的固体发动机,采用纤维缠绕壳体可以明显地提高固体发动机性能,而对于直径较小的固体发动机,用纤维缠绕壳体就未必带来好处,因为在这种情况下,壳体壁厚增加导致装药量减小,总冲减小可能比壳体质量减轻的影响更大,故对小尺寸固体发动机壳体采用纤维缠绕方案需很好论证。直径为 286 mm 的固体发动机壳体采用纤维缠绕方案后,固体发动机性能有一定提高,见表 4-5。

表 4-5 不同壳体对固体发动机性能的影响

固体发动机直径/mm	壳体材料	壳体壁厚/mm	壳体质量/kg	发动机总质量/kg	推进剂质量/kg	固体发动机质量比	生产周期/月	成本[①]/万元
286	30CrMnSi	1.4	22	155	120	0.77	4	1.5
	37SiMnCrNiMoVA	1.2	17.5	149	120	0.81	4	1.5
	玻璃钢	3.0	13	140.5	11.69	0.83	1	0.4

注:①1980 年统计。

这种玻璃钢壳体固体发动机通过了试验考核,其性能见表 4-6。

表 4-6 用玻璃钢壳体的固体发动机试验结果

试验温度/℃	p_{max}/MPa	$\bar{p}$/MPa	F_{max}/kN	$\bar{F}$/kN	t_b/s	I/(kN·s)	I_s/(kN·s·kg^{-1})
50	8.922	6.907	66.558	54.868	4.68	287.128	2 357.5
20	9.320	6.549	70.529	50.955	5.07	273.733	2 351.6
-40	70 543	5.998	56.496	47.209	5 035	265.907	2 305.5

第 5 章
固体火箭发动机内弹道参数计算

固体火箭发动机内弹道是指发动机内部的工作过程，主要研究发动机在设计或非设计状态下燃烧室及喷管内流动参数随时间或空间的变化规律，根据简化程度的不同，分为零维内弹道、一维内弹道和二维或三维工作过程仿真等。零维内弹道将发动机内部参数看作平均值，主要研究燃烧室压强随时间的变化规律；一维内弹道将发动机内部流动近似为一维或准一维流动,研究内部流动参数随时间和一维空间的变化规律;二维或三维工作过程仿真则是用计算流体力学等方法数值模拟真实燃气的多维流动规律,可以考虑化学反应、传质传热、退移边界等实际流动现象,是目前固体火箭发动机内弹道的重要研究方向。

零维内弹道和一维内弹道研究的参数主要是燃烧室压强,并在此基础上进一步计算出推力、质量流率、总冲、比冲等重要参数。燃烧室压强是固体火箭发动机的重要参数,其影响主要表现在以下几方面:

(1) 压强影响推力及其随时间的变化规律。
(2) 压强影响推进剂的燃速和发动机的工作时间。
(3) 压强直接影响发动机的比冲等重要性能参数。
(4) 正常燃烧需要一定压强(推进剂燃烧的临界压强)。
(5) 压强影响发动机的结构质量。

计算压强-时间曲线($p-t$ 曲线)常采用零维和一维两种方法。所谓零维,即认为燃烧室中各处的压强完全一致,是只与时间有关的燃烧室平均压强(本章统一用符号 p 表示),可表示成 $p=p(t)$;一维计算除考虑压强随时间的变化外,还考虑压强沿燃烧室轴向的变化,即 $p=p(x,t)$。从固体火箭发动机工程设计的角度,零维内弹道计算方法简单、直观,在适当修正的基础上能够得到比较满意的计算结果,因此很实用。本章的主要研究内容是零维内弹道,同时简单介绍一维内弹道的求解方法。

5.1 零维内弹道微分方程

为使问题简化,在建立零维内弹道计算方程时做如下假设:
(1) 推进剂在燃烧室内完全燃烧且燃烧过程中温度不变。
(2) 推进剂燃烧产物是组分不变的理想气体。

5.1.1 装药燃烧阶段内弹道方程

根据质量守恒原理,燃烧室内燃气质量 m_g 随时间的变化率应等于燃烧室内燃气生成率 $\dot{m}_b$ 与燃气从喷管排出的质量流率 $\dot{m}$ 之差,即

$$\frac{dm_g}{dt} = \dot{m}_b - \dot{m} \tag{5-1}$$

燃气生成率和喷管的质量流率可以分别写成

$$\dot{m}_b = \rho_p A_b \dot{r}, \quad \dot{m} = \frac{\varphi_{\dot{m}} \Gamma p_0 A_t}{\sqrt{\chi R T_0}} = \frac{\varphi_{\dot{m}} p_0 A_t}{c^*} \tag{5-2}$$

式中,$\dot{r}$ 为燃烧室内的平均燃速;$\chi R T_0$ 为考虑了热损失修正系数 χ 的火药力;p_0 为喷管中的滞止压强或喷管入口处的总压 p_{02},p_{02} 在数值上等于燃烧室的平均压强 p。

燃烧室中的燃气质量 m_g 可以表示为

$$m_g = \rho V_g \tag{5-3}$$

式中，ρ 为燃气的平均密度；V_g 为燃气所占的容积，称为燃烧室自由容积。微分式 (5-3)，得

$$\frac{dm_g}{dt} = \rho \frac{dV_g}{dt} + V_g \frac{d\rho}{dt} \tag{5-4}$$

式 (5-4) 表明，燃烧室内燃气的质量变化率是由两部分组成的，一部分为 $\rho dV_g/dt$，另一部分为 $V_g d\rho/dt$。各部分意义如下。

(1) $\rho \dfrac{dV_g}{dt}$，表示在单位时间内由于燃烧室自由容积的增大而填充的燃气质量，称为燃气填充量。如图 5-1 所示，自由容积的增大量实际上等于推进剂烧去的体积，即

$$dV_g = A_b \cdot de = A_b \cdot \dot{r} dt$$

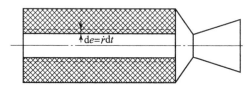

图 5-1 燃烧室装药燃烧过程示意图

所以，有

$$\rho \frac{dV_g}{dt} = \rho A_b \dot{r} \tag{5-5}$$

(2) $V_g \dfrac{d\rho}{dt}$，表示在单位时间内由于燃气密度改变所需要的燃气质量。

对燃气的热状态方程

$$\rho = \frac{p}{\chi R T_0}$$

进行微分，得

$$\frac{d\rho}{dt} = \frac{1}{\chi R T_0} \frac{dp}{dt} - \frac{p}{(\chi R T_0)^2} \frac{d(\chi R T_0)}{dt}$$

根据假设，在推进剂燃烧期间，燃气温度 $T_0 = \text{const}$；理想气体组分和气体常数 R 不变；热损失修正系数 χ 也可以看成常数，则上式右端的第二项为零，于是有

$$\frac{d\rho}{dt} = \frac{1}{\chi R T_0} \frac{dp}{dt} \tag{5-6}$$

将式 (5-5) 和式 (5-6) 代入式 (5-4)，可得

$$\frac{dm_g}{dt} = \rho A_b \dot{r} + \frac{V_g}{\chi R T_0} \frac{dp}{dt} \tag{5-7}$$

式中，燃速和压强均应理解为燃烧室内平均燃速和平均静压强。将式（5-7）和式（5-2）代入式（5-1），有

$$\frac{V_g}{\chi RT_0}\frac{\mathrm{d}p}{\mathrm{d}t}=(\rho_p-\rho)A_b\dot{r}-\dot{m} \qquad (5-8)$$

这就是计算零维内弹道即燃烧室内 $p-t$ 曲线的微分方程。

若令

$$\Delta\dot{m}_b=(\rho_p-\rho)A_b\dot{r} \qquad (5-9)$$

表示扣除填充量的燃气净生成量，则式（5-8）可以写成

$$\frac{V_g}{\chi RT_0}\frac{\mathrm{d}p}{\mathrm{d}t}=\Delta\dot{m}_b-\dot{m} \qquad (5-10)$$

又由于燃气的密度 ρ 远远小于固体推进剂的密度 ρ_p，即 $\rho\ll\rho_p$，因而有

$$\Delta\dot{m}_b\approx\rho_p A_b\dot{r}=\dot{m}_b \qquad (5-11)$$

于是，$p-t$ 曲线的微分方程式（5-8）还可改写成

$$\frac{V_g}{\chi RT_0}\frac{\mathrm{d}p}{\mathrm{d}t}\approx\dot{m}_b-\dot{m}=\rho_p A_b\dot{r}-\dot{m} \qquad (5-12)$$

从式（5-8）或式（5-10）可以看出，燃烧室内平均压强的变化规律如下：

（1）$\Delta\dot{m}_b>\dot{m}$ 时，$\mathrm{d}p>0$，即压强升高。

（2）$\Delta\dot{m}_b<\dot{m}$ 时，$\mathrm{d}p<0$，即压强下降。

（3）$\Delta\dot{m}_b=\dot{m}$ 时，$\mathrm{d}p=0$，压强保持不变，即处于平衡状态。

5.1.2 拖尾段内弹道方程

当 $\dot{m}_b=0$（或 $A_b=0$）即装药燃烧结束时，由于燃烧室内无新生燃气的补充，燃气温度很快下降，燃烧室自由容积等于燃烧室容积 V_c，即 $V_g=V_c$，这一期间称为拖尾段。实际上，当烧去肉厚达到装药的总肉厚之后（$e>e_p$），燃烧结束（即 $\dot{m}_b=0$）或燃烧面积迅速减小（虽然 $\dot{m}_b\neq0$，但下降很快），相应的燃烧室压强和推力也迅速降低，这一阶段称为后效段或下降段，产生的推力称为后效推力，所以拖尾段只是后效段的一部分。

由式（5-1）、式（5-2）和式（5-4），可得零维内弹道拖尾段方程为

$$V_c\frac{\mathrm{d}\rho}{\mathrm{d}t}=-\dot{m} \qquad (5-13)$$

式（5-13）是以燃气密度变化的形式给出的，不能直接用于计算压强，需要通过其他模型联立求解，在5.5节将详细讨论。

5.2 平衡压强

从 5.1 节的分析可知,当 $\Delta \dot{m}_b = \dot{m}$ 时,有 $\mathrm{d}p = 0$,即燃烧室压强处于平衡状态,此时的压强称为平衡压强,用 p_{eq} 表示。需要说明的是,燃烧室压强的平衡状态不是绝对的,而是动态平衡,即当某个扰动(如燃面变化等)促使 $\Delta \dot{m}_b$ 变化时,它也会引起 $\dot{m}$ 的变化,直到达到新的平衡状态,其间所需的时间(称为松弛时间)很短。

5.2.1 平衡压强的计算公式

压强的平衡条件为

$$\Delta \dot{m}_b = \dot{m} \tag{5-14}$$

其中,燃气生成率和质量流率由式(5-2)给出。显然,采用不同的燃速定律,可以得到不同的计算公式。

以指数燃速定律(3-7)为基础考虑侵蚀燃烧效应,有

$$\Delta \dot{m}_b = (\rho_p - \rho) A_b \dot{r} = (\rho_p - \rho) A_b a p^n \varphi(\alpha)$$

式中,$\varphi(\alpha)$ 为平均侵蚀函数,其定义见式(3-36)。将上式代入平衡条件式(5-14),可得

$$(\rho_p - \rho) A_b a p^n \varphi(\alpha) = \frac{\varphi_{\dot{m}} \Gamma p A_t}{\sqrt{\chi R T_0}}$$

因为此时的压强 p 即为平衡压强 p_{eq},所以上式可整理成

$$p_{eq} = \left[\frac{\rho_p A_b a \varphi(\alpha) \sqrt{\chi R T_0}}{\varphi_{\dot{m}} \Gamma A_t} \left(1 - \frac{\rho}{\rho_p} \right) \right]^{\frac{1}{1-n}} \tag{5-15}$$

令

$$K_N = \frac{A_b}{A_t} \tag{5-16}$$

称为面喉比,并将特征速度公式代入式(5-15),则有

$$p_{eq} = \left[\frac{\rho_p a c^* \varphi(\alpha) K_N}{\varphi_{\dot{m}}} \left(1 - \frac{\rho}{\rho_p} \right) \right]^{\frac{1}{1-n}} \tag{5-17}$$

定义装填参量 M 和密度比 δ 为

$$M = \frac{\rho_p A_b a \varphi(\alpha) \sqrt{\chi R T_0}}{\varphi_{\dot{m}} \Gamma A_t} = \frac{\rho_p a c^* \varphi(\alpha) K_N}{\varphi_{\dot{m}}} \tag{5-18}$$

$$\delta = \frac{\rho}{\rho_p} = \frac{p_{eq}}{\rho_p \chi RT_0} \tag{5-19}$$

装填参量 M 的单位为 Pa^{1-n} 或 MPa^{1-n}。于是，可将平衡压强改写为

$$p_{eq} = [M(1-\delta)]^{\frac{1}{1-n}} \tag{5-20}$$

显然，$\delta = \delta(p_{eq})$，所以式（5-15）、式（5-17）或式（5-20）均为隐式方程，需要迭代求解。

由于 $\rho \ll \rho_p$，即 $\delta \ll 1$，为了简化计算，将式（5-20）中的指数项展成幂级数，并忽略高阶项，可得

$$(1-\delta)^{\frac{1}{1-n}} = 1 - \frac{\delta}{1-n}$$

于是，式（5-20）变为

$$p_{eq} = \left(1 - \frac{\delta}{1-n}\right) M^{\frac{1}{1-n}}$$

再将密度比定义式（5-19）代入上式，整理可得

$$p_{eq} = \frac{M^{\frac{1}{1-n}}}{1 + \frac{M^{\frac{1}{1-n}}}{(1-n)\rho_p \chi RT_0}} \tag{5-21}$$

或者，不计 δ 的影响，即令 $\delta = 0$，有

$$p_{eq} = M^{\frac{1}{1-n}} = \left(\frac{\rho_p A_b a \varphi(\mathit{æ}) \sqrt{\chi RT_0}}{\varphi_{\dot{m}} \Gamma A_t}\right)^{\frac{1}{1-n}} = \left(\frac{\rho_p a c^* \varphi(\mathit{æ}) K_N}{\varphi_{\dot{m}}}\right)^{\frac{1}{1-n}} \tag{5-22}$$

通常，忽略 δ 带来的计算误差约在 2% 以内。

上述各式均为计算平衡压强的常用计算式，其中，式（5-21）和式（5-22）为显式公式，可直接计算出平衡压强；其余公式则为隐式公式，需要迭代计算。

采用隐式方程迭代计算平衡压强 p_{eq} 时，计算步骤如下：

（1）令 $\delta = 0$，即采用式（5-22）计算，得到 p_{eq} 的初值。

（2）以 p_{eq} 的初值代入式（5-19）求解 δ。

（3）用式（5-20）求解出新的 p_{eq}。

（4）返回步骤（2），用 p_{eq} 的新值再求解 δ，于是又得到一个 p_{eq} 的新值。如此重复迭代，直到相邻两次的 p_{eq} 值相差小于所要求的精度 ε_p 为止，如图 5-2 所示。

通常情况下，由于用显式方程（5-22）求出的 p_{eq} 误差并不大，所以上述过程的迭代次数不会很多，数次迭代即可满足精度。

例 [5-1] 已知某火箭发动机的有关参数为：$f_0 = RT_0 = 832.192 \text{ kJ/kg}$，

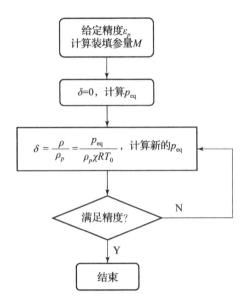

图 5-2 平衡压强迭代计算过程

$\gamma = 1.253$，$\rho_p = 1\,610 \text{ kg/m}^3$，$\dot{r} = ap^n = 3.416\,6 \times 10^{-5} p^{0.358}$ m/s（其中 p 的单位为 Pa）；装药在燃烧结束瞬间的燃烧面积 $A_b = 2.015 \text{ m}^2$；$A_t = 4.64 \times 10^{-3} \text{ m}^2$；取热损失修正系数 $\chi = 0.9$，质量流率系数 $\varphi_{\dot{m}} = 0.95$。求燃烧结束瞬间燃烧室的平衡压强。

解：已知比热比求得 $\Gamma = 0.658\,6$；侵蚀一般只发生在工作前期，燃烧结束时 $\varphi(\alpha) = 1.0$，则该瞬时的装填参量为

$$M = \frac{\rho_p A_b a \varphi(\alpha) \sqrt{\chi R T_0}}{\varphi_{\dot{m}} \Gamma A_t} = 33\,041.88 \text{ Pa}^{1-0.358}$$

取 $\delta^{(1)} = 0$，则

$$p_{eq}^{(1)} = M^{\frac{1}{1-n}} = 33\,041.88^{\frac{1}{1-0.358}} = 10.941 \text{ MPa}$$

用 $p_{eq}^{(1)}$ 计算得 $\delta^{(2)} = \dfrac{p_{eq}^{(1)}}{\rho_p \chi R T_0} = 0.009\,07$，则

$$p_{eq}^{(2)} = [M(1-\delta^{(2)})]^{\frac{1}{1-n}} = 10.786 \text{ MPa}$$

同理，$\delta^{(3)} = \dfrac{p_{eq}^{(2)}}{\rho_p \chi R T_0} = 0.008\,94$，得

$$p_{eq}^{(3)} = [M(1-\delta^{(3)})]^{\frac{1}{1-n}} = 10.789 \text{ MPa}$$

以上计算过程可以一直进行下去，直到满足精度要求为止。可见，忽略 δ 在本例中带来的误差约为 1.4%。

5.2.2 平衡压强的影响因素

从式（5-15）或式（5-17）可以看出，影响平衡压强的因素主要有：推进剂性质如 ρ_p、a、n，装药结构如 A_b、$\varphi(\alpha\!e)$，发动机结构和工作特性如 A_t、$\varphi(\alpha\!e)$、热损失，另外还有初温 T_i 等的影响。

为了分析这些因素对平衡压强的影响，忽略燃气填充量，将式（5-22）和式（5-18）取对数并微分，可得

$$\frac{\Delta p_{eq}}{p_{eq}} = \frac{1}{1-n}\frac{\Delta M}{M}$$

$$= \frac{1}{1-n}\left[\frac{\Delta \rho_p}{\rho_p} + \frac{\Delta a}{a} + \frac{\Delta \varphi(\alpha\!e)}{\varphi(\alpha\!e)} + \frac{1}{2}\frac{\Delta RT_0}{RT_0} + \frac{\Delta A_b}{A_b} - \frac{\Delta A_t}{A_t}\right] \quad (5-23)$$

或

$$\frac{\Delta p_{eq}}{p_{eq}} = \frac{1}{1-n}\left[\frac{\Delta \rho_p}{\rho_p} + \frac{\Delta a}{a} + \frac{\Delta \varphi(\alpha\!e)}{\varphi(\alpha\!e)} + \frac{\Delta c^*}{c^*} + \frac{\Delta K_N}{K_N}\right] \quad (5-24)$$

1. 推进剂性质

（1）推进剂的燃速特性 a 和 n。其中，燃速的压强指数 n 值的影响特别敏感，n 越小则平衡压强的跳动 $\Delta p_{eq}/p_{eq}$ 越小；同时，系数 $1/(1-n)$ 对所有影响因素均起着放大的作用，n 对压强的跳动影响非常大。所以，降低推进剂燃速的压强指数或采用平台推进剂有利于燃烧室压强的稳定。

（2）在推进剂制造过程中，配方成分不可避免地存在工艺误差，导致 ρ_p、c^*、a、n 等参数偏差，使平衡压强产生跳动。

（3）工作条件的影响，如 a、n 的测量偏差，也导致压强跳动。

（4）燃烧不完全和各种损失使 c^* 发生变化，产生压强跳动。

2. 发动机面喉比 K_N

如果将装填参量 M 中的面喉比 K_N 提出来，并令

$$A = \left[\frac{\rho_p a \varphi(\alpha\!e)\sqrt{\chi RT_0}}{\varphi_{\dot{m}}\Gamma}\right]^{\frac{1}{1-n}} = \left[\frac{\rho_p a \varphi(\alpha\!e) c^*}{\varphi_{\dot{m}}}\right]^{\frac{1}{1-n}} \quad (5-25)$$

则有

$$p_{eq} = M^{\frac{1}{1-n}} = A K_N^{\frac{1}{1-n}} \quad (5-26)$$

可见，对于给定的推进剂，如果初温一定，不考虑侵蚀时，有 $A = \text{const}$，因此压强的大小主要取决于面喉比；同时，由于系数 $1/(1-n) > 1$，所以改变

面喉比可以显著改变压强的大小。

平衡压强 p_{eq} 随面喉比 K_N 的变化如图 5-3 所示。由图可知,当 K_N 增大时,p_{eq} 对 K_N 的敏感程度(斜率)增大。因此,在设计发动机时不宜使平衡压强 p_{eq} 处于比较敏感的 K_N 范围内,即 K_N 不能超过一定值。对式(5-26)求导可以得到 p_{eq} - K_N 曲线的斜率,即

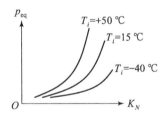

图 5-3 平衡压强 p_{eq} 随面喉比 K_N 的变化

$$k = \frac{dp_{eq}}{dK_N} = \frac{A}{1-n} K_N^{\frac{n}{1-n}} \quad (5-27)$$

在固体火箭发动机设计中,选定推进剂以后,选择适宜的面喉比是控制平衡压强或火箭发动机工作压强的主要途径。

3. 初温 T_i

初温对压强的影响是初温影响燃速的结果,且对压强的影响更大。初温对压强的影响通常用压强的初温敏感系数来表示,定义为

$$\alpha_p = \frac{1}{p} \frac{\partial p}{\partial T_i} \bigg|_{K_N} \quad (5-28)$$

即在给定面喉比 K_N 下,初温变化 1 ℃ 或 1 K 导致的平衡压强的相对变化量。

可以证明,压强的初温敏感系数与燃速初温敏感系数存在如下关系:

$$\alpha_p = \frac{1}{1-n} \alpha_T \quad (5-29)$$

式中,燃速初温敏感系数 α_T 的定义见式(3-43)或式(3-44)。式(5-29)表明,初温对压强的影响是对燃速影响的 $1/(1-n)$ 倍。因此,为了保持燃烧室压强稳定,控制燃速初温敏感系数和降低燃速的压强指数都是十分必要的。

在工程上,压强的初温敏感系数通常用一定初温范围内的平均值表示,即

$$\bar{\alpha}_p = \frac{1}{p} \frac{\Delta p}{\Delta T_i} = \frac{\Delta(\ln p)}{\Delta T_i} = \frac{\ln p - \ln p_{st}}{\Delta T_i} \quad (5-30)$$

式中,$\Delta T_i = T_i - T_{st}$ 为初温的变化范围;p_{st} 为标准初温 T_{st} 下的压强。如果已知推进剂压强的初温敏感系数,则任意初温 T_i 下的压强可通过式(5-30)计算出来,即

$$p = p_{st} e^{\bar{\alpha}_p (T_i - T_{st})} \quad (5-31)$$

将式(5-31)按幂级数展开,并忽略高阶项,可近似为

$$p \approx p_{st} [1 + \bar{\alpha}_p (T_i - T_{st})] \quad (5-32)$$

图 5-3 给出了不同初温下平衡压强随面喉比的变化，表 5-1 为某双基推进剂在不同面喉比下的压强初温敏感系数的实测值。

表 5-1　某双基推进剂在不同面喉比下的压强初温敏感系数的实测值

$T_i/℃$	$-40 \sim +20$				$+20 \sim +50$				
K_N	140	180	220	260	115	140	180	220	260
$\bar{\alpha}_p/(\% \cdot ℃^{-1})$	0.408	0.473	0.481	0.427	0.299	0.333	0.321	0.366	0.466

例 [5-2]　某发动机面喉比 $K_N = 140$，推进剂的压强初温敏感系数如表 5-1 所示。已知当 $T_i = -40$ ℃ 时，$p = 6.0$ MPa。试计算 $T_i = +50$ ℃ 时的压强。

解：由表 5-1 可知，面喉比 $K_N = 140$ 时，在 $T_i = -40 \sim +20$ ℃ 范围内，$\bar{\alpha}_{p1} = 0.408\%$；$T_i = +20 \sim +50$ ℃ 范围内，$\bar{\alpha}_{p2} = 0.333\%$。于是，由式 (5-32)，得

$$p(+20\ ℃) = p(-40\ ℃) \cdot [1 + \bar{\alpha}_{p1}(20 + 40)]$$
$$= 6.0 \times [1 + 0.408\% \times 60]$$
$$= 7.4688\ \text{MPa}$$

$$p(+50\ ℃) = p(+20\ ℃) \cdot [1 + \bar{\alpha}_{p2}(50 - 20)]$$
$$= 7.4688 \times [1 + 0.333\% \times 30]$$
$$= 8.2149\ \text{MPa}$$

计算表明，该例发动机所使用的推进剂，在高温条件下工作压强的升高幅度达 36.9%。

因此，火箭发动机工作过程是否稳定，需要在所有常温、高温和低温条件下进行验证。

5.3　燃烧室压强的稳定性分析

前已述及，燃烧室压强的平衡不是绝对的，而是一个动态平衡状态，即当某个扰动使燃气生成量 $\Delta \dot{m}_b$ 发生变化时，也会引起喷管排出质量流率 $\dot{m}$ 的变化，如果这种变化能够促使压强恢复平衡或达到新的平衡状态，则该发动机的工作是稳定的；否则，压强失去平衡，可能使压强异常升高或异常降低，导致发动机工作失稳。因此，必须对发动机燃烧室压强进行稳定性分析。

5.3.1 燃烧室压强稳定的一般条件

物理上的平衡有三种情况,即随动平衡、不稳平衡和动态平衡,如图 5 - 4 所示。随动平衡是指物体无论在什么位置都能处于稳定状态;不稳平衡是指稍有扰动则物体的平衡就不能恢复稳定;动态平衡则是指发生扰动后物体能在一定条件下逐渐恢复平衡。

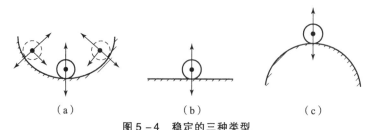

图 5 - 4 稳定的三种类型
(a) 动态平衡;(b) 随动平衡;(c) 不稳平衡

如果将图 5 - 4 中的物体看成燃烧室压强,则可以引出燃烧室压强的稳定性问题。燃烧室压强的稳定是火箭发动机正常工作的必要条件,其含义有两个方面。

(1) 在某一平衡状态下,由于某种偶然扰动(如推进剂物化性质不稳定、烧蚀和沉积导致的喷管喉部面积变化等)使燃烧室压强偏离了平衡状态,然后又能自动恢复到原来的平衡。

(2) 在某一平衡状态发生变化后(如燃面变化),能够自动地建立新的平衡。

燃烧室压强能够自动恢复平衡是需要一定条件的,并不是所有推进剂和发动机都能自动稳定,这个条件就是燃烧室压强的稳定性条件。需要注意的是,这里所指的平衡都是某一瞬时的平衡。

从压强随时间变化的 $p - t$ 公式可知,压强的变化是由燃气的生成率和排出率之间的消长所决定。由式(5 - 12)(忽略燃气填充量时)可知,当 $\dot{m}_b > \dot{m}$ 时,压强升高;当 $\dot{m}_b < \dot{m}$ 时,压强下降;当 $\dot{m}_b = \dot{m}$ 时,压强处于平衡状态,$dp = 0$。因此,压强的稳定性条件与 $\dot{m}_b$ 和 $\dot{m}$ 的消长规律有关。

假设压强处于平衡状态,此时 $\dot{m}_b = \dot{m}$,压强为 p。在某一瞬时,压强发生小扰动 dp,相应地燃气生成量和喷管排出质量的变化分别是 $d\dot{m}_b$ 和 $d\dot{m}$,于是有以下两种情况。

(1) 当压强升高即 $dp > 0$ 时,如果能有这样的条件,即

$$d\dot{m}_b < d\dot{m} \quad \text{或} \quad \frac{d\dot{m}_b}{dp} < \frac{d\dot{m}}{dp}$$

则压强将降低，可以使 dp 消除，从而恢复平衡。

（2）当压强下降即 dp < 0 时，如果能有这样的条件，即

$$d\dot{m}_b > d\dot{m} \quad \text{或} \quad \frac{d\dot{m}_b}{dp} < \frac{d\dot{m}}{dp}$$

则压强将升高，也可以使 dp 消除，恢复平衡。

由此可见，在上述两种情况下，燃烧室压强可以自动地上升或下降，从而恢复平衡。于是，可以将燃烧室压强（平衡压强）稳定的一般性条件表述为：燃气质量生成率对压强的变化率小于喷管质量流率对压强的变化率，其数学表达式为

$$\frac{d\dot{m}_b}{dp} < \frac{d\dot{m}}{dp} \tag{5-33}$$

如果考虑燃气填充量，即压强平衡条件为 $\Delta\dot{m}_b = \dot{m}$，则燃烧室压强稳定的一般性条件为

$$\frac{d(\Delta\dot{m}_b)}{dp} < \frac{d\dot{m}}{dp} \tag{5-34}$$

5.3.2 装填参量不变时燃烧室压强的稳定条件

对于一般的固体火箭发动机，推进剂装药密度 ρ_p、特征速度 c^*、喷管喉径 A_t、修正量 $\varphi_{\dot{m}}$ 等参数均变化不大，可看作常数。所谓装填参量 M 不变，由式（5-18）知，主要是指燃烧面积 A_b 为常数，即等面燃烧。因此，在装填参量不变且可忽略侵蚀燃烧效应的情况下，平衡压强近似为常数。于是，由式（5-2），燃气质量生成率和喷管质量流率随压强的变化可分别写成

$$\frac{d\dot{m}_b}{dp} = \rho_p A_b \frac{d\dot{r}}{dp}$$

$$\frac{d\dot{m}}{dp} = \frac{\varphi_{\dot{m}} A_t}{c^*}$$

代入稳定条件（5-33），有

$$\rho_p A_b \frac{d\dot{r}}{dp} < \frac{\varphi_{\dot{m}} A_t}{c^*}$$

考虑式（5-2），上式整理成

$$\frac{d\dot{r}}{dp} < \frac{\dfrac{\varphi_{\dot{m}} p A_t}{c^*}}{\rho_p A_b \dot{r}} \frac{\dot{r}}{p} = \frac{\dot{m}}{\dot{m}_b} \frac{\dot{r}}{p}$$

当燃烧室压强处于平衡时，有 $\dot{m}_b = \dot{m}$，故上式变为

$$\left|\frac{\mathrm{d}\dot{r}}{\dot{r}}\right| < \left|\frac{\mathrm{d}p}{p}\right| \tag{5-35}$$

这就是装填参量 M 不变时燃烧室压强的稳定条件,即推进剂的燃速变化率小于燃气的压强变化率（只考虑绝对值）。这是判别固体火箭发动机燃烧室压强稳定的通用准则。

当推进剂燃速服从指数燃速定律时,将燃速公式取对数微分,可得

$$\frac{\mathrm{d}\dot{r}}{\dot{r}} = n\frac{\mathrm{d}p}{p}$$

代入式（5-35）,有

$$n < 1 \tag{5-36}$$

这是装填参量 M 不变且推进剂燃速服从指数燃速定律时的燃烧室压强稳定条件。所以,从燃烧室压强稳定性方面考虑,要求推进剂的压强指数必须小于 1。

需要注意的是,虽然 $n<1$ 时燃烧室压强是稳定的,但反过来却不一定成立,即燃烧室压强稳定时 n 值不一定小于 1。不过,当 n 值偏离 1 较大时,压强的变化会很大,这对通常的发动机而言是不允许的。因此,可以认为 $n>1$ 的推进剂其燃烧室压强是不稳定的。

如果考虑燃气填充量,即压强平衡条件为 $\Delta\dot{m}_b = \dot{m}$,情况要复杂些,此时,

$$\Delta\dot{m}_b = \rho_p A_b \dot{r}\left(1 - \frac{\rho}{\rho_p}\right) = \rho_p A_b a p^n \varphi(\infty)\left(1 - \frac{p}{\rho_p RT}\right)$$

$$= \rho_p A_b a p^n \varphi(\infty) - \frac{A_b a \varphi(\infty)}{RT}p^{n+1}$$

其微分为

$$\frac{\mathrm{d}(\Delta\dot{m}_b)}{\mathrm{d}p} = \rho_p A_b a n p^{n-1} \varphi(\infty) - \frac{A_b a \varphi(\infty)}{RT}(n+1)p^n$$

$$= \rho_p A_b a p^{n-1} \varphi(\infty)\left[n - (n+1)\frac{\rho}{\rho_p}\right]$$

代入稳定条件式（5-34）,得

$$\rho_p A_b a p^{n-1} \varphi(\infty)\left[n - (n+1)\frac{\rho}{\rho_p}\right] < \frac{\varphi_{\dot{m}} A_t}{c^*}$$

两端同乘以 p,并考虑到指数燃速公式,上式可整理成

$$\rho_p A_b \dot{r}\left[n - (n+1)\frac{\rho}{\rho_p}\right] < \frac{\varphi_{\dot{m}} p A_t}{c^*}$$

压强平衡时,有 $\Delta\dot{m}_b = \dot{m}$,于是有

$$\frac{n-(n+1)\dfrac{\rho}{\rho_p}}{1-\dfrac{\rho}{\rho_p}}<1$$

即

$$n<\frac{1}{1-\dfrac{\rho}{\rho_p}} \qquad (5-37)$$

这是考虑燃气填充量时的压强稳定条件。可见，n 值不一定小于 1。

为了加深对压强稳定条件的理解，下面从几何角度说明其意义。前已述及，压强的稳定性是由 $\dot{m}_b$ 和 $\dot{m}$ 的消长来决定的，当 M 不变即等面燃烧时，$\dot{m}$ 和 $\dot{m}_b$ 与压强的关系为

$$\begin{cases} \dot{m}=\dfrac{\varphi_m A_t}{c^*}p=c_1 p \\ \dot{m}_b=\rho_p A_b \dot{r}=\rho_p A_b a p^n \varphi(\text{æ})=c_2 p^n \end{cases} \qquad (5-38)$$

式中，c_1、c_2 为常系数。式（5-38）表明，$\dot{m}$ 与 p 的一次方成正比（即线性变化），而 $\dot{m}_b$ 与 p 的 n 次方成正比，如图 5-5 所示。从曲线上看，n 值不同时两者的关系亦不同，由此可以分析 n 值对压强稳定的影响。

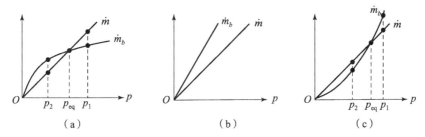

图 5-5　装填参量不变时燃烧室压强稳定条件的几何意义示意图

(a) $n<1$；(b) $n=1$；(c) $n>1$

（1）当 $n<1$ 时，$\dot{m}$ 与 $\dot{m}_b$ 有交点，交点处 $\dot{m}_b=\dot{m}$，正是压强平衡点。当出现小扰动使得 $\mathrm{d}p>0$ 即压强升高（如升高到 p_1）时，由于 $\dot{m}_b<\dot{m}$ 将使压强下降，从而恢复平衡；相反，当出现小扰动使 $\mathrm{d}p<0$ 即压强降低（如降低到 p_2）时，又因为 $\dot{m}_b>\dot{m}$ 将使压强升高，压强恢复平衡。所以，$n<1$ 时压强是稳定的。

（2）当 $n=1$ 时，$\dot{m}$ 和 $\dot{m}_b$ 与压强均呈直线关系，且两直线不存在有实际意义的交点，因而压强是不稳定的。两直线也可能是重合的，成为随遇平衡情况，这是一种不可取的随机平衡，在固体火箭发动机中视为不稳定。

(3) 当 $n>1$ 时，$\dot{m}$ 与 $\dot{m}_b$ 虽然也有交点，但同样的分析可以说明这时的压强是不稳定的。当小扰动 $\mathrm{d}p>0$ 即压强升高（如升高到 p_1）时，由于 $\dot{m}_b>\dot{m}$，压强将进一步升高，不能恢复平衡；当小扰动 $\mathrm{d}p<0$ 即压强降低（如降低到 p_2）时，因 $\dot{m}_b<\dot{m}$ 又使压强进一步降低，也不能恢复平衡。所以，$n>1$ 时压强也是不稳定的。

综上所述，$n<1$ 是燃烧室压强稳定的必要条件。

5.3.3 装填参量变化时燃烧室压强的稳定条件

在装药的实际燃烧过程中，由于装药尺寸的变化，装药燃烧面积 A_b、通气面积 A_p、通气参量 $æ$ 等都将随之变化，因而装填参量 M 也是随时间变化的，并使燃气的压强平衡状态发生改变。如果燃烧室压强是稳定的，则当 M 变化时旧的压强平衡状态不断被新的压强平衡状态所取代。

下面主要讨论在 $n<1$ 时，装填参量 M 变化时压强的稳定情况。装填参量的变化主要是由燃烧面积变化引起的，包括减面燃烧和增面燃烧两种情况，此时的燃气质量流率和燃气质量生成率可分别表示为

$$\begin{cases} \dot{m} = \dfrac{\varphi_{\dot{m}} A_t}{c^*} p = c_1 p \\ \dot{m}_b = \rho_p A_b(t) \varphi(æ) a p^n \end{cases} \quad (5-39)$$

式中，$A_b(t)$ 表示 t 时刻的燃烧面积。可见，喷管质量流率 $\dot{m}$ 随压强的变化仍为直线，而曲线 $\dot{m}_b$ 的系数不再是常数，其斜率为

$$\dfrac{\mathrm{d}\dot{m}_b}{\mathrm{d}p} = \rho_p A_b(t) \varphi(æ) a n p^{n-1} \quad (5-40)$$

图 5-6 表示了不同时刻等面燃烧、减面燃烧和增面燃烧的 $\dot{m}-p$ 曲线及 $\dot{m}_b-p$ 曲线。可见，装填参量不变仅是装填参量变化时的一种特例。

如图 5-6（b）所示，以减面燃烧为例，燃气质量生成率和曲线斜率均随时间增加而减小，因而曲线 $\dot{m}_b-p$ 和 $\dot{m}-p$ 的交点所对应的平衡压强 p_{eq} 也是逐渐减小的。在发动机工作刚开始时，$p=p_{ig}<p_{eq0}$，由于此时 $\dot{m}_b>\dot{m}$，所以压强 p 迅速升高并趋近 p_{eq0}，在此过程中 p_{eq} 逐渐减小；当 $t=t_m$ 时，$p \to p_{eq}(t_m)$。由于 $n<1$，燃气压强具有趋近于各瞬时对应的平衡压强的能力，亦即燃烧室压强是稳定的，并不断地从一个平衡状态过渡到另一个平衡状态，但燃烧室压强向平衡压强的逼近存在着滞后（即松弛效应）。在此过程中，实际的燃烧室压强 $p(t)$ 始终无限趋近于瞬时平衡压强 $p_{eq}(t)$，直到燃烧结束 $t=t_b$ 时刻为止；当装药燃烧结束后，因无燃气质量生成，燃烧室压强急剧下降，是一种无平衡状态的排气过程。

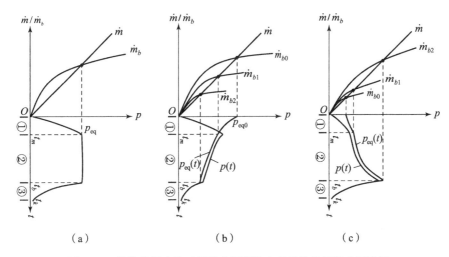

图 5-6 装填参量变化时燃烧室压强稳定条件的几何意义示意图
(a) 等面燃烧；(b) 减面燃烧；(c) 增面燃烧
①—上升段；②—平衡段；③—后效段

对于增面燃烧的装药，如图 5-6 (c) 所示，可以进行完全类似的分析，此时平衡压强 p_{eq} 在装药燃烧过程中是逐渐增大的。

根据燃烧室压强在固体火箭发动机工作过程中的变化特点，可以将其划分为三个阶段，即上升段、平衡段和后效段。在上升段，燃气从非平衡状态向平衡状态过渡，压强迅速上升，燃气压强 $p_{ig} \to p_{eq}(t_m)$；在平衡段，燃气压强不断逼近于平衡压强，$p \to p_{eq}$，使发动机稳定工作；在后效段，装药燃烧结束，燃气压强单调下降。

综上所述，可以得到以下结论：装填参量 M 不变只是装填参量变化的特例；无论装填参量 M 是否变化，当推进剂的燃速压强指数 $n < 1$ 时，燃烧室压强是稳定的，瞬时压强具有无限趋近于该瞬时装填参量 $M(t)$ 对应的平衡压强 $p_{eq}(t)$ 的能力。

5.4 固体推进剂装药的几何参数计算

为了获得压强随时间的变化规律，必须已知固体推进剂装药的几何参数如燃烧面积 A_b、通气面积 A_p、自由容积 V_g 等随时间的变化规律，即 $A_b = A_b(t)$，$A_p = A_p(t)$，$V_g = V_g(t)$。根据几何燃烧定律，固体推进剂装药的几何参数可以通过纯几何关系导出。

在计算装药的几何参数时,为应用方便,一般以烧去的肉厚 e 为自变量来表示装药几何参数的变化,即 $A_b = A_b(e)$,$A_p = A_p(e)$,$V_g = V_g(e)$,它们只与装药结构有关,而与发动机的工作过程无关。通常先将装药的总肉厚 e_p 分成若干份,$e = 0$ 时对应于燃烧初始时刻,$e = e_p$ 时对应于燃烧结束时刻。

当获得装药几何参数随肉厚 e 的变化规律后,再通过燃速公式将其转化为随时间 t 变化的关系。设在某时刻 t 已烧去的装药肉厚为 e,装药对应的几何参数为 $A_b(e)$、$A_p(e)$、$V_g(e)$,则在下一个 Δt 时间内烧去的装药肉厚为 Δe,即

$$\Delta e = \dot{r} \Delta t \tag{5-41}$$

于是,在 $t + \Delta t$ 时刻,烧去肉厚为 $e + \Delta e$,对应的几何参数为 $A_b(e + \Delta e)$、$A_p(e + \Delta e)$、$V_g(e + \Delta e)$,这些几何参数可以按纯几何关系计算,只取决于具体的装药药型。

本节主要讨论圆孔和星孔等常用装药结构的几何参数随时间的变化。

5.4.1 圆孔装药几何参数

1. 单孔管状内孔燃烧的圆孔装药

单孔管状内孔燃烧的圆孔装药如图 5-7 所示。装药的总肉厚 e_p 和已烧去肉厚 e 时的燃气通道湿周长 Π 分别为

$$e_p = \frac{D-d}{2}, \Pi = \pi(d + 2e) \tag{5-42}$$

式中,d 和 D 分别为装药的初始内孔直径和外圆直径。对于等截面燃烧,其燃烧面积为

$$A_b = \Pi L_p = \pi(d + 2e)L_p \tag{5-43}$$

式中,L_p 为装药长度。该装药燃面随肉厚或时间的增加而增加,属于增面燃烧装药。

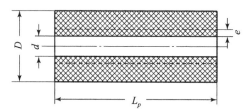

图 5-7 单孔管状内孔燃烧的圆孔装药

通气面积可写成

$$A_p = \frac{\pi}{4}(d+2e)^2 \tag{5-44}$$

假设燃烧室自由容积 V_g 即为燃气通道所占容积，则有

$$V_g = A_p L_p \tag{5-45}$$

上述公式都是指单根装药。对于多根装药，一般不单独采用内孔燃烧，而采用内、外孔同时燃烧，或内、外孔与端面同时燃烧的药型。

2. 内、外孔同时燃烧的圆孔装药

内、外孔同时燃烧的圆孔装药如图 5-8 所示。类似地，可以得到

$$e_p = \frac{D-d}{4} \tag{5-46}$$

$$\Pi = \pi(D-2e) + \pi(d+2e) = \pi(D+d) \tag{5-47}$$

$$A_b = \Pi L_p = \pi(D+d)L_p \tag{5-48}$$

该类型装药的燃面与时间无关，即为等面燃烧装药。

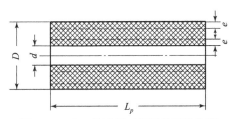

图 5-8 内、外孔同时燃烧的圆孔装药

设燃烧室内径为 D_{ci}，通气面积为

$$\begin{aligned}A_p &= \frac{\pi}{4}D_{ci}^2 - \frac{\pi}{4}(D-2e)^2 + \frac{\pi}{4}(d+2e)^2 \\ &= \frac{\pi}{4}[D_{ci}^2 - D^2 + d^2 - 4e(D-d)]\end{aligned} \tag{5-49}$$

燃烧室的自由容积公式与式（5-45）相同，只是通气面积需按式（5-49）计算。

上述公式为单根装药情况。当采用多根装药（如为 n 根）时，则有

$$\Pi = n\pi(D+d) \tag{5-50}$$

$$A_b = \Pi L_p = n\pi(D+d)L_p \tag{5-51}$$

$$A_p = \frac{\pi}{4}[D_{ci}^2 - n(D-2e)^2 + n(d+2e)^2] \tag{5-52}$$

计算出通气面积 A_p 后，燃烧室的自由容积公式与式（5-45）相同。可见，该类型多根装药的燃面也与时间无关，也属于等面燃烧装药。

3. 内、外孔和端面同时燃烧的圆孔装药

内、外孔和端面同时燃烧的圆孔装药如图 5 – 9 所示。由于端面也是燃烧表面，所以装药长度 L_p 将随时间逐渐缩短。

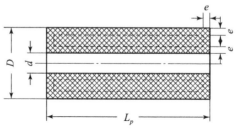

图 5 – 9　内、外孔和端面同时燃烧的圆孔装药

装药的总肉厚、燃气通道湿周长和通气面积的计算公式不变，仍为式（5 – 46）、式（5 – 47）和式（5 – 49）。

燃烧面积和自由容积的计算需要考虑端面燃烧面积以及端面燃烧产生的空间，即

$$A_b = \Pi(L_p - 2e) + 2 \times \frac{\pi}{4}[(D - 2e)^2 - (d + 2e)^2]$$

$$= \pi(D + d)(L_p - 2e) + \frac{\pi}{2}(D + d)(D - d - 4e)$$

$$= \frac{\Pi}{2}(D - d + 2L_p - 8e) \tag{5 – 53}$$

$$V_g = A_p(L_p - 2e) + \frac{\pi}{4}D_{ci}^2 \cdot 2e \tag{5 – 54}$$

可见，随着装药的燃烧，燃烧面积是缓慢减小的，即为弱减面燃烧。

当为 n 根装药时，有

$$\Pi = n\pi(D + d) \tag{5 – 55}$$

$$A_b = \frac{\Pi}{2}(D - d + 2L_p - 8e) \tag{5 – 56}$$

$$A_p = \frac{\pi}{4}D_{ci}^2 - n\frac{\pi}{4}(D - 2e)^2 + n\frac{\pi}{4}(d + 2e)^2 \tag{5 – 57}$$

自由容积仍用式（5 – 54）计算，但其中的 A_p 需按式（5 – 57）计算。

5.4.2　星孔装药几何参数

星孔装药又称星形装药，这种装药可以利用不同的星孔几何尺寸获得等面、增面和减面的燃烧特性；同时，采用贴壁浇注工艺，既解决了大尺寸装药

的成型和支撑问题,又可以使高温燃气不与燃烧室壳体壁面直接接触,降低了燃烧室壳体的受热,相当于增强了壳体强度。其缺点是装药形状复杂,药模加工困难,内孔星尖处容易产生应力集中,同时燃烧结束时有余药等。

星孔装药燃烧示意图如图 5 – 10(a)所示,表征星孔装药几何尺寸的主要参数列于表 5 – 2 中。由图 5 – 10 可知,装药总肉厚 e_p、特征长度 l 与装药外径 D、星尖圆弧半径 r 之间存在如下关系:

$$e_p = \frac{D}{2} - l - r \tag{5-58}$$

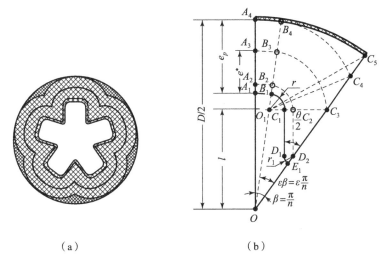

(a)　　　　　　　　　(b)

图 5 – 10　星孔装药燃烧示意图

(a)星孔装药截面形状;(b)星孔装药结构尺寸

表 5 – 2　星孔装药的主要几何参数

名称	符号	名称	符号
星角数	n	角分数	ε
星根半角	$\dfrac{\theta}{2}$	星孔半角	$\beta = \dfrac{\pi}{n}$
星尖圆弧半径	r	星根圆弧半径	r_1
装药外径	D	装药长度	L_p
装药总肉厚	e_p	特征长度	l

星孔装药沿周向一般是对称的,可用半个星角的周长 s_i 来计算周长,即有

$$\Pi = 2ns_i \tag{5-59}$$

通常情况下，星孔装药的外侧面及端面都要包覆，在燃烧过程中装药长度和星角数不变，因此燃烧面积可表示为

$$A_b = \Pi \cdot L_p = 2ns_i \cdot L_p \tag{5-60}$$

类似地，半个星角的通气面积用 A_{pi} 表示，总通气面积为

$$A_p = 2nA_{pi} \tag{5-61}$$

当端面不包覆时，与圆孔装药类似，需要考虑装药长度 L_p 的变化。半个星角周长 s_i 的变化如图 5-10（b）中虚线所示。星孔装药的燃烧可分为四个阶段，即星根半角消失前、星边消失前、星边消失后和余药。

1. 星根半角消失前（$0 \leqslant e < r_1$）

从图 5-10（b）中可以看出，初始时半个星角的周长 s_i 包括四部分，分别为弧长 A_1B_1、弧长 B_1C_1、线段 C_1D_1 和弧长 D_1E_1，其中弧长 D_1E_1 随着燃烧不断减小，直到消失于 D_2 点。当烧去任意肉厚 e 时，周长 s_i 可表示为（式中四项分别对应四部分）

$$s_i = (l + r + e)(1-\varepsilon)\beta + (r+e)\left(\varepsilon\beta + \frac{\pi}{2} - \frac{\theta}{2}\right) + \left[\frac{l\sin(\varepsilon\beta)}{\sin(\theta/2)} - (r+r_1)\cot\frac{\theta}{2}\right] + (r_1 - e)\left(\frac{\pi}{2} - \frac{\theta}{2}\right)$$

在该阶段，线段 C_1D_1 保持不变。上式可整理成

$$s_i = \frac{l\sin(\varepsilon\beta)}{\sin(\theta/2)} + l(1-\varepsilon)\beta + (r+r_1)\left(\frac{\pi}{2} + \beta - \frac{\theta}{2} - \cot\frac{\theta}{2}\right) - \beta r_1 + \beta e \tag{5-62}$$

可见，在该阶段燃烧面积呈弱增面变化。通气面积为

$$A_{pi} = \frac{l^2}{2}\left\{(1-\varepsilon)\beta + \sin(\varepsilon\beta)\left[\cos(\varepsilon\beta) - \sin(\varepsilon\beta)\cot\frac{\theta}{2}\right]\right\} + l(r+e)\left[\frac{\sin(\varepsilon\beta)}{\sin(\theta/2)} + (1-\varepsilon)\beta\right] + \frac{1}{2}(r+e)^2\left(\frac{\pi}{2} + \beta - \frac{\theta}{2} - \cot\frac{\theta}{2}\right) + \frac{1}{2}(r_1 - e)^2\left(\cot\frac{\theta}{2} + \frac{\theta}{2} - \frac{\pi}{2}\right) \tag{5-63}$$

令 $e = 0$ 即可得到初始燃烧面积和通气面积。

有些星孔装药没有星根半角，即 $r_1 = 0$，称为尖角星孔装药，这时就没有该阶段的燃烧，可以直接从第二阶段开始计算。

2. 星边消失前 ($r_1 \leq e < e^*$)

当燃烧从点 C_1 烧到点 C_3 时，装药的星角消失，肉厚 e^* 表示点 C_1 到点 C_3 的距离，即

$$e^* = \frac{l\sin(\varepsilon\beta)}{\cos(\theta/2)} - r \tag{5-64}$$

在该阶段，周长 s_i 只包括三部分，分别为弧长 A_2B_2、弧长 B_2C_2 和线段 C_2D_2，其中线段 C_2D_2 随着燃烧不断减小，直到消失于 C_3 点。当烧去任意肉厚为 e 时，周长 s_i 可表示为

$$s_i = (l+r+e)(1-\varepsilon)\beta + (r+e)\left(\varepsilon\beta + \frac{\pi}{2} - \frac{\theta}{2}\right) + \left[\frac{l\sin(\varepsilon\beta)}{\sin(\theta/2)} - (r+e)\cot\frac{\theta}{2}\right]$$

或整理为

$$s_i = \frac{l\sin(\varepsilon\beta)}{\sin(\theta/2)} + l(1-\varepsilon)\beta + (r+e)\left(\frac{\pi}{2} + \beta - \frac{\theta}{2} - \cot\frac{\theta}{2}\right) \tag{5-65}$$

通气面积则为

$$A_{pi} = \frac{l^2}{2}\left\{(1-\varepsilon)\beta + \sin(\varepsilon\beta)\left[\cos(\varepsilon\beta) - \sin(\varepsilon\beta)\cot\frac{\theta}{2}\right]\right\} + l(r+e)\left[\frac{\sin(\varepsilon\beta)}{\sin(\theta/2)} + (1-\varepsilon)\beta\right] + \frac{1}{2}(r+e)^2\left(\frac{\pi}{2} + \beta - \frac{\theta}{2} - \cot\frac{\theta}{2}\right) \tag{5-66}$$

分析该阶段燃烧面积的变化规律可以发现，燃烧面积随肉厚呈线性变化，是线性增加还是线性减小则取决于式（5-65）右端第三项的符号，即

$$\begin{cases} \frac{\pi}{2} + \beta - \frac{\theta}{2} - \cot\frac{\theta}{2} > 0 \text{ 时}, & \text{增面} \\ \frac{\pi}{2} + \beta - \frac{\theta}{2} - \cot\frac{\theta}{2} = 0 \text{ 时}, & \text{等面} \\ \frac{\pi}{2} + \beta - \frac{\theta}{2} - \cot\frac{\theta}{2} < 0 \text{ 时}, & \text{减面} \end{cases} \tag{5-67}$$

可见，星角数 n 与星根半角 $\theta/2$ 之间的关系决定了燃烧面积的变化特性。为了方便，将等面燃烧对应的星根半角定义为等面角，并用 $\bar{\theta}/2$ 表示，即

$$\frac{\pi}{2} + \beta - \frac{\bar{\theta}}{2} - \cot\frac{\bar{\theta}}{2} = 0 \tag{5-68}$$

于是，当 $\frac{\theta}{2} < \frac{\overline{\theta}}{2}$ 时，为减面燃烧；当 $\frac{\theta}{2} > \frac{\overline{\theta}}{2}$ 时，为增面燃烧；当 $\frac{\theta}{2} = \frac{\overline{\theta}}{2}$ 时，为等面燃烧。不同星角数 n 对应的等面角见表 5-3。

表 5-3 不同星角数 n 对应的等面角

n	3	4	5	6	7	8	9	10	11	12
$\frac{\overline{\theta}}{2}/(°)$	24.55	25.21	31.12	33.53	35.55	37.30	35.83	40.20	41.41	42.52

3. 星边消失后（$e^* \leqslant e < e_p$）

装药的星边消失后，周长 s_i 只包括两部分，分别为弧长 A_3B_3 和弧长 B_3C_3，其中弧长 B_3C_3 随着燃烧不断变化。当烧去任意肉厚为 e 时，周长 s_i 表示为

$$s_i = (l + r + e)(1 - \varepsilon)\beta + (r + e)\left[\varepsilon\beta + \arcsin\frac{l\sin(\varepsilon\beta)}{r + e}\right]$$

可整理成

$$s_i = l(1 - \varepsilon)\beta + (r + e)\left[\beta + \arcsin\frac{l\sin(\varepsilon\beta)}{r + e}\right] \quad (5-69)$$

通气面积为

$$A_{pi} = \frac{1}{2}\left\{(l + r + e)^2(1 - \varepsilon)\beta + (r + e)^2\left[\varepsilon\beta + \arcsin\frac{l\sin(\varepsilon\beta)}{r + e}\right] + l\sin(\varepsilon\beta)\left[\sqrt{(r + e)^2 - l^2\sin^2(\varepsilon\beta)} + l\cos(\varepsilon\beta)\right]\right\} \quad (5-70)$$

4. 余药（$e_p \leqslant e < \overline{O_1C_5} - r$）

对于形状复杂的装药（如星孔装药、轮孔装药、树枝形装药、翼柱形装药等），当燃烧肉厚 e 达到总肉厚 e_p 时，会剩下互不相连的若干装药药块，其数量取决于装药的结构特征，对于星孔装药即等于星角数，这些药块称为装药的余药。产生余药是复杂装药的主要特点之一，在设计时必须控制余药的大小。如图 5-11 所示，星孔装药的余药燃烧是以 O_1 点为中心，半径从 $\overline{O_1C_4}$ 逐渐扩大直到 $\overline{O_1C_5}$ 为止。由几何关系，可知

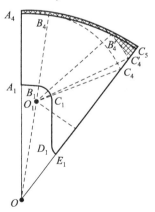

图 5-11 星孔装药余药燃烧示意图

$$\overline{O_1C_5} = \sqrt{l^2 + \frac{D^2}{4} - lD\cos(\varepsilon\beta)}$$

在该阶段，周长 s_i 只包括弧长 B_4C_4，且 B_4C_4 随着燃烧不断减小，直到消失。当烧去任意肉厚为 e 时，周长 s_i（即弧长 $B_4'C_4'$）可表示为

$$s_i = (r+e)\left[\varepsilon\beta - \pi + \arccos\frac{l^2 + (r+e)^2 - (D/2)^2}{2l(r+e)} + \arcsin\frac{l\sin(\varepsilon\beta)}{r+e}\right] \tag{5-71}$$

通气面积为

$$A_{pi} = \frac{D^2}{8}\left[(1-\varepsilon)\beta + \arccos\frac{l^2 + (D/2)^2 - (r+e)^2}{lD}\right] +$$
$$\frac{(r+e)^2}{2}\left\{\arccos\frac{l^2 + (r+e)^2 - (D/2)^2}{2l(r+e)} - \left[\pi - \varepsilon\beta - \arcsin\frac{l\sin(\varepsilon\beta)}{r+e}\right]\right\} +$$
$$\frac{1}{2}l\sin(\varepsilon\beta)\left\{l\cos(\varepsilon\beta) + (r+e)\cos\left[\arcsin\frac{l\sin(\varepsilon\beta)}{r+e}\right]\right\} -$$
$$\frac{1}{4}lD\sin\left[\arccos\frac{l^2 + (D/2)^2 - (r+e)^2}{lD}\right] \tag{5-72}$$

星孔装药的余药大小可以用余药面积 A_f 来表示，即图 5-11 中 $B_4C_4C_5$ 所包围的面积。可以推出

$$A_f = \frac{\pi D^2}{4} - A_{p(e=e_p)} \tag{5-73}$$

由式（5-70），$e = e_p$ 时的通气面积为

$$A_{p(e=e_p)} = 2nA_{pi(e=e_p)}$$
$$= n\left\{(l+r+e_p)^2(1-\varepsilon)\beta + (r+e_p)^2\left[\varepsilon\beta + \arcsin\frac{l\sin(\varepsilon\beta)}{r+e_p}\right] + l\sin(\varepsilon\beta)\left[\sqrt{(r+e_p)^2 - l^2\sin^2(\varepsilon\beta)} + l\cos(\varepsilon\beta)\right]\right\}$$

考虑到式（5-58），即

$$\frac{D}{2} = l + r + e_p$$

因此，余药面积为

$$A_f = \frac{\varepsilon\pi D^2}{4} - n(r+e_p)^2\left[\varepsilon\beta + \arcsin\frac{l\sin(\varepsilon\beta)}{r+e_p}\right] - nl\sin(\varepsilon\beta)\left[\sqrt{(r+e_p)^2 - l^2\sin^2(\varepsilon\beta)} + l\cos(\varepsilon\beta)\right] \tag{5-74}$$

所有阶段的自由容积均可用式（5-45）计算，但应注意不同阶段的通气面积 A_p 的计算公式不同。

星孔装药燃面变化的三种类型如图 5-12 所示，从图中可明显看出上述四个燃烧阶段：第一阶段为增面燃烧；第二阶段为燃烧面积的变化，根据星根半角 $\theta/2$ 与等面角的关系，可分为减面型、等面型和增面型三种类型；第三阶段为增面燃烧；第四阶段为余药的减面燃烧。

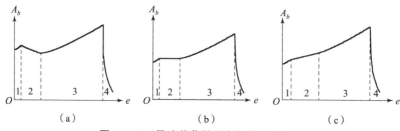

图 5-12 星孔装药燃面变化的三种类型
（a）减面型星孔装药；（b）等面型星孔装药；（c）增面型星孔装药

5.4.3 平衡压强随时间变化的计算

由平衡压强式（5-15）或式（5-17）可知，在燃烧过程中平衡压强是随燃烧面积的变化而变化的，因此平衡压强也随着燃烧时间变化。$p_{eq}-t$ 曲线的计算过程如图 5-13 所示，其中，已知燃面求平衡压强的计算过程可参考图 5-2。

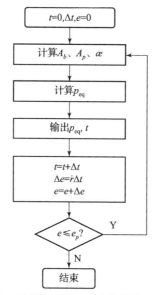

图 5-13 平衡压强随时间变化计算过程示意图

5.5 零维内弹道计算与分析

零维内弹道计算的主要目的是得出压强 – 时间（$p-t$）曲线，从而进一步计算出推力 – 时间（$F-t$）曲线，有时还需要得到质量流率 – 时间（$\dot{m}-t$）曲线，为火箭武器提供设计依据。

如前所述，通过装药的几何参数变化可以计算出平衡压强随时间（$p_{eq}-t$）的变化规律，在精度要求不高的情况下可以作为一种 $p-t$ 曲线的近似结果，而更精确的计算则需要求解零维内弹道方程（5 – 8），本节主要介绍其计算方法。

5.5.1 压强 – 时间曲线微分方程分析

将质量流率式（5 – 2）代入零维内弹道方程（5 – 8），可得

$$\frac{V_g}{\chi RT_0}\frac{\mathrm{d}p}{\mathrm{d}t}=(\rho_p-\rho)A_b\dot{r}-\frac{\varphi_{\dot{m}}\Gamma pA_t}{\sqrt{\chi RT_0}} \qquad (5-75)$$

注意，质量流率公式中的压强为喷管入口的滞止压强 p_{02}，p_{02} 在数值上等于燃烧室的平均压强 p；另外，燃烧室中的温度假设是不变的，即有 $T=T_1=T_{01}=T_0$。考虑到燃气的热状态方程和指数燃速公式，可将内弹道方程写成

$$\frac{V_g}{\chi RT_0}\frac{\mathrm{d}p}{\mathrm{d}t}=\left(\rho_p-\frac{p}{\chi RT_0}\right)A_b a p^n \varphi(\mathfrak{X})-\frac{\varphi_{\dot{m}}\Gamma pA_t}{\sqrt{\chi RT_0}} \qquad (5-76)$$

整理得

$$\frac{\mathrm{d}p}{\mathrm{d}t}=\frac{\rho_p A_b a\varphi(\mathfrak{X})\chi RT_0}{V_g}p^n-\frac{A_b a\varphi(\mathfrak{X})}{V_g}p^{1+n}-\frac{\varphi_{\dot{m}}\sqrt{\chi RT_0}\Gamma A_t}{V_g}p \qquad (5-77)$$

考虑特征速度公式（7 – 101），式（5 – 77）可写成

$$\frac{\mathrm{d}p}{\mathrm{d}t}=\frac{\rho_p A_b a\varphi(\mathfrak{X})\Gamma^2 c^{*2}}{V_g}p^n-\frac{A_b a\varphi(\mathfrak{X})}{V_g}p^{1+n}-\frac{\varphi_{\dot{m}}\Gamma^2 c^* A_t}{V_g}p \qquad (5-78)$$

如果忽略燃气的填充量，则有

$$\frac{\mathrm{d}p}{\mathrm{d}t}=\frac{\rho_p A_b a\varphi(\mathfrak{X})\chi RT_0}{V_g}p^n-\frac{\varphi_{\dot{m}}\sqrt{\chi RT_0}\Gamma A_t}{V_g}p \qquad (5-79)$$

或

$$\frac{\mathrm{d}p}{\mathrm{d}t}=\frac{\rho_p A_b a\varphi(\mathfrak{X})\Gamma^2 c^{*2}}{V_g}p^n-\frac{\varphi_{\dot{m}}\Gamma^2 c^* A_t}{V_g}p \qquad (5-80)$$

上述各式即为零维内弹道计算的微分方程。在定常或准定常条件下，方程中的系数均为常数，因此，零维内弹道方程是一阶常系数微分方程，可使用龙格 – 库塔（Runge – Kutta）法求解。

5.5.2 四阶龙格 – 库塔法介绍

四阶龙格 – 库塔法具有较高的积分精度，常用于一阶常系数微分方程或方程组的求解。对于一般形式的一阶常系数微分方程

$$\frac{\mathrm{d}p}{\mathrm{d}t} = f(p, t)$$

已知在某时刻 t_n 的函数值为 p_n，可以计算出如下 4 个系数：

$$\begin{cases} k_1 = f(p_n, t_n) \\ k_2 = f\left(p_n + \dfrac{k_1}{2}\Delta t, t_n + \dfrac{\Delta t}{2}\right) \\ k_3 = f\left(p_n + \dfrac{k_2}{2}\Delta t, t_n + \dfrac{\Delta t}{2}\right) \\ k_4 = f(p_n + k_3 \Delta t, t_n + \Delta t) \end{cases} \quad (5-81)$$

则下一时刻 $t_{n+1} = t_n + \Delta t$ 时的函数值 p_{n+1} 为

$$p_{n+1} = p_n + \frac{\Delta t}{6}(k_1 + 2k_2 + 2k_3 + k_4) \quad (5-82)$$

这就是四阶龙格 – 库塔法。其中，Δt 为时间步长。

一般而言，步长 Δt 越小即积分间隔越小，则计算精度越高。但是，随着步长的减小，计算步骤增多，龙格 – 库塔法的误差积累也趋于严重，因此，必须合理选取步长。固体火箭发动机的零维内弹道计算通常取 $\Delta t = 0.01 \sim 0.2 \mathrm{~s}$。如果在整个计算过程中将步长 Δt 取为定值，则称为定步长龙格 – 库塔法，否则称为变步长法，其求解更精确，但计算时间增加，这里不做介绍。

5.5.3 计算步骤

内弹道方程（5 – 77）~ 内弹道方程（5 – 80），在定常或准定常假设下为常系数微分方程，可以利用龙格 – 库塔法求解。计算时，需要已知函数的初值，即 $t = 0$ 时的函数值 p。在固体火箭发动机计算中，一般取点火压强为积分初值，即 $p_{(t=0)} = p_{ig}$。取步长 Δt，则积分计算过程如图 5 – 14 所示，各计算步骤如下。

（1）设定初值，即 $t = 0$ 时 $e(t) = 0$，$p(t) = p_{ig}$。

（2）计算当前肉厚 e 下的 A_b、A_p 和 V_g，以及通气参量 $\mathit{æ}$、侵蚀函数 $\varphi(\mathit{æ})$ 和方程的各系数。

（3）利用龙格-库塔法解出 $t+\Delta t$ 时刻的压强 $p(t+\Delta t)$。

（4）利用式（5-41）计算 $t+\Delta t$ 时刻的肉厚：$e(t+\Delta t)=e(t)+\dot{r}(t)\Delta t$。

（5）判断：当 $e>e_p$ 时转入后效段计算，否则转入步骤（2）进行循环。

5.5.4 后效段计算

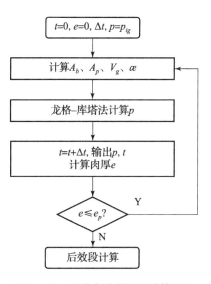

图 5-14 零维内弹道压强计算过程

零维内弹道的后效段有两种处理方式，一是考虑到在燃烧末期，由于存在余药、碎药而使燃气温度近似保持不变，可以处理成等温过程继续计算，因而计算方程不变；二是按等熵过程计算，即满足 $p/\rho^\gamma = \mathrm{const}$，这是因为燃烧结束以后，温度变化大，是一个纯排气过程，可近似为等熵流动。实际上，在压强下降的初始阶段可按等温计算，而压强下降到较低时可按等熵计算，因此可以将两种处理方式结合起来。

1. 等温过程计算

进入余药燃烧阶段时，方程仍为式（5-77）~ 式（5-80），但燃烧面积和通气面积需按余药变化规律计算，其余求解过程与前述内弹道完全相同。当余药燃烧结束时，对应的压强和时间分别为 p_f 和 t_f，燃烧面积 $A_b = 0$，燃烧室自由容积为 $V_g = V_c = \pi D_{ci}^2 L_c/4$（$L_c$ 为燃烧室长度），计算方程变为

$$\frac{\mathrm{d}p}{\mathrm{d}t} = -\frac{\varphi_{\dot{m}}\sqrt{\chi R T_0}\Gamma A_t}{V_c}p = -\frac{\varphi_{\dot{m}}\Gamma^2 c^* A_t}{V_c}p$$

或

$$\frac{\mathrm{d}p}{p} = -\frac{\varphi_{\dot{m}}\sqrt{\chi R T_0}\Gamma A_t}{V_c}\mathrm{d}t = -\frac{\varphi_{\dot{m}}\Gamma^2 c^* A_t}{V_c}\mathrm{d}t \tag{5-83}$$

积分得

$$p = p_f \mathrm{e}^{-\frac{\varphi_{\dot{m}}\sqrt{\chi R T_0}\Gamma A_t}{V_c}(t-t_f)} = p_f \mathrm{e}^{-\frac{\varphi_{\dot{m}}\Gamma^2 c^* A_t}{V_c}(t-t_f)} \tag{5-84}$$

等温过程计算的结束点可以认为是压强下降到推进剂临界压强 p_{cr} 对应的时刻 t_{cr}，即结束条件为 $p < p_{cr}$。如果余药开始燃烧时刻压强就已经变得低于 p_{cr}，

则不需进行等温计算。

对于等截面圆孔装药,如果没有余药,则 $p_f = p_b$,其中 p_b 是 $e = e_p$ 即燃烧结束时的压强。

2. 等熵过程计算

当压强降低到 p_{cr} 以下时,可以将排气过程当成等熵流动,使用拖尾段方程(5-13)进行计算。等熵方程为

$$\frac{p}{\rho^\gamma} = \text{const} \qquad (5-85)$$

将 p_{cr} 作为参考点,利用式(5-85)可得到等熵过程任意点的参数,即

$$\frac{p}{\rho^\gamma} = \frac{p_{cr}}{\rho_{cr}^\gamma}$$

令

$$C = \frac{p_{cr}}{\rho_{cr}^\gamma}$$

则有

$$\rho = \left(\frac{p}{C}\right)^{\frac{1}{\gamma}}$$

微分得

$$\mathrm{d}\rho = \frac{1}{\gamma} C^{-\frac{1}{\gamma}} p^{\frac{1}{\gamma}-1} \mathrm{d}p$$

代入拖尾段方程(5-13),可得

$$V_c \frac{1}{\gamma} C^{-\frac{1}{\gamma}} p^{\frac{1}{\gamma}-1} \frac{\mathrm{d}p}{\mathrm{d}t} = -\dot{m} = -\frac{\varphi_{\dot{m}} p A_t}{c^*}$$

积分得

$$p = \left[p_{cr}^{-\frac{\gamma-1}{\gamma}} + \frac{\gamma-1}{\gamma} C_{cr}(t - t_{cr}) \right]^{-\frac{\gamma}{\gamma-1}} \qquad (5-86)$$

式中,系数 C_{cr} 为

$$C_{cr} = \frac{\gamma C^{\frac{1}{\gamma}} A_t}{V_c c^*} = \frac{\gamma \varphi_{\dot{m}} p_{cr}^{\frac{1}{\gamma}} A_t}{\rho_{cr} V_c c^*} \qquad (5-87)$$

等熵排气时,燃烧室内的压强很低,而且下降程度逐渐趋缓。理论上,当压强降低到不满足喷管膨胀流动的力学条件(如 $p_e < p_a$)时,计算即可结束。在工程应用中,一般以工作时间 t_k 为计算结束点。

考虑后效段计算的内弹道计算框图如图 5-15 所示。各特征点 p_b、p_f 和 p_{cr}

如图 5-16 所示，其中由 $e \leqslant e_p$ 得到的最末一点压强为 p_b，由 $A_b \geqslant 0$ 得到的最末一点压强为 p_f。

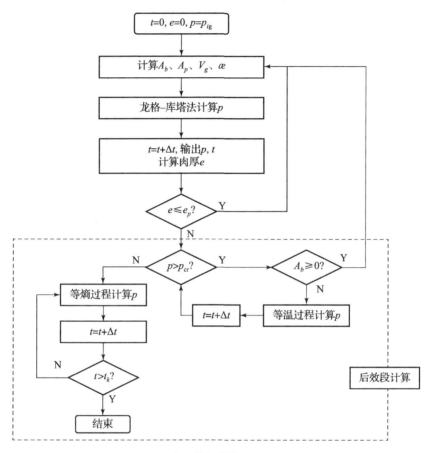

图 5-15　考虑后效段计算的内弹道计算框图

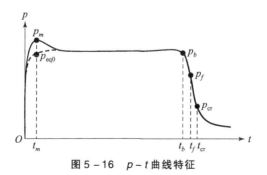

图 5-16　p-t 曲线特征

5.5.5 固体火箭发动机压强 – 时间曲线的特征

图 5 – 16 所示是等面燃烧装药固体火箭发动机零维 $p – t$ 曲线的典型形状，该曲线有以下特点。

（1）上升段、平衡段和后效段特征分明。

（2）在发动机工作的初期出现压强峰 p_m，称为初始压强峰。

（3）后效段有明显的拖尾，这是燃气的排气流动现象。

初始压强峰 p_m 的存在，给发动机设计带来了困难：首先，p_m 数值较大，增加了燃烧室的强度负荷，导致发动机结构质量增加。由于 p_m 持续的时间非常短，在大部分工作时间内压强都比较小，因而材料强度的储备过大。其次，初始压强峰使发动机内弹道的重现性变坏。然而，适当的初始压强峰也有积极的一面，如增加炮口速度，从而提高无控火箭密集度等。一般情况下，在发动机设计时应将初始压强峰 p_m 控制在适当范围之内。

影响初始压强峰 p_m 的因素主要有侵蚀燃烧效应、点火药量和发动机结构等。点火药量越大，初始压强峰越高，所以必须严格控制点火药量，通常先根据经验选取用量，再通过多次实验验证和调整得到合理的值。在发动机喷管喉部或出口截面上放置防潮密封塞，有的发动机点火装置放置在喉部，装药点火后需要一定的压强才能打开它们，有利于装药的可靠点燃，并可提高内弹道的重现性，但同时也会进一步加大初始压强峰，因此必须合理控制打开密封塞的压强。

由侵蚀燃烧效应引起的初始压强峰又称侵蚀压强峰，图 5 – 16 中的虚线表示 $\varphi(æ) = 1$ 即无侵蚀时的 $p – t$ 曲线。当存在侵蚀燃烧效应即 $\varphi(æ) > 1$ 时，为什么会引起压强峰呢？由 $p – t$ 曲线微分方程（5 – 10）或式（5 – 77）～式（5 – 80）可以看出，压强的变化取决于推进剂的燃气生成量（使压强升高）和通过喷管流出去的燃气量（使压强降低）。在发动机工作初期，装药通道最小，侵蚀燃烧效应最严重，由于燃气生成量的增大而引起了压强升高。随着燃烧的持续进行，促使压强下降的因素也在增长之中：一是压强升高时相应的喷管质量流率升高，使压强趋向降低；二是燃烧过程中装药通道的通气面积扩大，使 $\varphi(æ)$ 减小，因而燃气生成量也减少，使压强降低。因此，发动机工作初期的压强升降导致了初始压强峰的出现。

侵蚀燃烧效应对燃烧室压强的影响程度可用峰值比 r_p 来度量，定义为

$$r_p = \frac{p_m}{p_{eq0}} \tag{5 – 88}$$

式中，p_{eq0} 为同一面喉比时与侵蚀压强峰对应时刻的无侵蚀平衡压强，如

图 5 – 16 所示。由平衡压强公式（5 – 22）可得

$$r_p = \varphi(œ)^{\frac{1}{1-n}} \tag{5 – 89}$$

对式（5 – 89）取对数并微分，有

$$\frac{\Delta r_p}{r_p} = \frac{1}{1-n} \frac{\Delta \varphi(œ)}{\varphi(œ)} \tag{5 – 90}$$

可见，峰值比 r_p 的变化量是侵蚀函数变化量的 $1/(1-n)$ 倍。所以，降低推进剂的燃速压强指数 n、减小通气参量 $œ$ 和喉通比 J 值以控制侵蚀燃烧效应，是减小侵蚀压强峰的有效途径。但是，减小 $œ$ 和 J 值必然降低发动机的装药装填密度，从而使火箭的总体性能变坏。因此，发动机总体设计必须权衡综合性能，即在燃烧室壳体强度允许条件下应尽量增大 $œ$ 和 J 值以获得足够大的装药装填密度，同时又不致引起太高的初始压强峰。图 5 – 17 给出了几个成功的发动机设计方案，它们都能起到既增大装药装填密度，又减小侵蚀效应的作用。

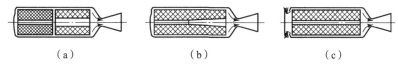

图 5 – 17　减小侵蚀压强峰的装药结构
(a) 变尺寸分段装药；(b) 锥形内孔装药；(c) 两端喷气发动机

5.5.6　燃烧室头部压强计算

在工程设计中应用较多的发动机压强参数是头部压强 p_1，这是因为一方面此处的压强最高，在设计中必须考虑；另一方面，多数发动机实验测量的也是头部压强 p_1。零维内弹道计算出的压强为燃烧室平均静压强，与喷管入口处的滞止压强 p_{02} 近似相等，因此有必要将其换算成头部压强。

由式（5 – 45）可知，对等截面装药通道，任一截面的总压 p_0 与头部截面总压 p_{01} 的关系为

$$p_{01} = p_0 f(\lambda)$$

式中，$f(\lambda)$ 为气体动力学函数，其定义见式（5 – 47）；λ 是燃气的速度系数。在发动机头部，流速 $V_1 = 0$，因而 $p_1 = p_{01}$。将上式应用于装药通道末端的截面，有

$$p_1 = p_{02} f(\lambda_2)$$

注意，式中的 p_{02} 与燃烧室平均压强（即这里的 p）是相等的。所以，上式可写成

$$p_1 = p f(\lambda_2) \tag{5 – 91}$$

装药通道末端 2-2 截面的速度系数 λ_2 可通过喉通比 J 由式（5-66）计算，即

$$J = \frac{A_t}{A_p} = q(\lambda_2) \tag{5-92}$$

于是，对任意时刻，计算出 λ_2 后，就可以用式（5-91）将平均压强 p 换算成头部压强 p_1 值。

5.6 特殊装药发动机的内弹道

固体火箭发动机作为一种高可靠性、低成本的动力装置，为满足各种各样的任务需求，对推力方案的要求是多种多样的。不同的推力方案涉及不同的推进剂装药形式，有时甚至使用不同的推进剂。根据任务特点，火箭发动机通常可分为助推、续航以及"助推+续航"等几种类型，与之相应的推力方案也很不相同。一般地，为了同时满足"助推+续航"的要求，大多采用多级推力发动机。注意，多级推力发动机在概念上不同于多级火箭。双推力是多级推力发动机常用的推力方案，通常称为双推力发动机，如图 5-18 所示。这种发动机启动后有一个工作时间较短的高推力的助推段，在助推段结束时达到预定的飞行速度，然后在较长时间内形成一个低推力的续航段，用以进一步提高飞行器的飞行速度，或者用以克服空气阻力和重力的影响。高推力助推的主要目的是使反坦克导弹、防空导弹或战术导弹能尽快达到要求的飞行控制速度，或者增加无控火箭的炮口速度以提高火箭密集度。

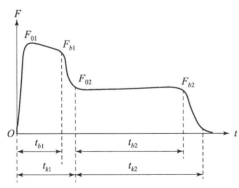

图 5-18 双推力发动机的推力-时间曲线

F_0—初始推力；F_b—燃烧结束推力；t_b—燃烧时间；t_k—工作时间；
下标：1——级推力，2—二级推力

双推力发动机可以分为双室双推力、两次点火和单室双推力三种结构形式。双室双推力发动机由相互隔离的燃烧室和各自的喷管组成,可以看作两个独立的发动机单独工作以实现连续或间断的双推力;二次点火发动机由两个燃烧室和一个喷管组成,两个燃烧室可以采用完全独立的装药结构,通过二次点火实现间断的双推力;单室双推力发动机则共用一个燃烧室和一个喷管,通过采用不同的推进剂组合(串联、并联等)、不同燃速的推进剂或不同的装药结构实现双推力。

5.6.1 双室双推力发动机和两次点火发动机

典型的双室双推力发动机如图 5-19 所示。其中,图 5-19(a)为串联式双室双推力发动机。后装药 2 为助推装药,点燃后燃气从后喷管喷出,形成高推力的助推段。然后点燃前装药 1 即续航装药,燃气经过内喷管,在后燃烧室中膨胀、降压,最后从后喷管喷出,形成低推力的续航段。内喷管的作用是控制前燃烧室压强,使其不因过低而降低续航发动机的燃烧效率。燃气通过内喷管流向后燃烧室是一个通道截面积突然扩大的流动过程,将导致总压损失和流速减小。图 5-19(b)为并联式双室双推力发动机。助推装药点燃后,燃气通过周向分布的多喷管喷出,形成助推级。续航装药的燃气经长尾管从中心喷管喷出,形成续航级。两个燃烧室内的装药可以同时点燃,也可以依次点燃。

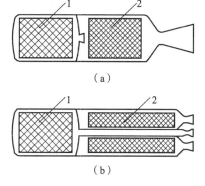

图 5-19 典型的双室双推力发动机
(a)串联式;(b)并联式
1—续航装药;2—助推装药

双推力发动机的推力比定义为两级推力之比。双室双推力发动机的优点是对推力比限制较小,通常推力比大于 8 时采用双室双推力较适宜。其缺点是结构较复杂,总压损失大,消极质量较大。由于双室双推力发动机可以看成两个独立的发动机,所以其内弹道计算方法与普通发动机完全相同,可以分别计算。

二次点火发动机由于采用了两个独立的燃烧室,只是共用喷管,因此其内弹道特性和计算方法与双室双推力发动机是类似的。

5.6.2 单室双推力发动机

单室双推力发动机的推力比是通过一定的压强比来实现的。助推级燃烧室压强不宜过高,否则将增大燃烧室壁厚而使火箭的消极质量增大,同时续航级压强过低时又将导致比冲下降,因此这类发动机的推力比一般不宜超过 8。

为了实现一定的压强比,单室双推力发动机通常采用特殊的装药组合形式,主要有以下三种。

(1) 相同推进剂的不同结构组合装药,如图 5 – 20 所示。

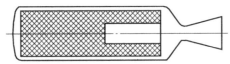

图 5 – 20　单室双推力发动机:相同推进剂的不同结构组合装药
注:助推装药:内侧面燃烧;续航装药:端面燃烧。

(2) 不同推进剂的并联组合(即双层组合)装药,如图 5 – 21 所示。

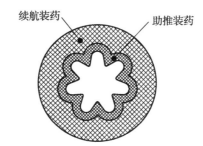

图 5 – 21　单室双推力发动机:不同推进剂的双层组合装药

(3) 不同推进剂的串联组合装药,如图 5 – 22 所示。

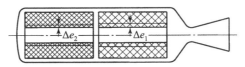

图 5 – 22　单室双推力发动机:不同推进剂的串联组合装药

对于不同推进剂串联组合的发动机,由于在同一时间段内有不同的推进剂在燃烧,需要重新建立其内弹道方程,后面将详细讨论。而前两种装药的单室双推力发动机在同一时间段内只有同一种推进剂在燃烧,其内弹道方程和计算方法与普通发动机完全相同,只是在装药的几何参数(如燃烧面积、通气面积、自由容积等)计算等方面需要进行更细致的处理——主要是发动机和装药在不同时间阶段的工作状况,即不同装药结构是单独工作还是共同工作、不同推进剂装药的参数是否一致等。需要注意的是,对于双层组合装药,实际燃烧过程并不严格按照几何燃烧定律进行,因此在两种装药的交界面上可能存在交叉现象,即两种推进剂同时燃烧,从而使推力的过渡段延长,导致内弹道计算误差增大。

5.6.3 不同推进剂串联组合装药发动机的内弹道

计算不同推进剂串联组合装药发动机（图 5 - 22）的内弹道特性时不能直接采用同种推进剂的数学模型，需要分别考虑不同推进剂的燃烧特性和物理性能。其中，除自由容积的变化 $\mathrm{d}V_g$ 和燃气生成量 $\dot{m}_b$ 必须分别计算不同推进剂所产生的燃气外，其余过程与一般的内弹道模型相同。自由容积变化和燃气生成量分别为

$$\frac{\mathrm{d}V_g}{\mathrm{d}t} = A_{b1}\dot{r}_1 + A_{b2}\dot{r}_2 \tag{5-93}$$

$$\dot{m}_b = \rho_{p1}A_{b1}\dot{r}_1 + \rho_{p2}A_{b2}\dot{r}_2 \tag{5-94}$$

式中，ρ_{p1}、A_{b1}、$\dot{r}_1$ 和 ρ_{p2}、A_{b2}、$\dot{r}_2$ 分别表示第一种和第二种推进剂的密度、燃面和燃速。代入式（5-1），可以建立零维内弹道计算的微分方程，即

$$\frac{V_g}{\chi RT_0}\frac{\mathrm{d}p}{\mathrm{d}t} = (\rho_{p1}-\rho)A_{b1}\dot{r}_1 + (\rho_{p2}-\rho)A_{b2}\dot{r}_2 - \dot{m} \tag{5-95}$$

在近似计算时，忽略燃气填充量，则有

$$\frac{V_g}{\chi RT_0}\frac{\mathrm{d}p}{\mathrm{d}t} = \rho_{p1}A_{b1}\dot{r}_1 + \rho_{p2}A_{b2}\dot{r}_2 - \dot{m} \tag{5-96}$$

燃烧结束时的后效段方程仍为式（5-13）。

取指数燃速公式，即

$$\dot{r}_1 = a_1 p^{n_1}\varphi_1(æ), \quad \dot{r}_2 = a_2 p^{n_2}\varphi_2(æ)$$

令式（5-95）中的压强变化率 $\mathrm{d}p/\mathrm{d}t = 0$ 可得平衡压强 p_{eq}，有

$$\rho_{p1}A_{b1}\dot{r}_1\left(1-\frac{\rho}{\rho_{p1}}\right) + \rho_{p2}A_{b2}\dot{r}_2\left(1-\frac{\rho}{\rho_{p2}}\right) - \dot{m} = 0 \tag{5-97}$$

若忽略燃气填充量，则

$$\rho_{p1}A_{b1}\dot{r}_1 + \rho_{p2}A_{b2}\dot{r}_2 - \dot{m} = 0 \tag{5-98}$$

显然，求解上述方程也需要迭代过程，计算时需要注意不同推进剂装药的特征速度 c^* 的处理。特征速度表征燃烧过程的能量特性，不同推进剂、不同工作压强的特征速度是不同的，但在共同的燃烧过程中，需要有一个平均值，可以推进剂的燃气生成量为权重进行取值，即

$$c^* = \frac{\dot{m}_{b1}c_1^* + \dot{m}_{b2}c_2^*}{\dot{m}_{b1} + \dot{m}_{b2}} \tag{5-99}$$

式中，$\dot{m}_{b1}$、c_1^* 和 $\dot{m}_{b2}$、c_2^* 分别为第一种推进剂和第二种推进剂的燃气生成量与特征速度。积分式（5-99）还可以得到以推进剂质量为权重处理的特征速度平均值，则有

$$c^* = \frac{m_{p1}c_1^* + m_{p2}c_2^*}{m_{p1} + m_{p2}} \quad (5-100)$$

式中，m_{p1} 和 m_{p2} 分别为相同时刻下烧去的推进剂质量。

将指数燃速公式代入式（5-95），并考虑特征速度和质量流率公式，整理可得

$$\frac{\mathrm{d}p}{\mathrm{d}t} = \frac{\Gamma^2 c^{*2}}{V_g}[\rho_{p1}A_{b1}a_1 p^{n_1}\varphi_1(\mathit{œ}) + \rho_{p2}A_{b2}a_2 p^{n_2}\varphi_2(\mathit{œ})] -$$
$$\frac{1}{V_g}(A_{b1}a_1 p^{1+n_1} + A_{b2}a_2 p^{1+n_2} + \varphi_{\dot{m}}\Gamma^2 c^* A_t p) \quad (5-101)$$

或改写成

$$\frac{\mathrm{d}p}{\mathrm{d}t} = C_1 p^{n_1} + C_2 p^{n_2} - C_3 p^{1+n_1} - C_4 p^{1+n_2} - C_5 p \quad (5-102)$$

式中，各系数定义为

$$\begin{cases} C_1 = \dfrac{\Gamma^2 c^{*2}}{V_g}\rho_{p1}A_{b1}a_1\varphi_1(\mathit{œ}), & C_2 = \dfrac{\Gamma^2 c^{*2}}{V_g}\rho_{p2}A_{b2}a_2\varphi_2(\mathit{œ}) \\ C_3 = \dfrac{1}{V_g}A_{b1}a_1, & C_4 = \dfrac{1}{V_g}A_{b2}a_2 \\ C_5 = \dfrac{1}{V_g}\varphi_{\dot{m}}\Gamma^2 c^* A_t \end{cases} \quad (5-103)$$

由于燃面 A_{b1}、A_{b2} 和自由容积 V_g 均随时间 t 或肉厚 e 变化，所以上述系数也是变化的，但在准定常计算中给定时刻的系数则为常数，因而式（5-102）是标准的常系数微分方程，可使用龙格-库塔法迭代求解，计算框图如图5-23所示。

在计算中，还需要注意处理不同推进剂装药的肉厚关系。对于单推力发动机，一般两种推进剂同时燃烧结束；而对于双推力或多推力发动机，燃烧可能不是同时结束（如肉厚不同），计算时需要将已完成燃烧的推进剂装药所对应的系数置为零（实际上燃烧面积为零）。因此，式（5-95）是不同推进剂串联装药发动机的通用内弹道计算公式，既适用于单推力发动机，也适用于双推力发动机。

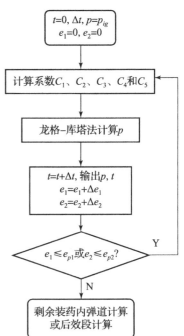

图5-23 不同推进剂串联组合装药发动机的内弹道计算框图

对于三种以上推进剂，按上述类似方法也可建立零维内弹道数学模型和计算方法，这里不再赘述。

5.7 一维内弹道

零维内弹道预估的参数主要是燃烧室平均压强，以此为基础可以得到固体火箭发动机的许多重要性能参数。但是，零维内弹道计算得不到流动参数沿燃烧室轴向的变化，而一维内弹道计算则可以弥补这一缺陷，即不但考虑压强随时间的变化，还考虑在燃烧室中各个截面的变化。燃气在燃烧室内的流动规律是一维内弹道的基础，可以直接利用燃烧室中燃气一维流动的控制方程组。本节主要介绍燃气为纯气相时的一维内弹道的特点及其求解方法。

5.7.1 一维内弹道方程组

第5章在一些假设基础上建立了无黏理想气体一维准定常流动控制方程组，包括连续方程、动量方程和能量方程，现将它们重新编号如下：

$$\begin{cases} \dfrac{\mathrm{d}}{\mathrm{d}x}(\rho V A_p) = \rho_p \dot{r} \dfrac{\mathrm{d}A_b}{\mathrm{d}x} \\ \dfrac{\mathrm{d}}{\mathrm{d}x}\left[(p+\rho V^2)A_p\right] = p \dfrac{\mathrm{d}A_p}{\mathrm{d}x} \\ \mathrm{d}\left(h+\dfrac{V^2}{2}\right) = 0 \end{cases} \quad (5-104)$$

这就是一维内弹道计算的方程组。注意，方程组中虽然没有显式地出现时间变量，但在准定常条件下各参数均是随时间变化的。

为适合龙格 - 库塔法求解，需要将式（5 - 104）改写成如下形式：

$$\begin{cases} \dfrac{\mathrm{d}p}{\mathrm{d}x} = f(x,p,V) \\ \dfrac{\mathrm{d}V}{\mathrm{d}x} = g(x,p,V) \end{cases} \quad (5-105)$$

因此，在微分方程组（5 - 104）中必须消去密度微分项和温度微分项。将式（5 - 104）中的第一式和第二式即连续方程和动量方程展开，分别有

$$\begin{cases} V^2 \dfrac{\mathrm{d}\rho}{\mathrm{d}x} + \rho V \dfrac{\mathrm{d}V}{\mathrm{d}x} = \dfrac{\rho_p \dot{r} V}{A_p}\dfrac{\mathrm{d}A_b}{\mathrm{d}x} - \dfrac{\rho V^2}{A_p}\dfrac{\mathrm{d}A_p}{\mathrm{d}x} \\ \dfrac{\mathrm{d}p}{\mathrm{d}x} + V^2 \dfrac{\mathrm{d}\rho}{\mathrm{d}x} + 2\rho V \dfrac{\mathrm{d}V}{\mathrm{d}x} = -\dfrac{\rho V^2}{A_p}\dfrac{\mathrm{d}A_p}{\mathrm{d}x} \end{cases} \quad (\text{a})$$

两式相减可以消去密度微分项，即

$$\frac{dp}{dx} + \rho V \frac{dV}{dx} = -\frac{\rho_p \dot{r} V}{A_p} \frac{dA_b}{dx} \quad (b)$$

利用量热状态方程（5-31）和理想气体定压比热

$$c_p = \frac{\gamma R}{\gamma - 1}$$

可以将式（5-104）中的第三式即能量方程改写为

$$\frac{d(RT)}{dx} + \frac{\gamma - 1}{\gamma} V \frac{dV}{dx} = 0$$

由微分热状态方程 $p = \rho RT$，可得

$$\frac{dp}{dx} = RT \frac{d\rho}{dx} + \rho \frac{d(RT)}{dx}$$

联立以上两式，消去温度微分项，有

$$\frac{dp}{dx} = RT \frac{d\rho}{dx} - \frac{\gamma - 1}{\gamma} \cdot \rho V \frac{dV}{dx}$$

联立上式和式（a），消去密度微分项，又有

$$\frac{dp}{dx} + \left(\frac{\gamma-1}{\gamma} \cdot \rho V + \frac{p}{V}\right) \frac{dV}{dx} = RT \left(\frac{\rho_p \dot{r}}{VA_p} \frac{dA_b}{dx} - \frac{\rho}{A_p} \frac{dA_p}{dx}\right)$$

于是，联立上式与式（b），分别消去流速微分项和压强微分项，可以得到压强微分方程和速度微分方程，即

$$\begin{cases} \dfrac{dp}{dx} = \dfrac{\gamma p}{A_p} \dfrac{V^2}{a^2 - V^2} \dfrac{dA_p}{dx} - \dfrac{\rho_p \dot{r} V}{A_p} \dfrac{2a^2 + (\gamma - 1)V^2}{a^2 - V^2} \dfrac{dA_b}{dx} \\ \dfrac{dV}{dx} = -\dfrac{V}{A_p} \dfrac{a^2}{a^2 - V^2} \dfrac{dA_p}{dx} + \dfrac{\rho_p \dot{r}}{A_p} \dfrac{a^2}{\gamma p} \dfrac{a^2 + \gamma V^2}{a^2 - V^2} \dfrac{dA_b}{dx} \end{cases}$$

式中，$a^2 = \gamma RT$ 为声速。以上两式即为适合龙格-库塔法求解的一维内弹道方程组。利用装药通道的湿周长关系

$$\Pi = \frac{dA_b}{dx}$$

可以将一维内弹道方程组写成

$$\begin{cases} \dfrac{dp}{dx} = \dfrac{\gamma p}{A_p} \dfrac{V^2}{a^2 - V^2} \dfrac{dA_p}{dx} - \dfrac{\rho_p \dot{r} \Pi V}{A_p} \dfrac{2a^2 + (\gamma - 1)V^2}{a^2 - V^2} \\ \dfrac{dV}{dx} = -\dfrac{V}{A_p} \dfrac{a^2}{a^2 - V^2} \dfrac{dA_p}{dx} + \dfrac{\rho_p \dot{r} \Pi}{A_p} \dfrac{a^2}{\gamma p} \dfrac{a^2 + \gamma V^2}{a^2 - V^2} \end{cases} \quad (5-106)$$

5.7.2 一阶常系数微分方程组的龙格-库塔解法

对于一般性的一阶常系数微分方程组

$$\begin{cases} \dfrac{\mathrm{d}p}{\mathrm{d}x} = f(x,p,V) \\ \dfrac{\mathrm{d}V}{\mathrm{d}x} = g(x,p,V) \end{cases}$$

式中，p 和 V 均随另一独立变量时间 t 而变化。准定常条件下，在某时刻 t，假设截面 x_n 处的函数值为 p_n 和 V_n，则下一截面 x_{n+1}（$x_{n+1} = x_n + \Delta x$，Δx 为空间步长）处的函数值 p_{n+1} 和 V_{n+1} 可用式（5-107）计算：

$$\begin{cases} p_{n+1} = p_n + \dfrac{\Delta x}{6}(k_1 + 2k_2 + 2k_3 + k_4) \\ V_{n+1} = V_n + \dfrac{\Delta x}{6}(q_1 + 2q_2 + 2q_3 + q_4) \end{cases} \quad (5-107)$$

式（5-107）中的系数分别为

$$\begin{cases} k_1 = f(x_n, p_n, V_n) \\ k_2 = f\left(x_n + \dfrac{\Delta x}{2}, p_n + \dfrac{k_1}{2}\Delta x, V_n + \dfrac{q_1}{2}\Delta x\right) \\ k_3 = f\left(x_n + \dfrac{\Delta x}{2}, p_n + \dfrac{k_2}{2}\Delta x, V_n + \dfrac{q_2}{2}\Delta x\right) \\ k_4 = f(x_n + \Delta x, p_n + k_3 \Delta x, V_n + q_3 \Delta x) \end{cases} \quad (5-108)$$

$$\begin{cases} q_1 = g(x_n, p_n, V_n) \\ q_2 = g\left(x_n + \dfrac{\Delta x}{2}, p_n + \dfrac{k_1}{2}\Delta x, V_n + \dfrac{q_1}{2}\Delta x\right) \\ q_3 = g\left(x_n + \dfrac{\Delta x}{2}, p_n + \dfrac{k_2}{2}\Delta x, V_n + \dfrac{q_2}{2}\Delta x\right) \\ q_4 = g(x_n + \Delta x, p_n + k_3 \Delta x, V_n + q_3 \Delta x) \end{cases} \quad (5-109)$$

这就是积分步长 Δx 不变的定步长龙格 - 库塔法。如果采用变步长积分则可以得到更精确的计算结果，这里不做介绍。

5.7.3 一维内弹道方程组的求解

利用定步长龙格 - 库塔法求解一维内弹道方程组时，将装药通道长度 L_p 划分成若干份，在燃烧室头部 $x=0$ 处的速度边界值为 $V=0$，而头部压强则需要通过迭代确定：首先假定一个 t 时刻的头部压强值 $p_{01}^{(t)}$（可以用 t 时刻的平衡压强），然后用龙格 - 库塔法依次求解装药通道的各截面，最终可得到 $x = L_p$ 处的静压值 $p_2^{(t)}$。于是，由气体动力学函数 $\pi(\lambda)$ 可以确定 $x = L_p$ 处的总压值 $p_{02}^{(t)}$，即

$$p_{02}^{(t)} = \frac{p_2^{(t)}}{\pi[\lambda_2^{(t)}]} \quad (5-110)$$

式中，下标"2"表示装药末端截面。燃烧室装药末端的质量流率和喷管质量流率（从装药末端至喷管出口假设为等熵流动）分别为

$$\dot{m}_2 = \rho_2 V_2 A_{p2} = \dot{m}_b = \rho_P \int_0^{L_p} \dot{r} \Pi \mathrm{d}x$$

$$\dot{m}_t = \frac{\varphi_{\dot{m}} p_{02} A_t}{c^*}$$

根据质量守恒关系，在准定常条件下，以上两个质量流率应是相等的，于是联立上述两式又可以得到一个装药末端的总压 p_{02}，即

$$p_{02} = \frac{\rho_P c^*}{\varphi_{\dot{m}} A_t} \int_0^{L_p} \dot{r} \Pi \mathrm{d}x \quad (5-111)$$

这个总压值 p_{02} 应与由式（5-110）确定的总压值 $p_{02}^{(t)}$ 相等，如果不相等则表明假设的头部压强值 $p_{01}^{(t)}$ 不正确，需要进行修正。头部压强值的修正可以用迭代公式

$$p_{01}^{(t')} = p_{01}^{(t)} - [p_{02}^{(t)} - p_{02}] \quad (5-112)$$

注意，式（5-112）左端的 $p_{01}^{(t')}$ 是修正后的头部压强值。修正 $p_{01}^{(t)}$ 后，又可以用龙格-库塔法依次求解装药通道各截面的压强和速度，这一迭代修正过程需要一直持续到满足精度要求为止。迭代精度可以用式（5-112）中的 $p_{01}^{(t)}$ 相对误差来判断，即

$$\left|\frac{p_{01}^{(t')} - p_{01}^{(t)}}{p_{01}^{(t)}}\right| \leqslant \varepsilon_p \quad (5-113)$$

式中，ε_p 为预设的精度要求。

完成上述迭代过程以后就可以得到 t 时刻的一维内弹道压强曲线。然后，用相同的方法求解 $t = t + \Delta t$ 时刻的压强曲线，依此类推，直到解出全部燃烧时间内的一维内弹道压强曲线，求解过程如图 5-24 所示。

后效段计算过程可参考零维内弹道。当符合等温条件时（余药燃烧），采用的计算方程仍为式（5-106）；当余药燃烧结束时，注意后效段条件，即 $\mathrm{d}A_p/\mathrm{d}x = 0$，通气面积为燃烧室内孔截面积；当纯粹是一个流动过程时，可参考气体动力学的有关知识。

5.8 内弹道性能的预示精度

无论是零维内弹道还是一维内弹道，都是在一定假设基础上建立的计算模

型，由于其具有简单、方便和计算快速的特点，在固体火箭发动机工程设计领域得到了广泛应用。但是，在发动机的实际工作过程中影响内弹道的参数很多，很难完全符合理想模型，导致各种计算误差的出现，从而影响内弹道的预示精度。因此，分析内弹道预示精度及其影响因素是非常必要的。

5.8.1 内弹道参数的随机偏差预估

这里着重讨论压强、质量流率和推力等主要内弹道参数的随机偏差预估。

1. 压强偏差预估

在发动机 p-t 曲线的平衡段，燃烧室内实际压强非常接近于平衡压强，因此各种因素对平衡压强的影响在很大程度上代表了对实际压强的影响。根据第 3 章定义的推进剂装药燃速初温敏感系数和指数燃速公式，有

$$\alpha_T = \left[\frac{1}{\dot{r}}\frac{\partial \dot{r}}{\partial T_i}\right]_p = \frac{1}{a}\frac{\partial a}{\partial T_i} \tag{5-114}$$

假设在初温 T_i 至标准初温 T_{st} 范围内，燃速初温敏感系数为常数，则积分式（5-114）并利用指数燃速公式，有

$$a = a_{st} \cdot e^{\alpha_T(T_i - T_{st})} = \frac{\dot{r}_{st}}{p_{st}^n} \cdot e^{\alpha_T(T_i - T_{st})} \tag{5-115}$$

式中，$\dot{r}_{st}$、a_{st} 和 p_{st} 分别为标准初温 T_{st} 下的燃速、燃速系数和压强。将式（5-115）代入平衡压强式（5-22），为简单起见，忽略燃气填充量，可得

$$p = \left[\frac{\dot{r}_{st}}{p_{st}^n} \cdot e^{\alpha_T(T_i - T_{st})} \cdot \frac{\rho_p c^* \varphi(\mathit{æ}) A_b}{\varphi_{\dot{m}} A_t}\right]^{\frac{1}{1-n}} \tag{5-116}$$

从式（5-116）可见，影响燃烧室压强预示精度的主要因素如下。

（1）推进剂装药的燃速偏差。其包括由于工艺因素引起的装药标准燃速 $\dot{r}_{st}$ 与名义值之间的偏差，以及对全尺寸发动机装药平均燃速的预示误差。

（2）装药初温 T_i 的估计偏差。目前，发动机点火时的实际药温是由环境温度来估算的，其偏差为 ±（5~10）℃，其中不包括由于环境温度的动态变化所引起的系统偏差。

（3）喷喉直径因烧蚀或沉积导致的偏差。对喷喉烧蚀情况，尽管可以通过点火实验获得其近似的烧蚀规律，但由于计算方法的误差和喉衬材料烧蚀性能的偏差，瞬时喉径的预示仍存在一定误差。

（4）衡量推进剂能量和燃烧效率的特征速度实测值的散布。

（5）推进剂装药的密度、燃速系数、初温敏感系数的散布。

（6）装药瞬时燃烧面积 A_b 的预示精度。

引起以上因素散布的原因除了测试精度和工艺因素以外，还有计算方法的误差。

为了分析各因素的影响程度，可对式（5 – 116）取对数微分（忽略修正系数的偏差），有

$$\frac{\Delta p}{p} = \frac{1}{1-n}\left[\frac{\Delta \dot{r}_{st}}{\dot{r}_{st}} + \alpha_T \Delta T_i + \frac{\Delta \rho_p}{\rho_p} + \frac{\Delta \varphi(\text{æ})}{\varphi(\text{æ})} + \frac{\Delta c^*}{c^*} + \frac{\Delta A_b}{A_b} - \frac{\Delta A_t}{A_t}\right] \quad (5-117)$$

式中，$\Delta T_i = T_i - T_{st}$。由于各项偏差都是随机的，因此燃烧室压强的随机偏差可由式（5 – 118）预估：

$$\left.\frac{\Delta p}{p}\right|_{rand} = \frac{1}{1-n}\left\{\left(\frac{\Delta \dot{r}_{st}}{\dot{r}_{st}}\right)^2 + (\alpha_T \Delta T_i)^2 + \left(\frac{\Delta \rho_p}{\rho_p}\right)^2 + \left[\frac{\Delta \varphi(\text{æ})}{\varphi(\text{æ})}\right]^2 + \right.$$
$$\left. \left(\frac{\Delta c^*}{c^*}\right)^2 + \left(\frac{\Delta A_b}{A_b}\right)^2 + \left(\frac{\Delta A_t}{A_t}\right)^2 \right\}^{\frac{1}{2}}$$

$$(5-118)$$

2. 质量流率偏差预估

不考虑修正系数，对质量流率式（5 – 96）取对数并微分，有

$$\frac{\Delta \dot{m}}{\dot{m}} = \frac{\Delta p}{p} + \frac{\Delta A_t}{A_t} - \frac{\Delta c^*}{c^*} \quad (5-119)$$

将式（5 – 117）代入式（5 – 119），可得

$$\frac{\Delta \dot{m}}{\dot{m}} = \frac{1}{1-n}\left(\frac{\Delta \dot{r}_{st}}{\dot{r}_{st}} + \alpha_T \Delta T_i + \frac{\Delta \rho_p}{\rho_p} + \frac{\Delta \varphi(\text{æ})}{\varphi(\text{æ})} + \frac{\Delta A_b}{A_b}\right) + \frac{n}{1-n}\left(\frac{\Delta c^*}{c^*} - \frac{\Delta A_t}{A_t}\right)$$

按随机量处理，则质量流率的随机偏差为

$$\left.\frac{\Delta \dot{m}}{\dot{m}}\right|_{rand} = \frac{1}{1-n}\left\{\left[\left(\frac{\Delta \dot{r}_{st}}{\dot{r}_{st}}\right)^2 + (\alpha_T \Delta T_i)^2 + \left(\frac{\Delta \rho_p}{\rho_p}\right)^2 + \left(\frac{\Delta \varphi(\text{æ})}{\varphi(\text{æ})}\right)^2 + \left(\frac{\Delta A_b}{A_b}\right)^2\right] + \right.$$
$$\left. n^2\left[\left(\frac{\Delta c^*}{c^*}\right)^2 + \left(\frac{\Delta A_t}{A_t}\right)^2\right]\right\}^{\frac{1}{2}} \quad (5-120)$$

值得注意的是，不能用压强的偏差直接计算质量流率的随机偏差，这是因为从式（5 – 117）和式（5 – 119）可以看出，喷管喉径和特征速度的变化对两者的影响正好是相反的，直接使用可能会放大质量流率偏差的预估值。

3. 推力偏差预估

同理，对式（5 – 93）中的实际推力公式（不考虑长尾管修正，$\sigma_L = 1$）

$$F = \varphi_{C_r} C_F p A_t = \varphi_{C_r} \frac{I_{sp}}{c^*} p A_t = \varphi_{C_r} I_{sp} \dot{m}$$

取对数微分，得

$$\frac{\Delta F}{F} = \frac{\Delta \varphi_{C_r}}{\varphi_{C_r}} + \frac{\Delta C_F}{C_F} + \frac{\Delta p}{p} + \frac{\Delta A_t}{A_t}$$

$$= \frac{\Delta \varphi_{C_r}}{\varphi_{C_r}} + \frac{\Delta I_{\mathrm{sp}}}{I_{\mathrm{sp}}} + \frac{\Delta p}{p} + \frac{\Delta A_t}{A_t} - \frac{\Delta c^*}{c^*}$$

$$= \frac{\Delta \varphi_{C_r}}{\varphi_{C_r}} + \frac{\Delta I_{\mathrm{sp}}}{I_{\mathrm{sp}}} + \frac{\Delta \dot{m}}{\dot{m}} \quad (5-121)$$

将式（5-117）和式（5-119）代入式（5-121），有

$$\frac{\Delta F}{F} = \frac{\Delta \varphi_{C_r}}{\varphi_{C_r}} + \frac{\Delta I_{\mathrm{sp}}}{I_{\mathrm{sp}}} - \frac{\Delta c^*}{c^*} + \frac{\Delta A_t}{A_t} +$$

$$\frac{1}{1-n}\left[\frac{\Delta \dot{r}_{\mathrm{st}}}{\dot{r}_{\mathrm{st}}} + \alpha_T \Delta T_i + \frac{\Delta \rho_p}{\rho_p} + \frac{\Delta \varphi(œ)}{\varphi(œ)} + \frac{\Delta c^*}{c^*} + \frac{\Delta A_b}{A_b} - \frac{\Delta A_t}{A_t}\right]$$

$$= \frac{\Delta \varphi_{C_r}}{\varphi_{C_r}} + \frac{\Delta I_{\mathrm{sp}}}{I_{\mathrm{sp}}} + \frac{n}{1-n}\left(\frac{\Delta c^*}{c^*} - \frac{\Delta A_t}{A_t}\right) +$$

$$\frac{1}{1-n}\left[\frac{\Delta \dot{r}_{\mathrm{st}}}{\dot{r}_{\mathrm{st}}} + \alpha_T \Delta T_i + \frac{\Delta \rho_p}{\rho_p} + \frac{\Delta \varphi(œ)}{\varphi(œ)} + \frac{\Delta A_b}{A_b}\right]$$

按随机量处理，可得推力的随机偏差为

$$\left.\frac{\Delta F}{F}\right|_{\mathrm{rand}} = \left\{\left(\frac{\Delta \varphi_{C_r}}{\varphi_{C_r}}\right)^2 + \left(\frac{\Delta I_{\mathrm{sp}}}{I_{\mathrm{sp}}}\right)^2 + \frac{n^2}{(1-n)^2}\left[\left(\frac{\Delta c^*}{c^*}\right)^2 + \left(\frac{\Delta A_t}{A_t}\right)^2\right] + \right.$$

$$\left.\frac{1}{(1-n)^2}\left[\left(\frac{\Delta \dot{r}_{\mathrm{st}}}{\dot{r}_{\mathrm{st}}}\right)^2 + (\alpha_T \Delta T_i)^2 + \left(\frac{\Delta \rho_p}{\rho_p}\right)^2 + \left(\frac{\Delta \varphi(œ)}{\varphi(œ)}\right)^2 + \left(\frac{\Delta A_b}{A_b}\right)^2\right]\right\}^{\frac{1}{2}}$$

$$(5-122)$$

与计算质量流率时一样，推力的随机偏差计算也不能直接使用压强偏差的预估值，但可以直接使用质量流率的随机偏差预估值式（5-120），并由式（5-121）的第三式计算推力偏差，即

$$\left.\frac{\Delta F}{F}\right|_{\mathrm{rand}} = \left[\left(\frac{\Delta \varphi_{C_r}}{\varphi_{C_r}}\right)^2 + \left(\frac{\Delta I_{\mathrm{sp}}}{I_{\mathrm{sp}}}\right)^2 + \left(\frac{\Delta \dot{m}}{\dot{m}}\right)^2\right]^{\frac{1}{2}} \quad (5-123)$$

如果缺少比冲偏差 $\Delta I_{\mathrm{sp}}/I_{\mathrm{sp}}$ 的数据，则可以通过式（5-121）的第一式计算推力偏差，这时需要对推力系数的偏差 $\Delta C_F/C_F$ 进行预估。

$$C_F = \Gamma \cdot \sqrt{\frac{2\gamma}{\gamma-1}\left[1-\pi(\lambda_e)^{\frac{\gamma-1}{\gamma}}\right]} + \zeta_e^2\left[\pi(\lambda_e) - \frac{p_a}{p}\right]$$

微分，并利用扩张比式

$$\zeta_e^2 = \frac{\left(\frac{2}{\gamma+1}\right)^{\frac{1}{\gamma-1}}\sqrt{\frac{\gamma-1}{\gamma+1}}}{\sqrt{\pi(\lambda_e)^{\frac{2}{\gamma}} - \pi(\lambda_e)^{\frac{\gamma+1}{\gamma}}}} = \frac{\Gamma\sqrt{\frac{\gamma-1}{2\gamma}}}{\sqrt{\pi(\lambda_e)^{\frac{2}{\gamma}} - \pi(\lambda_e)^{\frac{\gamma+1}{\gamma}}}}$$

可得

$$\begin{aligned}
dC_F &= \frac{\partial C_F}{\partial \pi(\lambda_e)}d\pi(\lambda_e) + \frac{\partial C_F}{\partial p}dp \\
&= \left\{ -\Gamma\sqrt{\frac{2\gamma}{\gamma-1}\frac{\gamma-1}{2\gamma}}\pi(\lambda_e)^{-\frac{1}{\gamma}}\left[1-\pi(\lambda_e)^{\frac{\gamma-1}{\gamma}}\right]^{-\frac{1}{2}} + \left[\pi(\lambda_e)-\frac{p_a}{p}\right]\frac{\partial \zeta_e^2}{\partial \pi(\lambda_e)}+\zeta_e^2\right\}d\pi(\lambda_e) + \zeta_e^2\frac{p_a}{p^2}dp \\
&= \left\{-\zeta_e^2 + \left[\pi(\lambda_e)-\frac{p_a}{p}\right]\frac{\partial \zeta_e^2}{\partial \pi(\lambda_e)}+\zeta_e^2\right\}d\pi(\lambda_e) + \zeta_e^2\frac{p_a}{p^2}dp \\
&= \left[\pi(\lambda_e)-\frac{p_a}{p}\right]\frac{\partial \zeta_e^2}{\partial \pi(\lambda_e)}d\pi(\lambda_e) + \zeta_e^2\frac{p_a}{p^2}dp \\
&= \left[\pi(\lambda_e)-\frac{p_a}{p}\right]d\zeta_e^2 + \zeta_e^2\frac{p_a}{p^2}dp \\
&= \zeta_e^2\left[\pi(\lambda_e)-\frac{p_a}{p}\right]\frac{d\zeta_e^2}{\zeta_e^2} + \zeta_e^2\frac{p_a}{p}\frac{dp}{p}
\end{aligned}$$

则有

$$\frac{\Delta C_F}{C_F} = \frac{1}{C_F}\left\{\zeta_e^2\left[\pi(\lambda_e)-\frac{p_a}{p}\right]\frac{\Delta \zeta_e^2}{\zeta_e^2} + \zeta_e^2\frac{p_a}{p}\frac{\Delta p}{p}\right\}$$

对扩张比定义取对数微分，得

$$\frac{\Delta \zeta_e^2}{\zeta_e^2} = \frac{\Delta A_e}{A_e} - \frac{\Delta A_t}{A_t}$$

联立以上两式消去扩张比变化，并忽略喷管出口截面积 A_e 的加工误差 ΔA_e，可得

$$\frac{\Delta C_F}{C_F} = \frac{\zeta_e^2}{C_F}\left\{\frac{p_a}{p}\frac{\Delta p}{p} - \left[\pi(\lambda_e)-\frac{p_a}{p}\right]\frac{\Delta A_t}{A_t}\right\}$$

代入式 (5-121) 的第一式，有

$$\begin{aligned}
\frac{\Delta F}{F} &= \frac{\Delta \varphi_{C_r}}{\varphi_{C_r}} + \frac{\Delta C_F}{C_F} + \frac{\Delta p}{p} + \frac{\Delta A_t}{A_t} \\
&= \frac{\Delta \varphi_{C_r}}{\varphi_{C_r}} + \frac{\zeta_e^2}{C_F}\left\{\frac{p_a}{p}\frac{\Delta p}{p} - \left[\pi(\lambda_e)-\frac{p_a}{p}\right]\frac{\Delta A_t}{A_t}\right\} + \frac{\Delta p}{p} + \frac{\Delta A_t}{A_t} \\
&= \frac{\Delta \varphi_{C_r}}{\varphi_{C_r}} + \left\{1 - \frac{\zeta_e^2}{C_F}\left[\pi(\lambda_e)-\frac{p_a}{p}\right]\right\}\frac{\Delta A_t}{A_t} + \left(1 + \frac{\zeta_e^2}{C_F}\frac{p_a}{p}\right)\frac{\Delta p}{p}
\end{aligned}$$

再将压强变化式 (5-117) 代入上式，最终有

$$\frac{\Delta F}{F} = \frac{\Delta \varphi_{C_r}}{\varphi_{C_r}} - \left[\frac{\zeta_e^2}{C_F}\pi(\lambda_e) + \frac{n}{1-n}\left(1 + \frac{\zeta_e^2}{C_F}\frac{p_a}{p}\right)\right]\frac{\Delta A_t}{A_t} +$$

$$\frac{1+\frac{\zeta_e^2}{C_F}\frac{p_a}{p}}{1-n}\left[\frac{\Delta\dot{r}_{st}}{\dot{r}_{st}}+\alpha_T\Delta T_i+\frac{\Delta\rho_p}{\rho_p}+\frac{\Delta\varphi(œ)}{\varphi(œ)}+\frac{\Delta c^*}{c^*}+\frac{\Delta A_b}{A_b}\right]$$

于是，推力的随机偏差为

$$\left.\frac{\Delta F}{F}\right|_{\text{rand}}=\left\{\left(\frac{\Delta\varphi_{C_r}}{\varphi_{C_r}}\right)^2+\left[\frac{\zeta_e^2}{C_F}\pi(\lambda_e)+\frac{n}{1-n}\left(1+\frac{\zeta_e^2}{C_F}\frac{p_a}{p}\right)\right]^2\left(\frac{\Delta A_t}{A_t}\right)^2+\right.$$
$$\left(1+\frac{\zeta_e^2}{C_F}\frac{p_a}{p}\right)^2\frac{1}{(1-n)^2}\left[\left(\frac{\Delta\dot{r}_{st}}{\dot{r}_{st}}\right)^2+(\alpha_T\Delta T_i)^2+\left(\frac{\Delta\rho_p}{\rho_p}\right)^2+\right.$$
$$\left.\left.\left(\frac{\Delta\varphi(œ)}{\varphi(œ)}\right)^2+\left(\frac{\Delta c^*}{c^*}\right)^2+\left(\frac{\Delta A_b}{A_b}\right)^2\right]\right\}^{\frac{1}{2}} \qquad (5-124)$$

式（5-123）或式（5-124）均可用于推力随机偏差的预估，并且只要已知比冲的偏差，利用式（5-123）计算要简单得多。可以看出，影响推力偏差的因素除了影响压强的所有因素外，还包括了比冲和推力系数修正量这两个因素；同时，从影响程度上看，特征速度和喷管喉径变化对推力的影响低于对压强的影响，其倍数由 $1/(1-n)$ 变为 $n/(1-n)$。

根据目前的统计资料，各因素偏差的 3σ 值见表 5-4。由表中数据可知，影响内弹道预示精度的最大因素是燃速偏差，然后依次是喷喉直径、燃烧面积、初温、特征速度和密度的偏差。

表 5-4 固体火箭发动机各因素的统计偏差

因素	统计偏差 3σ 值/%
$\Delta\dot{r}_{st}/\dot{r}_{st}$	4.7~6.7
$\alpha_T\Delta T_i$	1.5~2.0
$\Delta A_b/A_b$	2.0~2.5
$\Delta A_t/A_t$	2.7~4.0
$\Delta\rho_p/\rho_p$	0.85~1.1
$\Delta c^*/c^*$	1.4~1.9
$\Delta\varphi_{C_r}/\varphi_{C_r}$	1.62
$\Delta I_{sp}/I_{sp}$	1.5

上述数据表明，影响压强偏差最大的因素是燃速预示偏差，其次是喷喉直径和燃烧面积的预示偏差；对质量流率偏差影响最大的是燃速和燃烧面积的预

示偏差;对推力偏差影响最大的是燃速预示偏差,其次是燃烧面积、初温、特征速度和喷喉直径的预示偏差。

5.8.2 提高内弹道预示精度的途径

内弹道影响因素的统计数据和计算分析表明,影响内弹道预示精度的因素主要包括发动机结构(主要是喷喉直径)、装药结构(主要是燃烧面积)、推进剂性能(燃速、特征速度、密度等)以及初温等,所以控制内弹道的预示精度也需要从这几个方面入手。例如,装药的实际初温可能与测量误差存在较大关系,因此可以预先在装药的有关部位埋入热电偶,将发动机放入保温室保温,并记录热电偶指示的温度,由此获得装药内部温度场对环境温度的响应曲线,该曲线可以用来确定装药在给定环境下的真实初温。在以上几类影响因素中,推进剂燃速、喷喉直径和燃烧面积的偏差是影响内弹道及发动机性能预示精度的最主要因素,下面分别讨论。

1. 用小尺寸标准发动机预示全尺寸发动机的燃速

在工程上,推进剂的燃速主要是由燃速测量仪测定的,然后通过数据拟合方法确定燃速公式。这种方法确定的燃速是静态燃速,与发动机实际工作条件下的动态燃速存在差异。更精确的燃速测量需要在发动机工作条件下进行,可以用小尺寸标准发动机预示全尺寸发动机的燃速,这是一种经验统计方法,即通过大量测量推进剂方坯、小尺寸(如 $\phi 108$、$\phi 300$)标准发动机和同批装药的全尺寸发动机的平均燃速,获得其统计规律。为此,对小尺寸标准发动机提出如下要求。

1)小尺寸标准发动机的结构与工作特性

(1)长细比 ≈ 2,喉通比 $J < 0.17$,以减小侵蚀燃烧对燃速的影响。

(2)近似等面燃烧。一般要求压强的相对变化小于 5%,即压强的中性度为

$$\frac{|\bar{p} - p_{\max}|}{\bar{p}} \leqslant 5\% \qquad (5-125)$$

式中,$\bar{p}$ 为发动机工作时间内的平均压强;$p_{\max}$ 为最大压强。

(3)工作时间 $t_k > 3$ s,以提高燃速数据处理精度。

(4)喷喉直径烧蚀要尽量小。

(5)压强 - 时间曲线后效段要短,使

$$\frac{\int_0^{t_b} p\,\mathrm{d}t}{\int_0^{t_k} p\,\mathrm{d}t} \geqslant 95\% \tag{5-126}$$

式中，t_b 为装药燃烧时间；t_k 为发动机工作时间。

（6）点火过程要短，以减小点火过程对 $p-t$ 曲线中性度的影响。要求初始压强峰满足

$$p_m \leqslant 1.1\bar{p} \tag{5-127}$$

2）小尺寸标准发动机与全尺寸发动机的相似性

（1）必须用同一母体的推进剂，工艺过程（如混合、浇注、固化等）应该一致或基本一致。

（2）小尺寸标准发动机点火实验应在固化过程完成后两天内进行，以减小存放时间对燃速的影响，最好是固定大、小发动机的点火时间间隔，且此时间间隔越短越好。

（3）大、小尺寸发动机均需保温，并在相同初温下点火。

（4）在点火实验之前，应分别测量大、小发动机装药肉厚的实际尺寸。

（5）大、小发动机燃烧室压强应接近相等，以减小压强差异对燃速的影响。

2. 喷喉直径的烧蚀或沉积规律

喷喉直径的烧蚀或沉积是固有的现象，只是程度不同而已。一般地，工作时间较短的发动机以烧蚀现象为主，而工作时间较长的发动机，喷喉是否烧蚀或沉积与喷喉材料、推进剂性质特别是含铝等金属成分有关。在工程上，通过比较发动机喷管在工作前、后的喉径变化即可判断其烧蚀或沉积的程度。

确定喷管喉径的烧蚀或沉积规律有助于进一步提高发动机内弹道的预示精度。下面主要介绍烧蚀规律的处理方法，关于沉积现象的处理相对复杂一些，简化时也可按烧蚀规律类似处理。

1）喷喉直径呈线性变化

喷喉直径的烧蚀规律可以通过地面静止实验获得的内弹道 $p-t$ 和 $F-t$ 数据推导出来。假设喉径随时间呈线性变化，即 t 时刻的瞬时喉径和喉部面积为

$$d_t(t) = d_{t0} + Ct, \quad A_t(t) = \frac{\pi}{4}[d_t(t)]^2 \tag{5-128}$$

式中，d_{t0} 为喷喉初始直径；C 为待定系数。一次近似时，C 的初值可取

$$C = \frac{d_{tk} - d_{t0}}{t_k} \tag{5-129}$$

式中,d_{tk}为发动机工作结束时的喷喉直径,由实验测量确定。设喷管的出口直径为d_e(设为常数),则发动机在当前喉径下的扩张比为

$$\zeta_e = \frac{d_e}{d_t(t)} \tag{5-130}$$

根据实验测量的$p-t$数据和扩张比,可以确定发动机的当前推力系数和理论推力F_{th},即

$$C_F(t) = C_{Fv} - \zeta_e^2 \frac{p_a}{p(t)}, \quad F_{th} = C_F(t)p(t)A_t(t) \tag{5-131}$$

式中,C_{Fv}为真空推力系数,只与当前的扩张比有关。于是,由理论推力和测量的$F-t$数据可以得到推力系数的修正系数,即

$$\varphi_{C_F} = \frac{\int_0^{t_k} F(t) \mathrm{d}t}{\int_0^{t_k} F_{th} \mathrm{d}t} \tag{5-132}$$

则新的喉径为

$$A_t(t) = \frac{F(t)}{\varphi_{C_F} C_F(t) p(t)}, \quad d_t(t)^{(1)} = \sqrt{\frac{4A_t(t)}{\pi}} \tag{5-133}$$

式中,上标"(1)"表示第一次迭代得到的值。比较$d_t(t)$与$d_t(t)^{(1)}$的差,若满足精度要求,即可得到当前时刻的待定系数C,迭代结束;否则,将新的喉径$d_t(t)^{(1)}$代入式(5-128),得到C的新的预估值,重新进行以上计算。当所有时刻的系数C值确定以后,通过线性拟合可以得到一个常系数C,从而获得喷喉直径的烧蚀变化规律。

2)喷喉直径烧蚀规律的非线性表达式

表示喷喉面积$A_t(t)$烧蚀规律的函数形式有多种,这里推荐一种物理概念较为明确的烧蚀规律表达式。喷管喉径的烧蚀是一个气动热化学反应过程,与装药燃烧产物特性、燃烧产物与喉衬之间的热传递、发动机的工作条件以及喉衬材料的特性等有关。研究表明,一些碳素喉衬材料的烧蚀率与材料密度ρ_m成反比,喷喉半径r_t的烧蚀变化率可写成

$$\dot{r}_t = \frac{c_1}{\rho_m} \rho V St \tag{5-134}$$

式中,c_1为经验常数;ρ和V分别为喷喉处的燃气密度和流速;St为斯坦顿数(Stanton number),定义为

$$St = \frac{h}{c_p \rho V} \tag{5-135}$$

喷管在高速流动中的传热是一种强迫对流换热,其换热系数 h 可通过如下的努赛尔数 Nu 相似准则求出:

$$Nu = \frac{hd_t}{\kappa} = 0.029 Re^{0.8} Pr \qquad (5-136)$$

其中,κ 为喉衬材料的导热系数;这里的雷诺数 Re 和普朗特数 Pr 分别定义为

$$Re = \frac{\rho V d_t}{\mu}, \quad Pr = \frac{c_p \mu}{\kappa} \qquad (5-137)$$

式中,c_p 和 μ 分别为燃气的定压比热和动力黏度。

于是,由以上各式以及喷管质量流率公式,可得喷喉处的密流为

$$\rho V = \frac{\dot{m}}{A_t} = \frac{p}{c^*}$$

代入式(5-134),可得喷喉半径 r_t 的烧蚀变化率为

$$\dot{r}_t = \frac{0.029 c_1 \mu^{0.2}}{\rho_m d_t^{0.2}} \left(\frac{p}{c^*}\right)^{0.8} \qquad (5-138)$$

3. 燃烧面积的实际变化规律

在发动机的实际工作过程中,装药燃烧表面并非严格按照平行层或沿其内法线方向退移,亦即几何燃烧定律并非严格成立,至少受到以下几种因素的影响:①装药通道各处的燃气压强和流速并不相等,导致的侵蚀燃烧效应使得各截面的燃速也不相等;②装药受力变形,改变了燃面与燃去肉厚之间的理论关系;③装药密度的分布不均匀。

为了在计算时使燃面变化规律更接近实际情况,可借助实验测量的内弹道曲线对实际燃面进行修正,具体修正步骤如下。

(1)根据地面实验前后的喷喉直径,初步确定一个喉径变化规律。

(2)用地面实验测量的装药燃烧时间 t_b 和装药的实际肉厚 e_p 确定平均工作压强 $\bar{p}$、平均燃速 $\bar{r}$ 以及燃速系数 a,即

$$\begin{cases} \bar{p} = \dfrac{\int_0^{t_b} p \, dt}{t_b} \\ \bar{\dot{r}} = \dfrac{e_p}{t_b} \\ a = \dfrac{\bar{\dot{r}}}{\bar{p}^n} \end{cases} \qquad (5-139)$$

(3)根据地面实验测量的特征速度 c^* 和装药密度 ρ_p,计算各瞬时 t 的燃烧面积:

$$A_b(t) = \frac{\bar{p}^{1-n} A_t(t)}{\rho_p a c^*} \quad (5-140)$$

（4）用实验测量的瞬时压强 $p(t)$ 和对应的时间间隔 Δt_i，计算相应的燃去肉厚和总肉厚：

$$\begin{cases} \Delta e_i = a \bar{p}_i^n \Delta t_i \\ e(t) = \sum_{i=1}^{N} \Delta e_i \end{cases} \quad (5-141)$$

式中，N 为预先确定的时间间隔数。由上述过程得到的 $e(t)$ 与式（5-140）联立即可得到实际燃面 $A_b(e)$。

对于工作时间较长的发动机，在准稳态工作期间，应用上述燃面和喉径的修正关系得到的计算结果一般具有较高的精度。应该指出的是，这里的"实际燃面 $A_b(e)$"包含了对计算方法、各瞬时实际燃速与平均燃速的差异以及装药变形等未知因素影响的综合修正。此外，由于内弹道测试数据本身已包含了所有因素的实际影响，按上述过程对喉径和燃面同时进行处理有可能使这些因素存在交叉影响的情况，因此，一般可根据实际情况重点选择一种因素进行处理。例如，对于烧蚀或沉积严重的发动机，只需处理喉径的变化，而对喉径变化不大的发动机则仅对燃面进行处理。

第 6 章

特殊固体火箭发动机

6.1 概述

特殊固体发动机，是指其无论在结构上或是在工作方式上都具有不同于常规固体发动机的特点，如单室双推力乃至多推力固体发动机、无喷管固体发动机和多次点火脉冲固体发动机等，它们各有独特之处。单室双推力固体发动机的特点是可以提供阶梯式的推力 – 时间曲线；无喷管固体发动机的特点在于从组成上简化了固体发动机结构，去掉了机械喷管，固体发动机仅由壳体、点火装置和药柱三部分组成；多次点火脉冲固体发动机的特点是提供间断的推力，其间断的时间可依需要而定，可长可短。正因为如此，这些固体发动机对智能弹药的发展，提高其可靠性、机动性，提高命中精度、扩大射程等，都具有极其重要的意义。

本章介绍的几种特殊的固体发动机是近年来发展较快的固体发动机技术，预计这些技术将会被更广泛地用于智能弹药，本章着重介绍这些固体发动机的特点与基本设计方法。

6.2　单室双推力固体发动机与单室多推力固体发动机

双推力固体发动机是固体发动机的一个重要分支，它又可分为单室双推力和双室双推力两种。其中，单室双推力固体发动机有其突出的优点：推力分级可以改善导弹的速度特性；无一、二级分离环节及分离扰动；提高了动力装置的可靠性；可缩短导弹起控时间等。当然，它也有二级工作时消极质量大及比冲效率低等缺点。实际应用较多的是单室双推力固体发动机。

6.2.1　实现单室双推力的可能途径

近年来单室双推力固体发动机的研制取得了很好的结果，研制的中低空导弹和中高空导弹较多地采用了单室双推力固体发动机。从应用的情况来看，这种动力装置过去是、今后仍将是防空导弹较好的动力装置之一。改进它的缺点，提高其性能，必将促进这种动力装置更广泛的应用。

固体发动机的推力决定于燃烧室压强和喷管喉部截面积：

$$F = C_F p_c A_t \tag{6-1}$$

稳态燃烧时固体发动机平衡压强为

$$p_c = \left(\rho_p a C^* \frac{A_b}{A_t}\right)^{\frac{1}{1-n}} \tag{6-2}$$

将式（6-2）代入式（6-1）得

$$F = f(c, a, A_b, A_t) \tag{6-3}$$

推力系数 C_F 是喷管膨胀比、燃气比热比与外界大气压强的函数，分析问题时可粗略地看作是常量。$(\rho_p a C^*)$ 是推进剂的性能，在一定设计高度下，推力是推进剂特性（主要是燃速）、装药燃烧面积和喷管喉部截面所决定的，改变其中一项、两项或三项均可改变推力，实现双推力，乃至多推力。

（1）喷管一定，选择一种推进剂，改变燃烧面积实现单室双推力。平均燃烧面积可表达成

$$\begin{aligned}\overline{A}_b &= \int \frac{SL_p \mathrm{d}W}{W_0} \\ &= f(S, L_p, W_0)\end{aligned} \tag{6-4}$$

燃烧面积是由燃烧周长 S、肉厚 W_0 及装药长度所决定的。改变燃面可有

三种途径：

①采用不等肉厚的药型设计。如轮臂为不等肉厚的车轮形药柱、锚形药柱、开槽管形药柱、端侧面燃烧药柱（加金属丝与不加金属丝）、不等肉厚的多根药柱或多孔形药柱等。如图 6-1 所示。

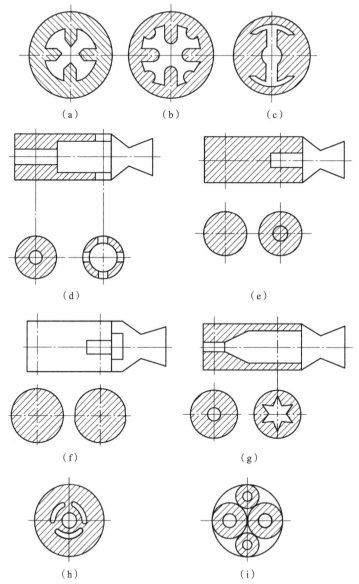

图 6-1 单种推进剂实现双推力的某些方案
(a) 车轮形；(b) 树枝形；(c) 锚形；(d) 开槽管形；(e) 端侧面燃烧；
(f) 端侧面燃烧；(g) 圆孔星孔组合；(h) 多孔形；(i) 多根管形

②改变燃烧周长，选择不同装药截面形状的各种药型组合。

③改变燃烧周长或肉厚不同的两段装药的长度。

以上三种方法不是独立的，三者是相关的。其推力比由式（6-5）决定：

$$\frac{F_1}{F_2} = C' \left(\frac{A_{b1}}{A_{b2}}\right)^{\frac{1}{1-n}} \quad (6-5)$$

推力系数之比 C' 可看作常量。这种方法最简单易行，但推力比受到限制，调节范围较小。

（2）喷管一定，选择燃速不同的两种推进剂实现双推力。对两种推进剂，可采用两种排列方式提供双推力。

①内孔燃烧的两种燃速不同的推进剂呈同心层布局的装药结构，全长同心或部分同心，如图 6-2 所示。

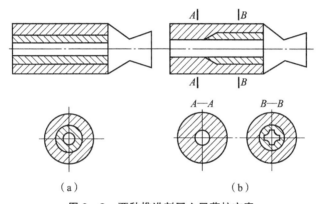

图 6-2　两种推进剂同心层药柱方案

(a) 全长同心；(b) 部分同心

当药柱药型、推进剂配方选定后，A_b、ρ_p、C^* 均可近似作为定值。为分析问题，推力系数比也粗略地看作定值，对全长同心的两种推进剂药柱，推力比与燃速比（燃速系数比）有如下关系：

$$\frac{\overline{F}_1}{\overline{F}_2} = C'' \frac{a_1^{\frac{1}{1-n_1}}}{a_2^{\frac{1}{1-n_2}}} \quad (6-6)$$

这种推力调节方式，对推进剂的要求较高，推力比受两种推进剂燃速比的限制。可采用不同药型的组合结构，这种药柱制造工艺比较复杂，要两次浇注、两次固化及两次脱模，生产周期较长。

②两种燃速不同的推进剂前后串联的装药结构（包括燃面不变与同时改变燃面两种情况）。如图 6-3 所示。

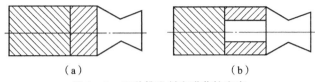

图 6-3 两种推进剂串联药柱方案

(a) 燃面不变的两种推进剂药柱；(b) 燃面不同的两种推进剂药柱

（3）燃速调节与燃面调节的各种组合，其特点是设计灵活，可实现较大的推力比，实际应用较多，图 6-4 介绍了一些可能的方案。

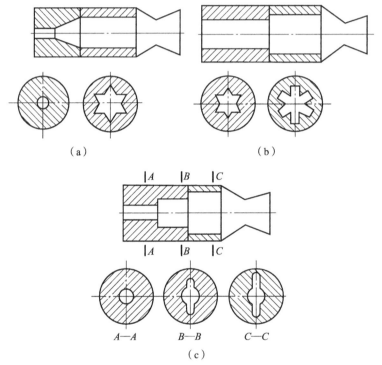

图 6-4 采用燃速不同、燃面不同的药柱组合方案

(a) 圆柱与星孔药柱组合方案；(b) 星孔与星孔药柱组合方案；
(c) 圆孔与管槽形药柱组合方案

（4）调节喷管。可调喷管是单室双推力固体发动机改变推力的较理想的方法。通过改变喷管喉径调节推力的优点是：固体发动机在助推与续航两个阶段均可在较佳压强条件下工作，可避免在较低压强下工作以及过膨胀和较大欠膨胀造成的能量损失；对推力比没有明显的限制；可实现随机调节。

把这种调节推力的方法与对所用推进剂的特殊要求结合起来，可使推力调节更有成效，在推进剂及药柱结构一定的条件下，式（6-1）、式（6-2）中的推进剂性能及燃面（$\rho_p C^* a A_b$）可近似为常数，推力系数是膨胀比、压强比、比热比的函数，在一般战术导弹要求的两级推力比范围内变化不很大，也近似为定值，于是可把式（6-1）和式（6-2）写成

$$p_c = C_1 A_t^{-\frac{1}{1-n}} \tag{6-7}$$

$$A_t = \left(\frac{F}{C_2}\right)^{\frac{n-1}{n}} \tag{6-8}$$

将式（6-8）代入式（6-7）得

$$p_c = C_3 F^{\frac{1}{n}} \tag{6-9}$$

其中常数为

$$C_1 = (\rho_p C^* a A_b)^{\frac{1}{1-n}} \tag{6-10}$$

$$C_2 = C_F C_1 \tag{6-11}$$

$$C_3 = C_1 C_2^{-\frac{1}{n}} \tag{6-12}$$

为进一步分析推力调节中喉部面积、燃烧室压强相应变化的情况，对式（6-7）~式（6-9）取对数再微分得

$$\frac{\mathrm{d}p_c}{p_c} = \frac{1}{n-1}\frac{\mathrm{d}A_t}{A_t} \tag{6-13}$$

$$\frac{\mathrm{d}A_t}{A_t} = \frac{n-1}{n}\frac{\mathrm{d}F}{F} \tag{6-14}$$

$$\frac{\mathrm{d}p_c}{p_c} = \frac{1}{n}\frac{\mathrm{d}F}{F} \tag{6-15}$$

这组方程反映了调节推力时，推力变化与压强变化及喷管喉部截面变化的关系，用改变喉部截面方法实现推力调节的同时，也引起燃烧室内压强大幅度变化；在大推力比下，甚至会导致过大的压强而造成固体发动机破坏，但如果选用高压强指数的推进剂，这种情况将有所改善。在同样推力变化情况下，压强指数越大，所需的喉部截面变化越小，压强变化也越小，故用改变喉部截面调节推力大小的固体发动机，宜选用高压强指数的推进剂。当压强指数接近1时，需考虑稳定燃烧问题。

如果推进剂的压强指数为负值，则对推力调节更有利。负压强指数带来两个显著的优点，一是推力变化与喉部截面变化相一致，通过增大喉部截面来增加推力；二是推力变化与压强变化相反，推力增大压强减小。这给固体发动机壳体强度带来好处。负压强指数绝对值越大，在同样推力变化下，压强变化越小。研制具有负压强指数的推进剂，对利用喷管调节实现推力分级的固体发动机，具有十分重要的意义。

喷管调节的缺点是结构复杂,消极质量大,且耐高温材料要求较高,目前这项技术仍处于探索研究阶段。

6.2.2 单室双推力固体发动机设计

1. 设计方法

1) 装药设计原则

对内弹道性能、两种推进剂的侵蚀特性及所需绝热层质量最轻等因素进行综合比较,以确定两种推进剂的排列方式。

根据助推段、续航段工作时间要求及推进剂排列方式,选择其燃速 r_1、r_2,并根据两级总冲分配选择药型结构。

根据推力比要求,确定压强比,并选择适当的压强 p_1、p_2,助推段压强 p_1 是在选定续航段压强 p_2 后根据两级推力比而确定的。续航段压强 p_2 应保证在最低使用温度下大于推进剂临界压强,并尽量考虑低压下的比冲损失,压强的选择还应考虑使固体发动机质量比冲最大。

推进剂选定后,根据推力比与总冲分配要求,确定两段药柱的药量分配。

2) 喷管设计原则

喷管设计中必须考虑同一喷管在两种工况下工作的特点,即助推段在高压下工作,续航段在低压下工作,且外界环境压强(随高度变化)也不同。设计中要兼顾这两种情况。其原则是,以一种工况为主,兼顾另一种工况。这可根据助推与续航两级总冲分配来决定。一般是助推段总冲大于续航段总冲,通常二者的比值为 1.0~3.6,甚至更大。在这种情况下,设计中可以助推段工况为主,喷管设计状态应偏于助推段的最佳工作状态,兼顾续航段工况,并以喷管内不产生气流分离为限。因为当环境压强比喷管出口的排气压强高得多时,可引起附面层分离、斜激波和气流分离,此时周围环境压强移入分离的附面层内,使激波下游的压强近似等于环境压强,造成喷管的实际出口截面减小,膨胀比减小,推力下降,喷管气流分离面以下部分变成无用的消极质量。对锥型喷管,分离点位置可用式(6-16)预估:

$$\frac{p_i}{p_a} = \frac{2}{3}\left(\frac{p_a}{p_c}\right)^{\frac{1}{5}} \qquad (6-16)$$

式(6-16)把分离压强 p_i、环境压强 p_a 和燃烧室压强 p_c 联系在一起,当 $p_i/p_a < p_e/p_a$,在静压等于 p_i 的喷管截面处,开始发生分离。

3) 壳体设计原则

应按一级工作的最大压强设计固体发动机壳体壁厚,设计方法同常规固体发动机壳体设计。

2. 两段装药量的确定

1）前后串联装药结构的初步估算

助推段两种推进剂的燃速为

$$r_1 = a_1 p_{c1}^{n1} \qquad (6-17)$$

$$r_2' = a_1 p_{c1}^{n2} \qquad (6-18)$$

续航段药柱燃速为

$$r_2 = a_2 p_{c2}^{n2} \qquad (6-19)$$

快燃速与慢燃速两段药柱的燃面、药量与药柱长度为

$$A_{b1} = \frac{(I_1/t_1) - r_2' \rho_{p2} A_2 I_{s2}'}{\gamma_1 \rho_{p1} I_{s1}} \qquad (6-20)$$

$$A_{b2} = \frac{I_2}{r_1 \rho_{p2} I_{s2} t_2} \qquad (6-21)$$

$$m_{p1} = r_1 \rho_{p1} A_{b1} t_1 \qquad (6-22)$$

$$m_{p2}' = r_2' \rho_{p2} A_{b2} t_1 \qquad (6-23)$$

$$m_{p1}' = m_{p1}' + m_{p2}' \qquad (6-24)$$

$$m_{p2}'' = r_2 \rho_{p2} A_{b2} t_2 \qquad (6-25)$$

$$m_{p2} = m_{p2}' + m_{p2}'' \qquad (6-26)$$

$$L_{p1} = \frac{m_{p1}}{(A_c - A_{p10})\rho_{p1}} \qquad (6-27)$$

$$L_{p2} = \frac{m_{p2}}{(A_c - A_{p20})\rho_{p2}} \qquad (6-28)$$

当推进剂选定后，就可利用式（6-20）~式（6-28）初步确定两段装药量的分配。

2）精确计算

装药结构初步确定后，再利用平衡压强关系或一维内弹道计算方法，进行性能计算，如与要求性能有偏差，则可通过调整两段装药量的分配加以修正，直至完全满足要求，最后确定药柱状态。

3. 单室双推力平衡压强计算

在侵蚀效应不明显的情况下，假设：燃气为理想气体；在药柱通道内，燃气流速较低，在所有燃面上燃速保持不变，考虑在燃烧过程中的瞬时平衡，即 $dp_c/dt = 0$。根据质量平衡方程求得

$$\rho_{p1}A_{b1}a_a p_{c_1}^{n_1} + \rho_{p2}A_{b2}a_2 p_{c_1}^{n_2} = \widetilde{C}_D p_{c1} A_t \qquad (6-29)$$

式中，混合流量系数

$$\widetilde{C}_D = \frac{\widetilde{\Gamma}}{\sqrt{\widetilde{R}\widetilde{T}_c}} \qquad (6-30)$$

是助推段两种推进剂混合燃气的平均值。它们可通过对助推段两种推进剂按消耗量的质量之比，组成 1 kg 混合推进剂的热力计算求得，也可近似由分别算得的两种推进剂的热力参数，按助推段两种推进剂消耗的质量之比求其平均值。

当两种推进剂压强指数相同时，式（6-30）可改写成

$$p_{c1} = \left(\frac{\rho_{p1}a_1 A_{b1} + \rho_{p2}a_2 A_{b2}}{A_t \widetilde{C}_D} \right) \qquad (6-31)$$

对药柱通道内流速较高、侵蚀明显的情况，燃烧室内压强沿药柱长度逐渐下降，而燃速却逐渐增加，也可采用增量分析法进行内弹道计算。

4. 单室双推力固体发动机试验研究

1）固体发动机参数

总冲≥86.3 kN·s；一级推力 24.52 kN；一、二级推力比 >4；一级工作时间 2.2 s；二级工作时间 6 s；固体发动机直径 157 mm；固体发动机总长 1 970 mm。

装药方案：前段是低燃速推进剂，尾段是中等燃速推进剂，药型为七角星形。固体发动机结构如图 6-5 所示。

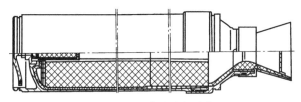

图 6-5　固体发动机结构

2）固体发动机试验结果

φ157 单室双推力固体发动机在不同温度下的试验结果见表 6-1。

3）单室双推力固体发动机比冲随推力比（总冲比）的变化

试验结果表明，串联装药的单室双推力固体发动机的混合比冲随推力比（总冲比）增加而增加，如表 6-2 及图 6-6、图 6-7 所示。

表 6-1　φ157 单室双推力固体发动机在不同温度下的试验结果

参数	序号		
	1	2	3
试验温度/℃	20	50	-40
$\bar{F}_1$/kN	25.00	28.61	24.28
$\bar{F}_2$/kN	6.20	6.48	5.41
$\bar{F}_1/\bar{F}_2$	4.03	4.41	4.49
$\bar{p}_{c1}$/MPa	10.81	12.70	10.79
$\bar{p}_{c2}$/MPa	2.90	3.28	2.76
t_{b1}/s	1.89	1.83	2.11
t_{b2}/s	5.05	3.97	5.30
t_{a1}/s	2.46	2.21	2.60
t_{a2}/s	5.81	5.78	6.68
I_1/(kN·s)	56.29	59.43	59.43
I_2/(kN·s)	33.05	31.02	30.71
I_1/I_2	1.703	1.916	1.935
I/(kN·s)	89.34	90.45	90.14
I_s/(N·s·kg^{-1})	2 283	2 296	2 270
C^*/(m·s^{-1})	1 496	1 570	1 548
C_{F1}	1.58	1.54	1.55
C_{F2}	1.46	1.36	1.35
m_{p_1}/m_{p_2}	0.585	0.564	0.634

表 6-2　单室双推力固体发动机比冲随推力比（总冲比）的变化

序号	参数							
	温度/℃	p_{c1}/MPa	p_{c2}/MPa	$\bar{F}_1/\bar{F}_2$	I_1/I_2	I_s/(N·s·kg^{-1})	m_{p_1}/m_{p_2}	ε
1	20	9.474	3.147	3.44	1.567	2 230	0.481 2	5.74
2	20	10.806	2.903	4.03	1.903	2 282	0.584 6	5.74

续表

序号	参数							
	温度 /℃	p_{c1} /MPa	p_{c2} /MPa	$\bar{F}_1/\bar{F}_2$	I_1/I_2	$I_s/$ (N·s·kg^{-1})	m_{p_1}/m_{p_2}	ε
3	20	11.496	2.697	4.56	1.769	2 340	0.621 4	5.74
4	20	11.736	2.839	4.56	1.718	2 325	0.565 2	5.74
5	20	13.239	2.687	5.69	2.167	2 390	0.867 3	7.03
6	20	12.022	2.756	5.01	7.952	2 305	0.601 6	7.03
7	20	14.435	2.265	7.77	2.839	2 341	0.949	7.03
8	20	16.492	2.424	9.34	3.112	2 373	1.214	7.03

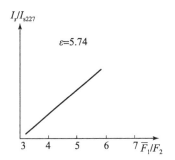

图 6-6 膨胀比为 5.74 时比冲随推力比的变化

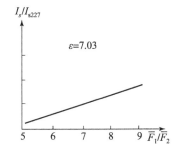

图 6-7 膨胀比为 7.03 时比冲随推力比的变化

在这种串联排列装药方案的单室双推力固体发动机中，随着推力比增加（一、二级总冲比增加）固体发动机比冲也增加的原因在于：因助推段工作期间两段药柱同时燃烧，当推力比加大时，两段药柱在高压下燃去的部分较多，获得较大的比冲增量；另外，续航段在低压下工作，且工作状态偏离设计状态较远，随推力比增加，能量损失亦增加，比冲减小。只是前者造成的比冲增加大于后者引起的比冲降低，所以固体发动机的混合比冲仍然随推力比的增加而增加。

4) 单室双推力固体发动机装药方案的改进

对上述单室双推力固体发动机结构还可做些改进，即把高燃速推进剂分装在固体发动机头尾两端，中间为续航段低燃速推进剂，如图 6-8 所示。或反过来，把续航段药柱分装在头尾两端，中间为助推段药柱。通过调节各段药柱长度分配，可实现在固体发动机转级前后的工作期间，保持其质心位置基本不变。但应考虑燃烧稳定性可能带来的问题，如某单室双推力固体发动机，采用不同装药排列方案，在其工作期间质心位置变化情况如图 6-9 所示。

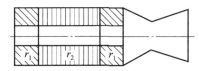

图 6-8　改进的单室双推力固体火箭发动机装药

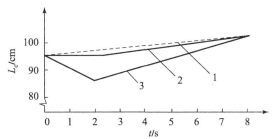

图 6-9　采用不同装药方案其质心位置随时间的变化

1—药型相同的单推力固体发动机质心随时间的变化；
2—图 6-8 所示新的装药方案，固体发动机质心随时间的变化；
3—不同燃速推进剂呈前后串联排列的固体发动机质心随时间的变化

6.2.3　单室多推力固体发动机

1. 多推力固体发动机的意义

防空导弹的发展，要求有更好的机动性、快速反应性及更大的杀伤区等。在发射方式上也不断提出新的要求，要求动力装置能够提供分级的推力，以适应发射及飞行弹道的需要。近年来在防空导弹发射技术方面的重大改进，是垂直发射技术。有的舰空导弹已经采用了这种技术，研制的未来防空导弹多拟采用垂直发射技术。

在垂直发射中，往往要求固体发动机提供三推力，即先小推力发射，再大推力完成助推，最后小推力续航。其他弹道需要的三推力固体发动机也可能是大推力，再小推力，最后更小推力。故三推力固体发动机是垂直发射导弹的较理想的动力装置之一。

2. 单室三推力固体发动机的可行方案

实现单室三推力的装药方案很多，如以下几种。

(1) 采用三种燃速不同（$r_1 > r_2 > r_3$ 或 $r_2 > r_1 > r_3$）的推进剂，前后串联排列内孔燃烧装药方案。

(2) 采用三种燃速不同（$r_1 < r_2$，$r_3 < r_2$）的推进剂，前后串联的端面燃烧装药方案。

(3) 采用三种燃速不同的（$r_1 > r_2 > r_3$）推进剂，同心层与前后串联的内孔燃烧混合装药方案。

(4) 采用三种燃速不同的推进剂，第一级、第二级为内孔燃烧（包括第三段一部分端面燃烧），第三级为端面燃烧的装药方案。

(5) 采用三种燃速不同的推进剂，第一级为内孔燃烧装药方案，第二级、第三级为串联的端面燃烧装药方案（如 $r_1 > r_2 > r_3$）。

(6) 采用两种燃速不同的推进剂，其中一种推进剂可通过药型调节分成两段，实现双推力，合起来为三推力。

以上各种可能提供的单室三推力装药方案如图 6-10 所示。上述各种装药方案的装药横截面，可采用任何满足弹道性能要求的药型。把这种方案再扩展一步，就可实现单室多推力方案。

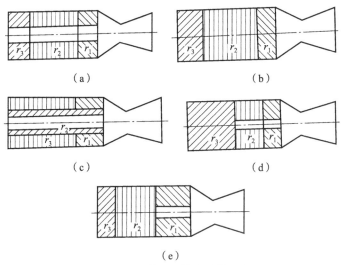

图 6-10 单室三推力装药方案

3. 单室三推力固体发动机内弹道计算

根据零维质量守恒方程可求得平衡压强。

(1) 每级有三种推进剂燃烧的情况：

$$\rho_{p1} A_{b1} a_1 p_c^{n_1} + \rho_{p2} A_{b2} a_2 p_c^{n_2} + \rho_{p3} A_{b3} a_3 p_c^{n_3} = \tilde{C}_D p_c A_t \qquad (6-32)$$

（2）每级有两种推进剂燃烧的情况，采用式（6-29）计算。

（3）每级有一种推进剂燃烧的情况，可用常规的平衡压强计算公式（6-2）计算。

|6.3 无喷管固体发动机|

通常的固体发动机是由点火装置、燃烧室壳体、喷管和药柱四大部分组成，而无喷管固体发动机就是去掉了机械喷管，代之以在药柱通道内加质量可达到声速，甚至超声速形成的"气动喷管"，从组成上看，这种无喷管固体发动机仅由点火装置、燃烧室壳体和药柱三大部分组成。

6.3.1 无喷管固体发动机的意义

早在20世纪30年代就有人做了无喷管固体发动机的理论探讨，20世纪60年代在其性能预示方面有了新的进展，20世纪70年代末到80年代，在固体发动机理论预示方法的完善与固体发动机性能试验研究方面，都取得了很大进展。

1. 无喷管固体发动机的优缺点

图6-11为无喷管固体发动机结构，它的优点如下。

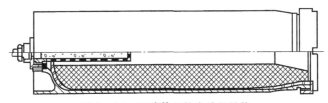

图6-11 无喷管固体发动机结构

（1）从组成上简化了发动机结构。

（2）减少了固体发动机结构部件，从而提高了固体发动机的可靠性。

（3）在尺寸及质量相同的情况下，用无喷管固体发动机可使导弹在主动段结束时的速度增量提高10%左右，甚至更高。

（4）对小型固体发动机，可降低结构成本20%左右。

（5）减少固体发动机加工工时，缩短加工周期，具有很好的经济性。

无喷管固体发动机的缺点如下。

(1) 压强随时间变化较大,平均压强较低,燃气停留时间较短,燃烧损失和流动损失较大,与有喷管固体发动机相比,比冲效率为88%左右。

(2) 节流条件不定,在固体发动机工作过程中,拥塞截面的大小及位置都发生变化,引起固体发动机工作参数的波动和推力偏心,性能重现性也将是影响无喷管固体发动机实际应用的关键。

(3) 无喷管固体发动机应用是有一定限制的,长径比(L/D)对无喷管固体发动机性能有很大影响,长径比过小(<3.5)或过大(>14)都将导致很大的损失,在这些情况下不宜采用无喷管固体发动机。

2. 无喷管固体发动机的可能应用

无喷管固体发动机是一种新型的动力装置,它的结构简单、可靠性高、经济性好、性能是可预示的,很适用于小型战术导弹,可使导弹获得更大的速度增量,已进行了一些空空导弹、空地导弹的应用研究;无喷管固体发动机还特别适用于整体式固体火箭冲压组合发动机的助推器。因为在火箭助推与冲压续航转级时,没有喷管分离问题,从而大大提高了这种组合发动机的工作可靠性;无喷管固体发动机还适用于旋转效应较大的旋转稳定导弹。无喷管固体发动机工作时压强随时间明显下降,而旋转效应又造成工作压强随时间明显上升,二者匹配得好,可获得较满意的压强 – 时间曲线(推力 – 时间曲线是递增的)和提高固体发动机比冲;无喷管固体发动机还可用作大型固体发动机的点火发动机。

6.3.2 无喷管固体发动机设计

1. 无喷管固体发动机工作特点

无喷管固体发动机工作特点是由没有固定的节流条件所决定的,表现在以下几个方面。

(1) 药柱通道内的流场受本身拥塞条件的限制,拥塞截面的大小及位置,在工作过程中是变化的。

(2) 药柱通道内的燃气沿轴向的速度变化很大,由$M<1$,至$M=1$,其至$M>1$。

(3) 静压沿通道长度变化很大,可达一倍以上,随时间变化而减小。

(4) 由于流速大,轴向气流速度在横截面上是不均匀的,中心流速最高。

(5) 药柱变形可改变流动参数,对固体发动机性能有较大影响。

(6) 流速沿通道的明显变化,可导致较大侵蚀效应,但压强沿通道下降也较大,两者可以相互得到些补偿。

(7)停留时间短,可引起较大的燃烧不完全损失等。

2. 无喷管固体发动机结构设计

与常规固体发动机相比,无喷管固体发动机没有机械喷管,故它的结构设计仅包括壳体设计、装药设计和点火装置设计三部分。壳体壁厚的确定,连接密封结构设计同常规固体发动机一样,所不同的是壳体无须后封头,仅是一个直圆筒,但为了药柱在各种环境与工作条件下的可靠固定,往往在壳体的尾段要有一种小的收口,收口角 8°左右即可(或在半径上收 10 mm 左右)。这种收口结构还有利于限制固体发动机工作末期压强过分下降。

点火装置设计同常规固体发动机,只是药量稍有增加,详见第 6 章的经验公式,这是因为它没有喷管,药柱通道直接与外界相通,会有较大的点火药量损失的缘故。

装药设计方法同常规固体发动机,设计中可用不同的药型,其中圆孔形应用最多。装药设计的独特之处是其尾段需带一扩张锥,以帮助燃气在通道末端达到超声速;另一个特殊的问题是无喷管固体发动机的性能预示。

3. 无喷管固体发动机内弹道性能预示方法

无喷管固体发动机性能预示,应该把药柱燃烧效率、药柱变形、侵蚀燃烧效应、两相流损失等,都加到内弹道性能预示中去,才能较准确地预测无喷管固体发动机的内弹道性能。这些影响因素将作为独立的问题加以研究,这里仅介绍一种对带出口锥的药柱的一维、纯气相、准定常内弹道计算方法,为此假定:燃烧产物为纯气相,一维加质流动;通道截面是变化的;燃气与壁面有摩擦,但不计壁面的散热损失;燃气作为理想气体。

1)控制方程

为计算方便,控制方程写成如下形式:

质量方程

$$\frac{\partial \dot{m}}{\partial x} = \rho_p \frac{\partial A}{\partial t} - \frac{\partial (pA)}{\partial t} \qquad (6-33)$$

动量方程

$$\frac{\partial p}{\partial x} = -\frac{\tau_w S}{A} - \rho u \frac{\partial u}{\partial x} - \rho_p \frac{rSu}{A} \qquad (6-34)$$

$$\dot{m} = puA \qquad (6-35)$$

能量方程

$$T_f = 1 + \frac{u^2}{2c_p} \tag{6-36}$$

状态方程

$$P = \rho RT \tag{6-37}$$

燃速

$$r = ap^n \varepsilon \tag{6-38}$$

壁面摩擦应力

$$\tau_w = 0.288 \left(\frac{\mu}{x}\right)^{0.2} G^{0.8} u_e \left(-\frac{53\rho_p r}{G}\right) \tag{6-39}$$

式 (6-33)~式 (6-39) 作为计算方程，$\dot{m}$ 和 p 作为计算变量。

2）计算的差分格式及差分方程

用改进的欧拉后差平均格式

$$[Y]_{i,j} = \frac{Y_{i,j} + Y_{i-1,j}}{2} \tag{6-40}$$

$$[Y_x]_{i,j} = \frac{Y_{i,j} + Y_{i-1,j}}{X_i - X_{i-1}} \tag{6-41}$$

$$[Y_t]_{i,j} = \frac{Y_{i-1,j} + Y_{i,j} - (Y_{i-1,j-1} + Y_{i,j-1})}{2(t_j - t_{j-1})} \tag{6-42}$$

式中，i 为空间下标；j 为时间下标；Y 为计算变量；X 为轴向距离；t 为时间。

用上面选定的差分格式，将计算控制方程组中的两个微分方程改写成差分方程

$$\begin{aligned} m_{i,j} = m_{i-1,j} &+ \rho_p \frac{A_{i,j} + A_{i-1,j} - (A_{i,j-1} + A_{i-1,j-1})}{2(t_j - t_{j-1})}(x_i - x_{i-1}) - \\ &\frac{A_{i,j} + A_{i-1,j}}{2} \frac{\rho_{i,j} + \rho_{i-1,j} - (\rho_{i,j-1} + \rho_{i-1,j-1})}{2(t_j - t_{j-1})}(x_i - x_{i-1}) \end{aligned} \tag{6-43}$$

$$\begin{aligned} p_{i,j} = p_{i-1,j} - &\left\{ \frac{u_{i,j} + u_{i-1,j}}{2} \left[\frac{\rho_{i,j} + \rho_{i-1,j}}{2}(u_{i,j} - u_{i-1,j}) + \right. \right. \\ &\left. \rho_p \frac{A_{i,j} + A_{i-1,j} - (A_{i,j-1} + A_{i-1,j-1})}{2(t_j - t_{j-1})} \frac{2(x_i - x_{i-1})}{A_{i,j} + A_{i-1,j}} \right] + \\ &\left. \frac{(\tau_{wi,j} + \tau_{wi-1,j})}{2\left(\frac{A_{i,j}}{S_{i,j}} + \frac{A_{i-1,j}}{S_{i-1,j}}\right)}(x_i - x_{i-1}) \right\} \end{aligned} \tag{6-44}$$

以上差分方程加上能量方程、状态方程、燃速方程及其他关系，构成求解差分方程组，在每一节点 (i, j) 此方程组都是闭合的，此差分格式是隐式的，需迭代求解。

3) 边界条件

由无喷管固体发动机工作特点所决定的,计算的边界条件在整个固体发动机工作过程中是变化的。

(1) 左边界条件。固体发动机头部(贴壁浇注,端面包覆情况)条件 ($x=0$):

$$u_0 = 0, \dot{m}_0 = 0, p_0 = p_h, T_0 = T, \rho_0 = p_0/RT_0 \quad (6-45)$$

(2) 右边界条件。右边界条件可分为两种情况。

第一种情况是在药柱通道内的流动,拥塞截面前为亚声速,其后为超声速,则有拥塞截面 $x = x_t$:

$$p_t \geqslant p_{er} \quad (6-46)$$

$$M_t = 1 \quad (6-47)$$

$$\frac{dA}{A} = \frac{d\dot{m}}{\dot{m}}(1+\gamma) + \frac{2\tau_w}{p} \quad (6-48)$$

临界压强为

$$p_{er} = \left(\frac{\gamma+1}{2}\right)^{\frac{\gamma}{\gamma-1}} \quad (6-49)$$

式 (6-46) 是判断通道中燃气的流态;式 (6-47) 用于修正头部压强;式 (6-48) 用于判别拥塞截面的位置。

第二种情况是药柱通道内的流动全是亚声速,拥塞截面位于通道出口,则在 $x = x_e$ 处:

$$\begin{cases} p_t < p_{er} \\ p_e = p_a \end{cases} \quad (6-50)$$

前一条件判别流态,后一条件修正头部压强。

4) 头部压强预估及修正

在开始计算时,可用平衡压强关系预估头部压强,在内弹道计算中,根据右边界条件进行迭代计算。

(1) 第一种右边界情况。

当 $M_t - 1 > 0$ 时:

$$p_0^{m+1} = p_0^m [1.0 + \min(F_a \sqrt{3\,000(M_t-1)}, 1.5F_a/M_t)] \quad (6-51)$$

当 $M_t - 1 \leqslant 0$ 时:

$$p_0^{m+1} = p_0^m \{\max[0.5, (M_t-1)^2 F_a] + 1.0\} \quad (6-52)$$

(2) 第二种右边界情况。头部压强 p_0 按出口压强 p_e 和环境压强 p_a 的情况进行修正。

当 $p_e > p_a$ 时:

$$p_0^{m+1} = p_0^m \left\{ 1.0 + \max\left[-0.5, \left(\frac{p_a}{p_e}\right) |M_t - 1| F_a \right] \right\} \quad (6-53)$$

当 $p_e < p_a$ 时：

$$p_0^{m+1} = p_0^m \left\{ 1.0 + \min\left[0.25, \left(\frac{p_a}{p_e} - 1\right) |M_e - 1| F_a \right] \right\} \quad (6-54)$$

修正系数 F_a 取值范围为 $0.5 \sim 1.5$。

5) 拥塞截面的确定

利用质量、动量、能量、状态及马赫数方程可求得

$$\frac{dM}{M} = \frac{1 + \frac{\gamma-1}{2}M^2}{1-M^2}\left[-\frac{dA}{A} + \frac{\tau_w S}{A_p}dx + (1+\gamma M^2)\frac{d\dot{m}}{\dot{m}} \right] = \frac{\Delta}{1-M^2} \quad (6-55)$$

式中，

$$\Delta = \left(1 + \frac{\gamma-1}{2}M^2\right)\left[-\frac{dA}{A} + \frac{\tau_w S}{A_p}dx + (1+\gamma M^2)\frac{d\dot{m}}{\dot{m}} \right] \quad (6-56)$$

用 $\Delta = 0$ 来判断拥塞截面的位置：

$$\frac{dA}{A} - \frac{d\dot{m}}{\dot{m}}(1+\gamma M^2) - \frac{\tau_w S}{A_p}dx = 0 \quad (6-57)$$

还要判别超声速流动进一步加速的条件：

$$\frac{dA}{A} - \frac{d\dot{m}}{\dot{m}}(1+\gamma M^2) - \frac{\tau_w S}{A_p}dx > 0 \quad (6-58)$$

实际计算中，用判别当地的速度系数 λ 比用式 (6-58) 判别更方便些，在计算中要不断判别拥塞截面的位置，然后再进行整个通道的流动参数及内弹道计算。

4. 影响无喷管固体发动机性能的因素

影响无喷管固体发动机性能的因素很多，如长径比、孔径比、尾部锥角长度、锥角大小、推进剂种类、推进剂燃速、压强指数侵蚀比等都影响无喷管固体发动机的最大压强、平均压强和比冲的大小。

1) 长径比与锥角的影响

根据上述计算方法，对不同长径比、孔径比、锥长和锥角进行了计算。结果表明，长径比影响最大，如图 6-12 所示。

药柱的孔径比对峰值压强的影响较大，如图 6-13 所示。

锥角对压强的影响，由控制方程可见，只有当 $dA/A > 0$ 时，药柱通道内出现拥塞，燃气才会进一步膨胀。锥角越大，燃气膨胀越充分，但锥角过大也会带来扩张损失。通常锥角取 15°左右，锥长对压强的影响如图 6-14 所示。

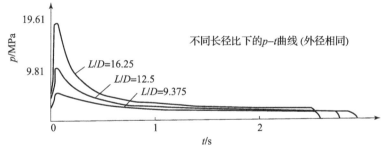

图 6-12 长径比对压强的影响

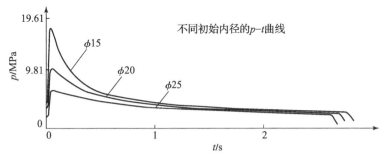

图 6-13 药柱孔径比对压强的影响

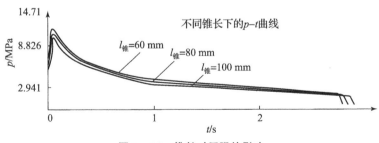

图 6-14 锥长对压强的影响

2) 各种参数的综合影响

各种参数对固体发动机性能的综合影响见表 6-3。

表 6-3 各种参数对固体发动机性能的综合影响

参数	长度 /mm	推进剂质量 /kg	燃速 $P=6.98$ MPa /(mm·s^{-1})	压强指数	孔径比	比冲效率 /%	速度变化 /%
有喷管固体发动机（基准）	1 155.7	27.6	19.05	0.4	3.0	100	100
无喷管（基准）	1 155.7	31.1	41.91	0.5	3.0	83	105

续表

参数	长度/mm	推进剂质量/kg	燃速 $P=6.98$ MPa /(mm·s^{-1})	压强指数	孔径比	比冲效率/%	速度变化/%
无喷管（高燃速）	1 155.7	31.1	48.26	0.6	3.0	86	106
无喷管（高肉厚比）	1 155.7	34.5	48.26	0.6	0.05	87	112
无喷管（低压强指数）	1 155.7	34.5	48.26	0.4	3.5	88	113
长固体火箭发动机，有喷管（基准）	1 409.7	32.7	16.15	0.4	3.0	100	100
无喷管	1 409.7	41.3	41.91	0.5	3.0	86	108
短固体发动机，有喷管（基准）	901.7	21.8	22.86	0.45	3.0	100	100
无喷管	901.7	24.9	41.91	0.5	3.0	78	92
无喷管	901.7	24.9	68.58	0.58	3.0	85	99

3）提高无喷管固体发动机比冲与重现性

无喷管固体发动机在工作过程中，虽然 $p-t$ 曲线降低很严重，但因拥塞截面逐渐扩大，故仍然可以获得令人满意的推力-时间曲线，如图 6-15、图 6-16 所示。

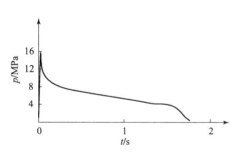

图 6-15 无喷管固体发动机压强-时间曲线

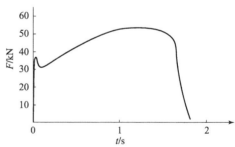

图 6-16 无喷管固体发动机推力-时间曲线

提高性能，改善性能重现性，是关系到无喷管固体发动机推广使用的关键所在。为此，研制中通过调整长径比、不同配方组合装药、提高平均压强等措施，已使研制的无喷管固体发动机比冲由 1 749 N·s/kg 提高到 1 920 N·s/kg，最高已达 1 989 N·s/kg，见表 6-4。

表6-4 直径157 mm无喷管固体发动机性能

参数	序号										
	1	2	3	4	5	6	7	8	9	10	11
L/D	6.37	7.6	7.6	7.6	7.6	9.6	7.6	9.6	9.6	9.6	9.6
$\alpha/(°)$	15	15	15	15	15	15	20	15	15	15	15
D_p/d^1	2.3	2.3	2.3	2.3	2.6	2.6	2.6	2.3	2.3	2.3	2.6
推进剂	703-1	703-1	703-1 703-4	703-1	703-1 703-6	703-1 703-6	703-1 703-6	703-1W 703-6W	703-1W 703-6W	703-1W 703-6	703-1
P_{max}/kPa	6 283.1	8 551.2	9 029.0	8 510.0	8 098.0	9 565.0	9 105.0	11 378.0	11 924.0	10 625.0	15 719.0
$\bar{p}/kPa$	2 405.6	3 431.1	4 418.0	2 896.0	4 408.0	6 435.0	3 647.0	5 870.0	5 990.0	6 036.0	6 400.0
F_{max}/kN	17.173	27.651	30.772	22.630	33.010	56.773	236.295	49.178	48.830	46.730	53.112
$\bar{F}/kN$	16.306	24.864	28.780	21.085	26.892	71.087	24.691	43.503	40.473	40.060	45.716
t_b/s	2.656	2.329	1.904	2.598	2.171	1.700	2.243	1.664	1.797	1.805	1.606
t_s/s	2.840	2.360	2.104	2.797	2.337	2.080	2.471	1.847	1.985	2.017	1.816
$I_F/(kN \cdot s)$	44.691	58.007	57.684	57.165	60.167	76.927	58.188	76.380	76.024	77.167	78.353
$I_s/(kN \cdot s \cdot kg^{-1})$	1 749.0	1 831.4	1 843.0	1 841.0	1 881.0	1 895.0	1 813.0	1 919.0	1 925.0	1 939.0	1 989.0
m_p/kg	25.55	31.7	31.3	31.05	32.1	40.6	32.1	39.8	39.5	39.8	39.4
$r/(mm \cdot s^{-1})$	20.33	23.18	28.4	20.8	26.2	33.53	25.4*	32.45	30.05	29.92	35.49

在尾段推进剂内加入某种材料,将会很好地改善无喷管固体发动机的性能重现性。

6.4 多次点火脉冲固体发动机

通常的固体发动机,无论是单级推力的,还是分级推力的,都是一经点火，就连续工作到推进剂燃完为止，即提供连续的推力，而脉冲固体发动机则刚好相反，它是在一个分隔的燃烧室内，串联或并联装两个或多个药柱，每次点燃一个或几个药柱，以提供间断的推力，其间断的时间由弹道需要而确定。

多次点火有两种方式，一种方式是用一套点火系统实现多次点火，另一种方式是多套点火系统。每个脉冲药柱都有自己的点火系统，即每次由一套点火系统完成一个脉冲点火。它们的熄火可以是被动熄火，即燃尽熄火；也可以是主动熄火，即在装药燃烧中间熄火，主动熄火带来较大的附加质量，故尚无实际应用。

6.4.1 脉冲固体发动机的特点

多次点火脉冲固体发动机中有双脉冲固体发动机、三脉冲固体发动机和多脉冲固体发动机。在防空导弹应用中，双脉冲固体发动机是主要的，三脉冲固体发动机也将会有应用，多脉冲固体发动机在空间技术方面会获得应用。多次点火脉冲固体发动机的特点如下。

（1）推力是不连续的，脉冲间隔时间可以控制，每个脉冲的推力方案可是多级的，也可是单级的，视弹道需要而定。

（2）各脉冲都是独立的，一脉冲工作不影响另一脉冲的药柱。

（3）第二脉冲与TVC结合，为导弹接近目标时，采用动力控制提供了可能。

（4）为满足导弹总体布局的需要，脉冲固体发动机多带长尾喷管。

（5）脉冲固体发动机的燃烧室由隔舱分成两部分或几部分，有几个脉冲就有几个隔舱。因此脉冲越多，结构质量就越大。多脉冲是有限的，一般应用较多的是二次点火双脉冲固体发动机，三脉冲固体发动机也将会获得应用。

脉冲固体发动机在质量比方面将有所下降，因它的结构质量比同样的常规固体发动机稍大，尽管如此，脉冲固体发动机的优点更大，这就是脉冲固体发动机技术得以不断发展，并将更多地用于防空导弹及其他小型战术导弹的原因。

6.4.2 应用脉冲固体发动机的意义

应用脉冲固体发动机可显著地提高导弹性能，是采用连续推力的固体发动机所不能比的，其主要好处如下。

1. 提高导弹射程

在固体发动机总冲、质量及尺寸基本相同的情况下，用脉冲固体发动机的导弹比用连续推力单室双推力（或两级固体发动机）固体发动机的导弹，飞行时间更长，射程更远。这是因为脉冲固体发动机的第二脉冲可以延迟工作，直到导弹具有更高的高度，并经过一段惯性飞行之后，第二脉冲才开始工作。

导弹速度增加至末段飞行中气动力控制所需的值。图 6-17 给出了对于总冲、质量及尺寸相同的连续推力单室双推力固体发动机和双脉冲固体发动机用于空空导弹和地空导弹的比较。

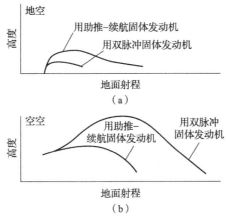

图 6-17 采用双脉冲固体发动机与连续推力单室双推力固体发动机的导弹性能的比较
(以低空机动威胁为背景)
(a) 地空导弹；(b) 空空导弹

2. 改善导弹速度特性

用双脉冲固体发动机的导弹，在两脉冲之间的惯性飞行中，因处于一定高空，阻力损失较小，导弹速度下降较慢，待第二脉冲工作后，导弹速度又迅速提高，相当于导弹动力飞行时间延长了。其速度特性如图 6-18 所示。

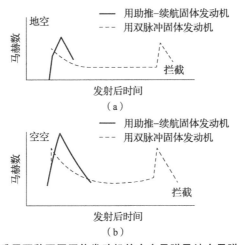

图 6-18 采用两种不同固体发动机的空空导弹及地空导弹的速度特性
(a) 地空导弹；(b) 空空导弹

3. 提高导弹的可用过载，改善命中精度

用脉冲固体发动机的导弹，在接近目标时，处于动力飞行状态，提高了导弹可用过载，使导弹机动能力提高，可以显著改善导弹的命中精度。

4. 减小导弹弹翼

脉冲固体发动机可使导弹末段飞行期间升力所需的机翼翼展最小。第二脉冲可使导弹有动力飞行，达到较高的末速，能使导弹具有较大的攻击目标的能力，这是连续推力所不能达到的。机翼减小，降低了导弹质量并减小了飞行阻力。

5. 与 TVC 结合实现攻击目标的机动控制

在高远程情况下，采用连续推力固体发动机的导弹攻击目标时，固体发动机工作早已结束，此时，无论是导弹速度还是大气密度都已降低，气动力控制效率是较低的。而脉冲固体发动机提供了在接近目标时采用 TVC 增加气动力控制的可能性。

6. 三脉冲比双脉冲性能更好

在某些情况下，与采用双脉冲固体发动机相比，采用三脉冲固体发动机使导弹在射程、速度特性上获得更大的好处，如图 6 – 19 所示。

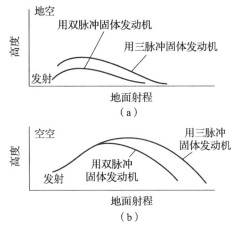

图 6 – 19　采用三脉冲固体发动机与采用双脉冲
固体发动机的导弹性能的比较
（a）地空导弹；（b）空空导弹

6.4.3 脉冲固体发动机设计

1. 推力方案

1）单推力方案

两脉冲都是单推力，第二脉冲推力通常小于或等于第一脉冲推力。第二脉冲的工作时间可长可短。

2）双推力加单推力方案

第一脉冲采用双推力方案，第二脉冲为单推力，第二脉冲的推力可等于或小于第一脉冲的推力。图 6-20 为几种可行的双推力加单推力方案，其中药柱的横截面的形状可是各种满足推力-时间要求的药型。

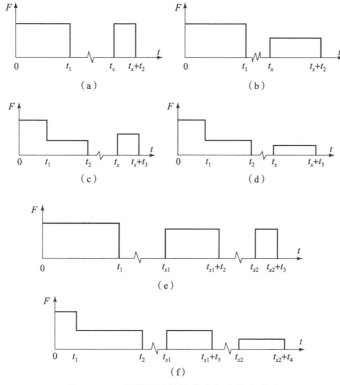

图 6-20　几种可行的双推力加单推力方案

2. 装药方案

1）两脉冲均为单推力方案

装药方案有：内孔燃烧加内孔燃烧药柱；端面燃烧加内孔燃烧药柱；端面

燃烧加端面燃烧药柱等方案。

2) 两脉冲分别为双推力和单推力方案

装药方案有：两脉冲均为内孔燃烧的药柱；第一脉冲为内孔燃烧加端面燃烧药柱，第二脉冲为端面燃烧药柱；第一脉冲为端面燃烧药柱，第二脉冲为内孔燃烧药柱；第一脉冲为内孔燃烧药柱，第二脉冲为端面燃烧药柱；两脉冲均为端面燃烧药柱，如图6-21所示。

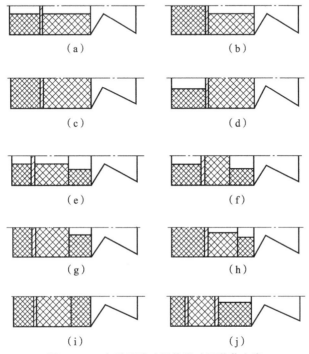

图6-21 各种双脉冲固体发动机装药方案

以上各种药柱的横截面可以是星形、管形、管槽形、锥形等。在装药方案选择与设计时，要与点火方案同时考虑。双脉冲固体发动机结构如图6-22所示。

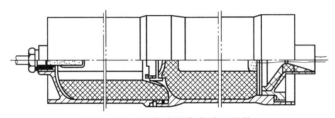

图6-22 双脉冲固体发动机结构

3. 设计特点

对脉冲固体发动机装药设计，相当于设计两个独立固体发动机的药柱。设计方法、药型选择、内弹道计算基本同常规的固体发动机一样，只是药型结构设计中要考虑与隔舱的匹配，内弹道计算中要考虑第二脉冲工作时的某些流动损失。

壳体结构设计要复杂一些，强度设计同常规固体发动机，结构设计的特殊性在于隔舱结构设计、材料选择及固体发动机壳体分段技术。隔舱结构要与材料性能相匹配，使之既能承受第一脉冲工作时的压强，又能保证在第二脉冲点火时立即打开。壳体分段既要使对接处的消极质量最小，又要保证对接方便、密封可靠。

点火装置设计要与两脉冲的装药结构相适应，点火装置的固定、点火信号传递通道的绝热与密封是要重点解决的；另外，点火装置的残骸不允许损伤固体发动机喷管；要求其具有钝感双防的能力，甚至具有可燃的特点；还要保证第二脉冲点火后隔舱突然打开的瞬间，第二脉冲不熄火。

喷管的设计状态要根据两脉冲的总冲分配确定，通常第一脉冲的总冲较大，故设计状态应以考虑第一脉冲为主。为防止隔舱碎片或喷射物对喷管的损伤，在喷管收敛段可嵌入抗冲击的材料。

热防护是脉冲固体发动机设计的重要组成部分，突出的有两部分，一是第一脉冲工作时隔舱的热防护层设计，既保证隔舱的有效热防护，又保证第二脉冲工作时隔舱能可靠打开；二是第二脉冲工作时，第一脉冲燃烧室的可靠热防护。

6.4.4 脉冲固体发动机的关键技术

1. 隔舱技术

隔舱的可靠工作是实现双脉冲乃至多脉冲的关键。可供选用的方案很多，如带格栅的可烧蚀与不可烧蚀的隔舱，在格栅朝第一脉冲的一侧用某种材料制成花瓣形结构，这种材料可以是可燃的，也可以是不可燃的，其表面上再粘接一层绝热材料。绝热材料起隔热与密封作用，花瓣形结构承受第一脉冲的工作压强（格栅是承力的骨架），同时又起单向活门的作用，第一脉冲工作时边缘相互叠合的花瓣紧紧压在格栅上，而当第二脉冲工作时，燃气通过格栅孔将花瓣吹开，从而打开了燃气通道；两向异性的陶瓷材料也可做隔舱，第一脉冲工作时它能承受其工作压强，而第二脉冲工作时，它又能在较低压强下打碎，并从喷管排出，如图 6-22 所示；也可采用喷射棒方案，隔舱板上开有很多小孔，这些孔由喷射棒堵着，第一脉冲工作时能承受其工作压强，第二脉冲工作时，把喷射棒吹掉，从喷管排出，如图 6-23 所示。两脉冲均为端面燃烧药柱，则不需隔舱，只要隔层即可。

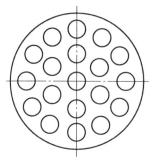

图 6-23 带喷射棒的隔舱

2. 多次点火技术

小型点火装置的设计、固定、热防护、严格的点火条件等都是实现多次点火，借以产生双脉冲或多脉冲的技术关键。

3. 材料与结构

适合上述隔舱工作特点及点火技术要求的隔舱材料的研制，结构与材料性能匹配研究均是至关重要的技术关键。

4. 热防护技术

脉冲固体发动机相当于工作时间很长的固体发动机，因为两脉冲的间隔时间可以很长，在第一脉冲工作结束后，其热量继续向外传播，壳体及隔舱的壁温在第二脉冲工作时，可能达到不允许的程度。长时间的有效的热防护也是非常重要的技术。

5. 壳体分段技术

壳体分段质量最轻，对接方便、密封；绝热可靠也是脉冲固体发动机实际应用必须解决的重要课题。

第 7 章
固体冲压发动机设计基础

组合发动机是指由两种或两种以上不同类型的发动机组合而成的一类新型发动机。其工作循环由参与组合的各类发动机的热力过程所构成,或者是在结构上共用某些主要部件,使总体结构简化。组合发动机往往综合不同类型发动机的优点,克服各自的短处,从而达到总体性能的改善和提高,或者达到拓宽工作范围、满足飞行器发展的需求。目前参与组合的发动机类型有冲压发动机、涡轮喷气发动机和火箭发动机等。依照不同的组合及工作方式，构成了各种类型的组合发动机。

混合发动机是指固液混合火箭发动机，采用固体推进剂（多为贫氧）和液体推进剂（氧化剂居多）组成混合推进剂火箭发动机。

7.1 火箭冲压发动机

火箭冲压发动机是由火箭发动机与冲压发动机组合而成,如图 7-1 所示。

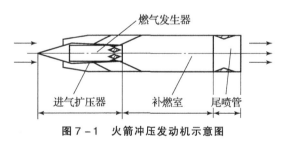

图 7-1 火箭冲压发动机示意图

这种在工作循环和结构上由火箭发动机与冲压发动机结合而成的火箭冲压发动机,克服了冲压发动机不能独立地启动且低速飞行时效率很低的缺点,又将空气喷气发动机的优点(推进剂的消耗量小)与火箭发动机的优点(良好的速度特性和高度特性)结合起来。

7.1.1 基本组成及作用

火箭冲压发动机主要部件除了冲压发动机的进气扩压器、补燃室和尾喷管外,还增加了一台小型火箭发动机作为燃气发生器。

1. 进气扩压器

它包括中心锥尖端至补燃室进口截面部分。其作用是吸入来流空气,提高压力并减速,即冲压压缩,为燃烧室提供合适的进口气流(通常为亚声速气流,$Ma = 0.15 \sim 0.25$)。

2. 燃气发生器

燃气发生器即为使用贫氧推进剂的火箭发动机。如果使用贫氧固体推进剂,则燃气发生器结构简单,在结构上包括燃烧室、贫氧固体推进剂装药、多孔喷管及点火装置等。如果使用贫氧液体推进剂,燃气发生器就是一台小型液体火箭发动机,包括推进剂喷射器、燃烧室、多孔喷管、液体推进剂贮箱及增压系统等。

燃气发生器的燃烧室又称一次燃烧室。

3. 补燃室

其作用是使由进气道引进的空气与燃气发生器多孔喷管排出的燃气在此腔内掺混、燃烧,完成二次燃烧过程。

4. 尾喷管

其作用是使在补燃室内进行再次燃烧的生成产物经过尾喷管膨胀加速,从出口高速排出产生推力。

对于液体火箭冲压发动机,为了简化发动机结构,一般的燃气发生器均采用可贮存的自燃推进剂。发动机工作时,由喷射器向燃气发生器的燃烧室喷射自燃推进剂。在使用单组元推进剂时,喷射到室内的推进剂经催化或初始温度和压力的作用而自行分解,并持续产生高温可燃气体,排入补燃室;如果使用双组元推进剂,燃烧剂和氧化剂以贫氧的混合比喷入燃烧室内自燃,产生高温可燃气体排入补燃室。

7.1.2 火箭冲压发动机分类

火箭冲压发动机的分类方式有多种,常用的分类方式是按照燃气发生器使用的推进剂不同,将火箭冲压发动机分为液体火箭冲压发动机、固体火箭冲压发动机和混合火箭冲压发动机。不论是液体推进剂还是固体推进剂,它们都是贫氧推进剂。按照是否设置单独的引射室(引射器),可将火箭冲压发动机分为有单独引射室的引射式火箭冲压发动机和不单设置引射室的火箭冲压发动机。按照燃烧方式，火箭冲压发动机可分为亚声速燃烧火箭冲压发动机和超声速燃烧火箭冲压发动机。此外，还有按照推力和推进剂流量能否可调来分类，或按结构上的特点来分类等。

在火箭冲压发动机的发展过程中，有些文献曾将不设置单独引射室的火箭冲压发动机看作是以火箭发动机（燃气发生器）为主体，而将冲压空气看作是增加工质质量、增大燃烧完全程度，称该类发动机为"空气加力火箭"或"管道式火箭发动机"。

固体火箭冲压发动机首先在防空导弹上得到了应用。这是由于固体火箭冲压发动机具有系统结构简单、使用方便、比冲较高（使用中等热值的贫氧推进剂，发动机比冲可达 6 000 N·s/kg）、工作可靠等优点。其缺点是发动机工作调节困难，弹道难以控制，工作时间受固体药柱结构尺寸的限制不宜过长。

与固体火箭冲压发动机相比较，液体火箭冲压发动机的工作时间要更长，而且燃气发生器的流量及余氧系数均可调节。其缺点是系统结构复杂，增加了导弹的质量，所需地面设备也多。

不同类型的火箭冲压发动机在工作原理、结构及性能上存在一些差异，比如是以"火箭"占主要作用，还是以"冲压"占主要作用，或是二者并重。但作为一种组合式空气喷气动力装置，火箭冲压发动机的工作过程涉及以下几种基础原理的一部分或全部。

（1）空气冲压、燃烧、喷气推进原理。
（2）火箭燃烧、喷气推进原理。
（3）引射器混合增压原理。
（4）分级燃烧组织原理。

7.2 火箭冲压发动机的主要性能参数

本节简要介绍火箭冲压发动机的推力。关于火箭发动机的推力及其表达式已在前面第 3 章中进行了介绍。冲压发动机产生推力的原理及其计算推力的方法与火箭发动机在基本原理上是相同的。但也有不同之处，这就是有来流空气进入冲压发动机。

火箭冲压发动机的主要性能参数还包括阻力及发动机的经济性，在此不再多占篇幅，读者如果有兴趣，可参阅有关文献资料。

对于喷气发动机来讲，是靠喷射气流产生的反作用力而产生推力，推力是推进装置的基本性能参数之一。冲压发动机产生的推力并不是完全被用来做有效功,其中有一部分被用来克服外阻力。在此,介绍两个推力概念:发动机的内推力和推进装置的有效推力 F_{ef}。所谓发动机的内推力,通常理解为发动机内部工作过程中所产生的推力,不考虑推进装置的外部阻力,也称总推力。有效推力是指克服飞行时的迎面阻力及飞行器本身的惯性力,提供飞行器推进的那部分推力。阻力是指飞行器头部的附加阻力及外皮阻力(包括压差阻力、摩擦阻力及尾部阻力等)。

7.2.1 有效推力 F_{ef}

从推进的物理概念得知,推进装置的有效推力可用气流作用于推进装置内外表面上的压力和摩擦力在其轴线方向上的投影之合力来计算。图 7-2 所示为火箭冲压发动机推力计算简图。

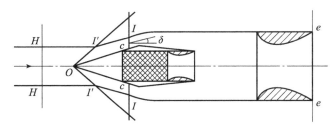

图 7-2 火箭冲压发动机推力计算简图

由有效推力定义,有效推力可表示为

$$F_{ef} = F_n + F_w \tag{7-1}$$

式中,F_n 为作用在发动机内表面上的轴线合力;F_w 为作用在壳体外表面上的轴向合力。

1. 发动机内表面上的轴向合力 F_n

为研究方便,我们取一控制体,它由垂直于轴线的 $I-I$ 截面、$e-e$ 截面及受到内部气流作用的外壳表面组成,以此作为研究对象,并假定发动机内的气流是一维定常流动,即同一截面的气流参数认为是均匀的,而且不随时间而变化。

由定义,$F_n = \int_A p dA$,式中 A 代表发动机内表面的轴向投影面积。

利用动量定理:控制体内气体所获得的动量变化率等于气体所受到的外力。气体受到的外力包括:发动机内表面对气体的作用力,此力与 F_n 大小相等,方向相反,以 $-F_n$ 表示;发动机进口处截面所受到的空气压力,方向也与推力相反，以 $-p_1A_1$ 表示；喷管出口截面上所受到的燃气作用力，方向与推力相同，以 p_eA_e 表示。由此得到

$$\frac{\mathrm{d}M}{\mathrm{d}t} = -F_n - p_1A_1 + p_eA_e \tag{7-2}$$

式中，$\frac{\mathrm{d}M}{\mathrm{d}t}$ 为气体的动量变化率，且有

$$\frac{\mathrm{d}M}{\mathrm{d}t} = -\dot{m}_e v_e - (-\dot{m}_1 v_1)$$

于是有
$$-F_n - p_1A_1 + p_eA_e = -\dot{m}_e v_e - (-\dot{m}_1 v_1)$$

经整理，得到

$$F_n = \dot{m}_e v_e - \dot{m}_1 v_1 - p_1A_1 + p_eA_e \tag{7-3}$$

式中，$\dot{m}_e v_e$ 为 $e-e$ 截面流出的燃气每秒动量；$\dot{m}_1 v_1$ 为 $I-I$ 截面流入的空气每秒动量。

2. 壳体外表面上的轴向合力 F_w

作用在发动机壳体外表面的作用力包括：空气压力产生的轴向合力，其值为 $\int_{A_1}^{A_e} p\mathrm{d}A$，通常 $A_e > A_1$，所以其轴向合力的方向与推力方向相反；空气与壳体外表面的摩擦阻力，用 X_m 表示，其方向总是与推力方向相反，则

$$F_w = -\int_{A_1}^{A_e} p\mathrm{d}A - X_m \tag{7-4}$$

将式（7-4）变换一下形式，在其右边加、减 $\int_{A_1}^{A_e} p_H \mathrm{d}A$，则得

$$F_w = -\int_{A_1}^{A_e} p_H \mathrm{d}A - \int_{A_1}^{A_e} (p - p_H)\mathrm{d}A - X_m$$

式中，p_H 为前方来流空气在 $H-H$ 处的压力。

令 $\int_{A_1}^{A_e} (p - p_H)\mathrm{d}A = X_b$，称之为前缘波阻。这是由于中心锥的作用使超声速气流遇阻产生压缩，在中心锥顶点 O 处产生斜冲波，来流经过斜冲波后，流速降低而压力升高，流动方向发生转折，对发动机来讲产生阻力，即

$$F_w = -\int_{A_1}^{A_e} p_H \mathrm{d}A - X_b - X_m \tag{7-5}$$

3. 推力 F

由有效推力定义，将式（7-3）、式（7-5）代入式（7-1），则得

$$F_{ef} = \dot{m}_e v_e - \dot{m}_1 v_1 - p_1A_1 + p_eA_e - \int_{A_1}^{A_e} p_H \mathrm{d}A - X_b - X_m$$

上式用于计算比较困难，因为截面 $I-I$ 处受干扰的气流计算很复杂。若将受干扰的气流参数转换成未受干扰的 $H-H$ 截面处气流参数，将使计算 F_{ef} 大大简化。同样用动量定理来研究 $H-H$ 截面和 $I-C-O-C-I$ 表面为控制面，得到

$$F_{ef} = \dot{m}_e v_e - \dot{m}_H v_H + p_e A_e - p_H A_H - \int_{A_H}^{A_1} p \mathrm{d}A - \int_{A_1}^{A_e} p_H \mathrm{d}A - X_b - X_m \quad (7-6)$$

对于 $H-H$ 这个封闭的控制体来讲，如果外表面作用有 p_H 的均匀压力，其合力为 0，即

$$p_H A_H + \int_{A_H}^{A_1} p \mathrm{d}A + \int_{A_1}^{A_e} p_H \mathrm{d}A - p_H A_e = 0$$

若将此式加在式（7-6）右方，则得

$$F_{ef} = \dot{m}_e v_e - \dot{m}_H v_H + p_e A_e - p_H A_H - p_H (A_e - A_H)$$
$$- \int_{A_H}^{A_1} (p - p_H) \mathrm{d}A - \int_{A_1}^{A_e} (p_H - p_H) \mathrm{d}A - X_b - X_m$$

令式中 $\int_{A_H}^{A_1} (p - p_H) \mathrm{d}A = X_f$，称 X_f 为附加阻力，上式可改写成

$$F_{ef} = \dot{m}_e v_e - \dot{m}_H v_H + (p_e - p_H) A_e - X_f - X_b - X_m \quad (7-7)$$

这就是火箭冲压发动机的有效推力的表达式。

由式（7-7）可以得到发动机的内推力，也就是发动机的名义推力，此时不考虑阻力，有

$$F_n = \dot{m}_e v_e - \dot{m}_H v_H + (p_e - p_H) A_e \quad (7-8)$$

因此，推进装置的有效推力正是发动机的内推力（名义推力）减去摩擦阻力、压差阻力和附加阻力的差值。

7.2.2 推力系数

冲压发动机和火箭冲压发动机，常将推力系数作为发动机的推力特性参数。所谓推力系数就是单位迎风面积的推力与迎面气流动压头 q_H 之比值，即

$$c_F = \frac{F}{A q_H} \quad (7-9)$$

式中，F 为发动机推力；A 为发动机的迎风面积；q_H 为迎面气流动压头，$q_H = \frac{1}{2}\rho_H v_H^2$。

通常 F 采用名义推力 F_n，迎风面积取发动机最大横截面 A_{max} 为特征面积，则得

$$c_F = \frac{2 F_n}{\rho_H v_H^2 A_{max}} \quad (7-10)$$

值得指出的是，火箭冲压发动机的推力系数与火箭发动机推力系数在概念上是完全不同的。火箭冲压发动机的推力系数与阻力系数很相似，有了推力系数后，在研究发动机可用推力和飞行器的需用推力时，使用推力系数的概念特别方便。另外，有关特征面积亦可取进口截面或进口流束截面。

有关阻力和发动机的经济性能，在此不再介绍，如需要的话，请读者参阅有关文献书籍。

7.3 整体式火箭冲压发动机

7.3.1 整体式冲压发动机

整体式冲压发动机是将固体火箭助推器置于冲压发动机内，二者相继共用一个燃烧室的一种组合发动机。由于冲压喷气发动机不能自行启动，总是以火箭发动机作助推器组合使用，把这两种发动机从形式、结构以至于工作过程都有机结合，使它们成为一体化的发动机。

如果其主发动机是冲压发动机，则称两级组合发动机为"整体式冲压发动机"；如果其主发动机是火箭冲压发动机，则两级组合发动机称为"整体式火箭冲压发动机"。

图7-3所示为整体式液体燃料冲压发动机。对于整体式冲压发动机，为了解决实际应用问题，需要在结构和系统上解决许多技术问题。

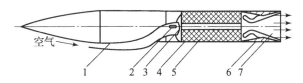

图7-3 整体式液体燃料冲压发动机

1—进气扩压器；2—液体燃料喷嘴；3—扩压器出口堵盖；4—燃烧室；
5—固体药柱；6—冲压发动机喷管；7—助推器喷管

一是解决固体助推发动机工作结束后，必须迅速抛掉助推喷管，才能确保冲压发动机工作的问题，在结构上通过采用助推喷管释放机构来解决；二是在助推发动机工作期间，要确保燃气不泄漏到进气道内，所以设计的密封堵盖在助推级工作完成且转级工作时必须及时抛掉；三是为了实现转级（由助推级向主级转换）需要设置一种称为"转级控制装置"的机构，它的功能是感受熄火信号，使助推喷管释放机构动作且抛掉助推喷管和密封堵盖，使主发动机点火启动。

此外，整体式冲压发动机的燃烧室的密封与热防护也是技术难点。不过这些技术已有一系列的研究成果，并在不断改进和发展，为整体式冲压发动机的型号应用做好了技术储备。

7.3.2 整体式固体火箭冲压发动机

整体式固体火箭冲压发动机是将固体火箭助推器置于火箭冲压发动机的补燃室内，二者相继共用一个燃烧室，所以它是火箭冲压发动机和火箭发动机助推器的再组合。

按燃气发生器使用的推进剂不同，其可分为整体式液体火箭冲压发动机和整体式固体火箭冲压发动机。

1. 结构组成

图 7-4 所示为整体式固体火箭冲压发动机结构简图。

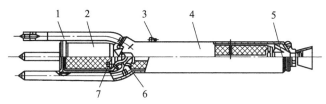

图 7-4 整体式固体火箭冲压发动机结构简图
1—进气道；2—燃气发生器；3—压力继电器；4—助推补燃室；5—助推/冲压组合喷管；
6—助推发动机点火器；7—燃气发生器点火器

整体式固体火箭冲压发动机主要包括进气道、固体推进剂燃气发生器、助推补燃室、助推/冲压组合喷管、点火系统、转级控制装置以及调节装置等。

为了导弹总体布局的需要，实现低气动阻力设计，整体式固体火箭冲压发动机和导弹采用一体化互利结构形式。一般情况下，发动机本体直接构成导弹的主要舱段，而进气道则采用旁侧布局、外装式结构。典型的发动机和导弹一体化布局方案如图 7-5 所示。

2. 工作过程与性能

1）工作过程

整体式固体火箭冲压发动机的工作过程简述如下。

首先，助推发动机点火工作，强大的推力将导弹在很短时间内加速到低超

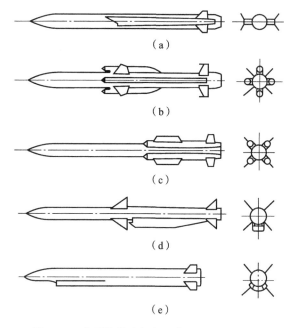

图 7-5 典型的发动机和导弹一体化布局方案
(a) 双侧进气道、无翼式；(b) 4 管十字布局进气道、全动弹翼；
(c) 4 管 X 形布局进气道、尾翼控制；(d) 腹部二元进气道、BTT 控制；
(e) 颚下进气道与弹体融合一体

声速，即火箭冲压发动机接力马赫数（$Ma = 1.5 \sim 2.5$），此时转级控制装置感受助推发动机压力下降（熄火）信号，起爆喷管释放机构上的起爆装置，使助推喷管迅速抛掉，并接通燃气发生器点火电路。在空气和燃气压力作用下，进气道密封堵盖和燃气发生器喷管堵盖相继脱落。富燃料燃气喷入补燃室，与冲压空气掺混补燃，产生高温高压的燃气通过冲压喷管转为动能，产生推进冲量。整个转级过程在极短时间内完成，火箭冲压发动机给导弹足够的续航推力，直到命中目标。整体式固体火箭冲压发动机工作过程如图 7-6 所示。

2）性能

(1) 固体火箭冲压发动机性能。

工作范围：较适宜的飞行速度为 $Ma = 1.5 \sim 4.0$，飞行高度从海平面至 30 km。

推力：单台就可以提供导弹超声速飞行所需的续航推力，其高空推力系数比同尺寸的煤油燃料冲压发动机大，达到 $1.0 \sim 1.3$，而比冲却低。低空推力系数一般为 $0.5 \sim 0.8$。固体火箭冲压发动机赋予导弹的加速度一般不大于 $15 \sim 25 \text{ m/s}^2$。它是一种具有一定加速能力的续航发动机。

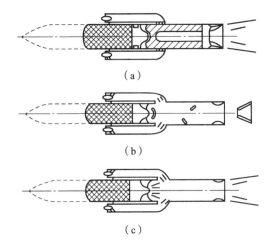

图 7-6 整体式固体火箭冲压发动机工作过程
(a) 助推级工作；(b) 转级过程；(c) 主级工作

比冲：固体火箭冲压发动机比冲变化范围大，一般 I_{sp} = 4 000 ~ 11 000 N·s/kg。比冲的大小与使用的贫氧推进剂能量特性有关，此外还与飞行状态、空气/推进剂比、发动机特征尺寸、各部件总压恢复系数及燃烧效率有关。

工作时间：主要根据任务需要、燃气发生器稳定燃烧时间及热防护设计有关，一般在 20 ~ 100 s。

(2) 助推发动机性能。助推发动机与一般固体火箭助推发动机性能接近。比冲为 2 200 ~ 2 400 N·s/kg，工作时间为 2.5 ~ 6 s，可赋予导弹 15 ~ 20g 过载加速能力。

(3) 两级组合发动机质量比。为方便起见，可以定义整体式固体火箭冲压发动机质量比为助推药柱加发生器药柱之和与发动机总质量之比，大约在 0.6 ~ 0.7 范围内。

7.3.3 整体式固体火箭冲压发动机典型结构方案举例

在此列举几种不同用途的整体式固体火箭冲压发动机总体方案。

1. 中低空防空导弹用整体式固体火箭冲压发动机方案

中低空防空导弹用整体式固体火箭冲压发动机结构方案如图 7-7 所示。

该导弹对发动机的基本要求是：助推发动机将导弹加速至 Ma = 2.0，火箭冲压发动机续航飞行时间为 27 s，最大飞行马赫数 Ma ≈ 2.6。导弹采用全动弹翼控制，需用攻角不大于 8°。导弹最大作战高度为 10 km，不要求调节燃气发

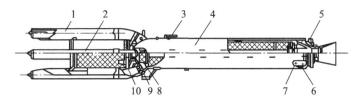

图 7-7 中低空防空导弹用整体式固体火箭冲压发动机结构方案

1—进气道；2—燃气发生器；3—压力继电器；4—助推补燃室；5—助推/冲压组合喷管；
6—后滑块；7—尾翼安装座；8—助推发动机点火器；9—前滑块；10—燃气发生器点火器

生器流量。根据上述工作条件要求，确定发动机本体作为导弹弹体的一个舱段。在弹体旁侧安置 4 个进气道呈十字布局，后段弯曲 30°，将空气引入补燃室。燃气发生器采用高燃速镁铝丁羟贫氧推进剂，装药为端面燃烧柱形药柱。点火装置安放在后封头上。

其助推发动机采用中能双基推进剂，内外燃面的单根管形药柱。正常式助推喷管嵌装在冲压喷管内，且有弓形夹型释放机构。进气道的堵盖和燃气发生器的密封堵盖采用整块式，点火装置为分装式类型。

2. 超声速反舰导弹用整体式固体火箭冲压发动机方案

一种超声速反舰导弹用整体式固体火箭冲压发动机结构方案如图 7-8 所示。

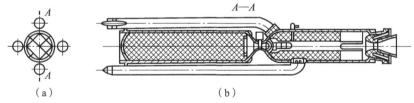

图 7-8 一种超声速反舰导弹用整体式固体火箭冲压发动机结构方案
(a) 布局图；(b) 剖面图

超声速反舰导弹最大射程为 180~200 km，飞行马赫数 $Ma = 2.0 \sim 2.5$，机载发射，要求既可以超声速掠海飞行，也可以在 10 km 高空上巡航飞行，接近目标时再俯冲攻击。根据要求，导弹设计的发动机采用含硼高能贫氧推进剂，燃气发生器有流量控制（通过喉部面积调节），为改善硼粉燃烧，进气道与补燃室相接的位置不在同一截面处。助推发动机采用丁羟复合推进剂、管槽形装药，体积装填系数为 0.86，助推喷管为潜入式，有释放机构。燃气流量调节采用滑动柱塞形结构，调节器感受飞行高度变化线性调节燃气流量。发动机比冲可达 9 000 N·s/kg。

下面介绍一种反舰导弹上应用的 ASSM 整体式固体火箭冲压发动机。

ASSM 整体式固体火箭冲压发动机是欧洲反舰导弹开发集团（ASEM）的先进舰对舰导弹试验弹用发动机，由法国国家宇航研究院、航空航天公司和火炸药公司于 1976 年合作研制。其主要性能与结构参数见表 7-1。

表 7-1　ASSM 整体式固体火箭冲压发动机主要性能与结构参数

性能	参数	性能	参数
推力/kN	15	飞行马赫数 Ma	2.1
比冲/(m·s^{-1})	约 9 810	总质量/kg	650
燃气流量/(kg·s^{-1})	1.5	直径/mm	400
工作时间/s	120	长度（燃烧室）/mm	700~800

1）发动机系统组成及工作原理

（1）发动机系统组成：ASSM 整体式固体火箭冲压发动机包括：4 个呈 X 形配置的中部侧面进气道，装有富燃推进剂的燃气发生器，长 0.7~0.8 m 的冲压燃烧室和收敛扩张型喷管，燃气发生器喷射器及进气道堵盖、点火器等。

ASSM 整体式固体火箭冲压发动机采用中部侧面进气道，使整个弹体前段都可以用于放置制导系统和战斗部，而且导引头的视界不会受冲压发动机进气道的干扰。

（2）工作原理：由火箭助推发动机将导弹加速至 $Ma=2.1$ 时，助推器自动分离脱落，侧面进气口堵盖靠冲压空气吹入燃烧室。燃气发生器的富燃推进剂点火燃烧，产生的是富燃气体。富燃气体经喷射器喷入燃烧室，靠其自身的高温与冲压空气补燃，形成充分燃烧的高温气体，经喷管膨胀流动喷出使导弹前进的推力。

2）发动机主要部件

图 7-9 所示为 ASSM 整体式固体火箭冲压发动机及其试验弹剖面图。

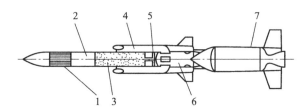

图 7-9　ASSM 整体式固体火箭冲压发动机及其试验弹剖面图
1—飞行试验仪器；2—制导和控制装置；3—燃气发生器；4—进气道；
5—燃气喷射器；6—燃烧室；7—助推发动机

进气道：4 个中心锥双波系扩压器侧面进气道，其整流罩光滑延伸到弹体尾部。在 $Ma=2.14$ 时，其试验效率为 $0.70\sim0.80$。

燃气发生器：为富燃料定流量燃气发生器，采用无毒的中能自解燃料，黏合剂为聚丁二烯，并加入少量的过氯酸铵氧化剂。该推进剂具有少烟、比冲高等优点，但密度低，仅为 $1.3\ g/cm^3$。装药为圆柱形端面燃烧药柱。推进剂重 190 kg，最大燃烧时间约 120 s。

燃烧室喷管组件：燃烧室是补燃室，其头部的外面装有喷射器，补燃室的侧面开有 4 个进气口，口上装有侧面进气堵盖。补燃室后边连接喷管。

ASSM 试验弹固体火箭冲压发动机是 ASSM2 导弹的整体式固体火箭冲压发动机的试验机。在此基础上，法国国家宇航研究院研制了推力可调的整体式固体火箭冲压发动机。

3. 空空导弹用火箭冲压发动机方案

空空导弹用火箭冲压发动机方案如图 7-10 所示。

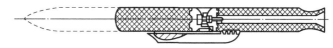

图 7-10　空空导弹用火箭冲压发动机方案

根据空空导弹飞行特点，要求大攻角机动飞行，因此发动机在导弹下侧安置 2 个二元进气道。为了适应空中发射，设计了无喷管助推器。燃气发生器采用端面燃烧药柱，其喷管为偏置式。

7.4　贫氧固体推进剂

贫氧固体推进剂也称富燃料推进剂。贫氧固体推进剂的余氧系数一般为 $0.05\sim0.30$。余氧系数是指推进剂实际含氧量与完全燃烧所需氧量之比，记为 α_0。其在组成和制造方法上与常规固体推进剂基本相同，所不同的是氧化剂含量减少许多，所减少的含量由黏合剂（燃料）和金属粉增加含量来弥补。

贫氧固体推进剂主要用作固体火箭冲压发动机和固液火箭发动机的主推进剂。此外，它还用作液体火箭发动机的燃气发生器、涡轮启动器、液体推进剂贮箱增压、蓄压器的能源工质。固体火箭冲压发动机选用贫氧固体推进剂，是为了利用一部分空气中的氧（由冲压进气道进入补燃室）与贫氧的可燃气体补燃，以求获得高比冲。

7.4.1 贫氧固体推进剂的特点

贫氧固体推进剂除具有一般推进剂的各种性能特征外，还有如下特点。

（1）贫氧固体推进剂的组分中氧化剂含量少，只是常规固体推进剂中氧化剂含量的55%左右，在燃气发生器内的一次燃烧是不完全的。

（2）贫氧固体推进剂在燃气发生器内的工作压力较低，这是由各种效率的制约所定，一般在1.5~3.0 MPa。因此，为保证低压下的燃烧稳定性，需采取引入抑制压力耦合振荡的组分，如加入适量的金属组分等措施。

（3）贫氧固体推进剂常要求在低氧化剂含量、低燃烧室压力的条件下实现高燃速，应采用化学催化剂或物理方法来增大燃速。

（4）贫氧固体推进剂的氧化剂含量在低于某一数值时，药条燃烧后会出现成型的药渣，应在配方研制中设法避免。

（5）贫氧固体推进剂在低压下燃烧，其燃速与压力关系的表征，用萨默菲尔德燃速方程比用维也里压力指数公式有更好相关性。

7.4.2 贫氧固体推进剂组分的选择

贫氧固体推进剂组分对固体火箭冲压发动机性能的影响关系复杂，除了主要考虑性能要求外，还应考虑组分的选择对推进剂成本、老化、排气光学特性以及工艺性、力学特性的影响。选择组分首先要从提高能量的角度考虑，选择有高燃烧热和高密度的组分；其次要考虑组分对推进剂的力学性能、燃烧性能、贮存性能和稳定性的影响；最后要考虑补燃的高效率，要求它能在低压下高效率咚速燃烧（补燃）。

1. 氧化剂的选择

选用氧化剂的一般原则是考虑其有效的含氧量、密度和生成热。只有选择有效含氧量较高的氧化剂，才可能使贫氧推进剂中氧化剂所占组分百分比减少。目前常使用的还是过氯酸铵。

贫氧固体推进剂中的少量氧化剂是必需的，依靠氧化剂的热解，与部分燃料的燃烧所放出的热几乎全部用来热解其余的黏合剂。为使贫氧固体推进剂的燃烧产物无烟或少烟，可用部分奥克托今取代过氯酸铵。为了提高贫氧固体推进剂的容积热值，必须考虑添加高热值的金属粉，供选用的金属粉有锂、铍、硼、铝、镁及锆等。其中铍的毒性大、价格昂贵，不适宜采用。目前，硼粉应用日趋广泛。研究证明，在贫氧固体推进剂中同时选用铝、镁两种金属添加剂比较合适。

2. 黏合剂的选择

选择贫氧固体推进剂的黏合剂，首先要考虑加工容易且有较高的热值。表 7-2 为黏合剂的性能。

表 7-2 黏合剂的性能

黏合剂种类	质量分数/%					密度/$(kJ \cdot cm^{-3})$	热值		固体组分最大含量/%
	$w(C)$	$w(H)$	$w(O)$	$w(N)$	$w(Cl)$		质量热值/$(kJ \cdot g^{-1})$	容积热值/$(kJ \cdot cm^{-3})$	
CTPB	83.9	7.5	4.0	0.6	1.0	0.93	43.2	40.2	86
HTPB	85.4	11.2	2.4	1.0		0.92	43.4	40.0	88
增塑型 HTPB	81.6	7.4	7.1	0.9		0.94	40.9	38.3	90~91
增塑型 HTPB 及二茂铁催化剂	80.0	9.7	5.3	2.6		1.00	39.5	39.5	90~91
聚酯	56.8	8.1	32.7	2.4		1.16	25.2	29.3	86
聚碳酸酯	57.5	8.3	29.2	5.0		1.15	26.2	30.1	85

注：固体组分的最大含量（包括 AP 和铝），可合并成一个组分考虑（加工和力学性能）。

按照容积热值的大小顺序对黏合剂排序为 CTPB = HTPB > 聚碳酸酯 > 聚酯。目前经常使用无塑性的聚丁二烯作为黏合剂。推进剂组分中，如果加入大量的贫氧固体颗粒，则推进剂能量就主要取决于这些固体颗粒。如果能显著提高其固体颗粒装填密度，就应考虑使用增塑剂，经过增塑后的聚丁二烯可以很好地满足要求。

表 7-3 为典型贫氧推进剂组分。

表 7-3 典型贫氧推进剂组分

组分		质量分数/%	
黏合剂	HTPB	12.0~14.0	17~19
	增塑剂	3.5~4.5	
	固化剂	0.5~1.0	

续表

组分		质量分数/%
氧化剂 AP		38~42
金属添加剂	Mg	19~22
	Al	20~22
稀释剂		3~4

7.5 火箭冲压发动机的发展与展望

火箭冲压发动机技术是随着研究性能更先进的战术导弹而发展起来的。事实证明，在适当的射程和速度范围内，固体火箭发动机是个十分胜任的无可争辩的选择。但是要显著提高导弹的射程和飞行速度，继续采用固体火箭发动机作为动力装置，将使导弹的质量和体积大幅增加。1979 年，Marguet、Ecary、Cazin Ph 等人在一篇论文中做了举例说明，若研制一个有效载荷为 200 kg、射程 100 km，并以 $Ma=2$ 的速度低空飞行的导弹，采用固体火箭发动机做动力装置，则导弹长 9~10 m，质量为 5 000 kg；而采用煤油燃料冲压发动机，导弹长 6 m，质量为 1 000 kg。由此可见，冲压发动机技术应用于战术导弹动力装置非常有发展前景。有关火箭冲压发动机技术设想早在第二次世界大战前就出现了。冲压发动机的概念最初是法国科学家 Lorin R 在 1911 年提出来的，法国人 Leduc R 将其运用到飞机的推进器上。第二次世界大战前及其战争期间，德国人已研究了将冲压发动机概念应用于导弹和炮弹上的可能性。第二次世界大战结束后至 20 世纪 60 年代中期，许多国家都将其作为主要研究目标。1954 年美国锡奥科尔化学公司开始了固体火箭冲压发动机探索研究，苏联在 20 世纪 60 年代也进行了火箭冲压发动机的探索研究工作。

到了 20 世纪 60 年代，双用途燃烧室与整体式助推发动机技术有了重大突破。苏联研制成功整体式固体火箭冲压发动机为动力装置的防空导弹（即 SAM-6），于 1967 年开始服役。20 世纪 70 年代以后，固体火箭冲压发动机技术更加引起世界各国的重视，美国和英国先后都将冲压发动机技术用于导弹动力装置，取得了很大进展。

我国在1968年结合某型号地空导弹改型，提出发展固体火箭冲压组合发动机技术，到20世纪70年代开始了固体火箭冲压发动机的试验研究。20世纪90年代以来，我国的固体火箭冲压发动机技术取得了显著成果，在同类推进剂的固体火箭冲压组合发动机技术上已达到了世界先进水平。

可以预料，在现代战争中，各种类型的超声速、小体积、高性能战术导弹是克敌制胜的重要武器，而这类导弹要求动力装置具有高的迎面推力和比冲、小的体积和结构质量、良好的使用特性和机动作战适应性，采用一般的火箭发动机、涡轮喷气发动机、传统的冲压发动机都难以满足要求，而整体式火箭冲压发动机和整体式冲压发动机将是这类导弹推进系统的优选。这类发动机在新一代飞航式战术导弹中有着广阔的应用前景。

现在，整体式火箭冲压发动机的一些基本技术问题已得到解决，但是要用到下一代先进导弹上，还有许多关键技术需要研究，例如提高贫氧推进剂性能、提高燃烧效率、提高部件设计水平和热防护能力、突破燃气流量调节技术和发展导弹－进气道－发动机一体化设计技术等。可以预料，整体式火箭冲压发动机与整体式冲压发动机将会得到进一步的发展，并将广泛应用在各类飞航式导弹上。

以上重点介绍了冲压发动机与火箭发动机的组合。至于涡喷发动机与火箭发动机的组合、涡喷发动机与冲压发动机的组合，仍处于方案探索和局部试验研究阶段，尚未达到实际工程上应用，所以在此不再多叙。

|7.6　混合火箭发动机|

固液混合发动机又称混合火箭发动机。它是在液体火箭发动机技术和固体火箭发动机技术基础上发展起来的。早在20世纪六七十年代，一些国家先后广泛地开展了这种混合火箭发动机的研究工作，目的是将液体火箭发动机和固体火箭发动机的各自优点集于一身。但后来，这项技术并未发展起来。图7－11所示为固液混合火箭发动机示意图，这是一种典型的挤压式固液混合火箭发动机结构。在燃烧室内通常装有单组元的固体推进剂药柱，以贫氧药柱居多，而液体氧化剂装在贮箱内，经供应系统送到燃烧室，通过喷射器进行雾化，与固体药柱表面经加热汽化的燃料蒸气混合燃烧，产生高温燃气，再经喷管膨胀后高速喷出，产生推力。发动机启动时，在燃烧室头部喷射器将液体氧化剂雾化的同时，喷入少量与液体氧化剂发生自燃的液体燃料，使自燃点火的燃气对固体药柱的燃烧表面加温，使其表面汽化。

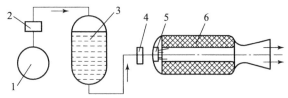

图 7-11 固液混合火箭发动机示意图

1—高压气瓶；2—减压器；3—液体推进剂贮箱；4—阀门；5—液体喷头；6—固体装药

与固体火箭发动机相比，固液混合火箭发动机的结构复杂，但是固液混合火箭发动机可以方便地进行流量调节，能用液体氧化剂冷却燃烧室和喷管。为了提高燃烧效率，常在燃烧室内安装扰流器，加强掺混来保证燃烧完全。

概括地说，固液混合火箭发动机的主要优点是：其能量高于固体火箭发动机；可多次启动并容易调节推力；由于纯固体燃料或贫氧药柱的敏感性一般比固体推进剂低，与液体推进剂接触一般都不着火自燃，在地面和导弹上贮存使用的安全性能很好。但也有它的缺点：绝大多数固液推进剂组合不能自燃，需要加点火装置，该点火装置是采用化学点火方式，即发动机启动时，由喷射器向燃烧室喷射少量能与液体氧化剂自燃的液体燃料进行自燃点火。另外就是需要一套输送液体氧化剂的供应系统，使其结构复杂而且质量增加。

固液混合火箭发动机研制中的主要问题是选择能量比较高、使用性能好的推进剂组合，采用有效方法提高燃烧效率。这也正是混合发动机的一个重要特点，即它能采用其他火箭发动机方案不能使用的一些推进剂组元作为推进剂。由于混合推进剂的组合使两种组元处于不同的聚集态，从而可以获得最高的能量特性或最大的推进剂密度。也就是说，在混合发动机中可以使用的一些推进剂组元，按照相容性条件它们是不能在固体火箭发动机中使用的，但在混合发动机中不但可以使用，而且还能与氧化剂的比例保持最佳值。正在研究的三组元组合推进剂，有望获得非常高的能量指标。目前常用的固液组合推进剂是固体燃料+液体氧化剂。这种组合的研究已获得成功，并可获得最大的比冲，可选用聚合化合物作为固体燃料，即复合推进剂的黏结剂作为固体燃料。为了提高性能，还可以在固体燃料中加入金属或金属混合物作为添加剂，例如铝、铍、硼、锂等。作为液体氧化剂的有已被广泛使用的液体火箭发动机的推进剂组元以及新研究的一些组元，其中效能较高的有 HNO_3、N_2O_4、O_2、H_2O、F_2、ClF_3 等。

至于采用液体燃料和固体氧化剂的混合发动机（称液固混合火箭发动机），由于工艺上的原因，尚未得到很好的发展。

第 8 章

涡喷发动机设计基础

伴随着现代战争的发展,一些微小型的飞行器,比如各类无人机、巡航导弹等,日渐发挥着巨大的作用,尤其是20世纪90年代以来的科索沃战争及海湾战争,智能弹药和巡航导弹扮演了极其重要的角色。因此在未来的战争中,无人机和小型飞行器必将成为重要的武器。除此之外,小型飞行器在军事侦察、电子对抗等领域也必将发挥越来越重要的作用。在民用领域,微小型飞行器、无人机可以用于航拍、森林防火等方面，还能用于探测有毒气体化学污染、搜索灾难幸存者，可以完成中大型飞行器和人类本身无法完成的多项工作。而这些巡航导弹、智能弹药、无人机等微小型飞行器，其最关键的结构之一便是其动力装置，对于微小型飞行器来说，最常见的动力装置就是微小型的涡轮喷气发动机，所以对微小型涡轮喷气发动机的研究是研制无人机等微小型飞行器的关键技术之一，具有重要的研制意义。

8.1 研究背景及意义

按推力,涡轮喷气发动机可分为大型、中型、小型和微型等。在这里,大型涡喷一般是指推力大于 50 000 N 的涡喷发动机,5 000~50 000 N 的为中型涡喷,1 000~5 000 N 的为小型涡喷,小于 1 000 N 的为微型涡喷。微型涡轮喷气发动机相对于大中型涡喷发动机来说,有着更小的尺寸、更轻的重量、更高的能量密度和更大的推重比,其在微小型飞行器及能源系统等新兴领域得到了广泛运用,是巡航导弹和无人机等微小型飞行器的主要动力装置之一,备受各国关注。

从 20 世纪 40 年代开始,美国就开始弹用动力系统的发展研究,其中以涡喷发动机作为巡航动力装置的有"天狮星""斗牛士""鲨蛇"等战略导弹。近年来,无论是加工工艺,还是各种材料技术的发展,都使得关于微型涡喷发动机研制的相关技术难题渐渐被攻克,发展越来越快,各类型号的微型涡喷发动机也成功地研制出来,其性能越来越出色,主要用于航空模型飞机、无人机、靶机、导弹、浮空器、热源、红外线靶标等装备。随着微型涡喷发动机的继续发展,越来越多的微型涡喷发动机被用在了民用领域,而且不断普及,应用范围也在不断扩大。预计在未来,微型涡喷发动机将以更高的性能、更轻的质量、更低的油耗、更低的成本、更小的尺寸广泛应用于各种小型飞行器之上。随着科学技术的不断发展以及人们对微型涡喷发动机深入的研究,作为未来微小型飞行器的动力装置，将会直接决定未来微型小型飞行器的发展方向，不仅将影响武器装备的发展，也将影响非常多的民用装备的发展。因此，对于微型涡喷发动机的研制已经刻不容缓，不管是对于民用装备还是对于军用装备都有着重要的促进作用。

目前，大中型的涡轮喷气发动机的设计方法相对较为成熟，但由于微型涡轮喷气发动机尺寸小、能量密度高等特点，新型微小型涡喷发动机的研制极为困难，相应的基础研究亦较为薄弱，缺乏经过实践验证的设计方法与理论。因此，加大微型涡轮喷气发动机设计方法尤其是其核心组件设计方法的研究，对于微型涡轮喷气发动机的可持续健康发展研究具有重要意义。而燃烧室是涡喷发动机最重要的部件之一，对于微型涡喷发动机来说，燃烧室更是占据了整个发动机大部分空间，对于微型涡喷发动机燃烧室的研究也显得格外重要，这将对微型涡喷发动机的研制起到决定性的作用。

8.1.1 微型涡喷发动机

国外对于微型涡喷发动机的研究起步比较早，发展也比较快。国际上一些微型涡喷发动机比如美国 Williams 公司的 WR2 系列发动机，美国精密自动化公司研制的 AT-150、T-1700 等均具有较高的军事应用价值，其技术指标也属于世界前列。此外，哈密尔顿标准公司的 TJ50、TJ90、SWB-100 发动机，也成功地运用在了多种微小型的飞行器上。

美国 Williams 公司先后受到美国海军及加拿大飞机公司的资助，于 1962 年首先成功研制出了推力为 309.9 N 的 WR2 涡喷发动机，在其基础上逐渐衍生出 WR8-6、WR24-6、WR24-7、WR24-7A、WJ24-8 涡喷和 WR19 等一系列航空发动机。该系列发动机主要由甩油盘式环形燃烧室、单级离心压气机以及轴流涡轮组成，得到了大规模的生产与使用，目前仍在继续发展。其中 WR8-6 发动机用于 CL-89 靶机，其最大推力为 559 N；WR24-7 在离心压气机前增加了 1 级轴流压气机，最大推力达到 745.3 N，用于 MQM-74C "鹧鸪" Ⅱ号靶机；WJ24-8 最大推力为 1 069 N，用于 MQM-74C "鹧鸪" Ⅲ号靶机。

美国精密自动化公司在美海军 SBIR（Small Business Innovative Research）计划下与 AMT（Aviation Microjet Technology）合作，研发了一款性能高、成本低、零维护的微型涡喷发动机：AT-1500 发动机，该发动机的贮存周期长、适用范围广，可以用于空射导弹、靶机、诱饵弹以及一些小型无人机上，还被用于 NASA（美国国家航空航天局）的超声速无人机 X-43A 的前期验证机 X-43A-LS 的动力装置。发动机的长度为 381 mm，直径为 218 mm，其结构主要特点为单级离心压气机、环形燃烧室、单级轴流涡轮、空气启动、无独立的润滑系统、全电子控制。随后又研制出了其改型 AT – 1700，与 AT – 1500 相比，保留了 AT – 1500 的空气启动、燃油以及控制系统，也不改变其外形尺寸及质量，并且有 80% 的零件可以与 AT – 1500 互换，但是改型后的发动机推力可以高达 892.5 N，通过计算得到其推重比为 10.53，已经达到了目前大型航空发动机的水平，甚至已经有了将其超越的趋势。

捷克的 PBS 公司也设计了一款既能用于军用导弹、无人机也能民用的微小型飞行器的宽范围工作微型涡轮喷气发动机 TJ100，如图 8 – 1 所示。该发动机采用紧凑设计，它的长度为 485 mm，直径为 272 mm，最大推力可以达到 1 300 N，其结构主要有单级离心压缩机、径向和轴向扩散器、环形燃烧室和单级轴流式涡轮机。该发动机采用 800 W 的直流无刷启动电机，无齿轮传动，控制系统采用全权限数字电子控制（FADEC），供油系统和润滑系统均采用电动油泵控制。

图 8 – 1　TJ100 涡轮喷气发动机

除了运用在军用导弹、无人机等微小型飞行器上的微型涡喷发动机，国外在航模级的微型涡喷发动机方面的发展也非常迅速，比如 JETCAT、AMT、Sophia 等。这一类发动机有一个共同的特点，就是转速均在 100 000 r/min 以上，并且大多数航模级微型涡喷发动机都通过一套简易控制系统控制，以气态燃料启动，比如丁烷，然后再使用油泵持续供油。但是航模级的微型涡喷发动机的推力相对太小，不能用在军用的巡航导弹以及无人机等微小型飞行器上，因此其军事应用价值相对较低。

每一台微型涡喷发动机的工作都需要一套完整的控制系统，微型涡喷发动机的控制中枢称为 ECU（electronic control unit），该控制系统可以监控发动机工作时的温度、转速等参数，以确保发动机的正常工作以及控制发动机的各路执行机构。在 ECU 技术方面，德国的 JetCat 公司和西班牙的 NADES Electrónica S. L. 公司一直处在世界前列。其中，JetCat 公司设计的 Jet – Tronic 控制器，不仅可以实现发动机的全自动启动，而且可以设置发动机的最高转速、最低转速、最大温度等参数，发动机工作过程中只要任何一项参数发生异常，该控制器就能发出信号并且控制发动机紧急关停，使用方便，操作简单。此外，它还可以连接空速管做定速飞行，并且可以限制其最高以及最低速度。NADES Electrónica S. L. 公司设计的 ECU 具有尺寸小、重量轻、通用性强的特点，此外它还具有自动校正的功能，当发动机的转速发生变化时，该 ECU 可以自行调整油泵的电压，也可以做到对发动机进行闭环控制，因此转速可以紧跟油门位置的变化，不会受到其他外界因素比如控制器内的电池电压、大气压以及气温等因素的影响。该 ECU 总共可控制多达 45 个参数，可以通过外接空速管测量飞行器的飞行速度，与飞机相似，拥有黑匣子功能，可以记录发动机在最后 51 min 内的性能参数情况，结果可导出查看，并且可与电脑连接，通过电脑控制以及查看处理数据；另外，还具有遇到异常情况自动停车的功能。

与国外相比，国内对于微型涡喷发动机的研制起步比较晚，基础以及技术储备相对薄弱，到近几年才开始渐渐加强对微型涡喷发动机的研制，比较缺乏可靠的设计方法以及理论，但是也取得了不少显著的成果。我国的上海雷霆微型涡轮发动机有限公司从 2001 年开始生产微型涡轮发动机以来，已生产出多个系列、不同品种的微型涡喷发动机，用于航空模型和军品计 1 350 多台；从微型涡喷发动机产品的设计研制到生产检测，都有一套完整的工艺以及技术，已基本形成各种推力的发动机规模化生产。

王崇俊对采用吸气式推进系统的无人机和导弹做了详细的研究，重点阐述了小型涡喷/涡扇发动机的要求、发展状况以及发展趋势，论述了小型涡喷/涡扇发动机的各项关键技术，概述了小型涡喷/涡扇发动机的总体设计方法并分析其各自的特点。他在其论文中指出，小型涡喷/涡扇发动机设计过程中需要根据发动机结构各自的特点，结合飞行器的飞行任务剖面对发动机的性能指标进行综合分析，确定最终的设计方案。

西北工业大学研制了一款推力为 510 N、转速为 76 000 r/min 的微型涡轮喷气发动机，并且针对其蒸发管环形燃烧室做了详细介绍。该发动机的主要结构有带整流罩的亚声速轴向进气机匣、单级离心式压气机、火药点火器、带 5 个 T 形蒸发管的直流环形燃烧室、单级混流式涡轮、简单收敛尾喷管。北京航空航天大学研制了一款推力为 100 N、转速为 100 000 r/min 的微型涡喷发动机，该发动机总长 230 mm，最大直径 135 mm，其最大特点在于运用了简易离心泵，主要用于冷却和润滑，该结构的运用使得发动机的结构更加简单。

此后，南京航空航天大学在"十一五"国防重点基础科研项目的资助下，设计出了 MTE－110 微型涡喷发动机，该发动机的直径为 110 mm，转速为 125 000 r/min。其主要部件包括进气整流罩、单级离心压气机、蒸发管式环形直流燃烧室、单级轴流涡轮、收缩尾喷管，该发动机可通过电机或者压缩空气的方法启动，启动时先以丙烷气体为燃料，当达到一定转速时，供以航空煤油为主要燃料，其单转子支承形式是 0－1－1－0 式。目前，该校对微型涡喷发动机的研究将主要针对微型涡喷发动机的顶层设计、转子系统、驻涡燃烧室、控制系统等方面。

相比国外，我国对微型涡轮喷气发动机的研究比较晚，因此，对于微型涡喷发动机 ECU 的研究时间比较短，相应的研究成果还不是很多。南京航空航天大学的系统仿真与控制实验室在微型涡喷发动机 ECU 方面做了大量的研究。在第一阶段，该实验室首先分析了丹麦的 SIMJET 1200 微型涡轮喷气发动机配套的 FADEC 系统，完成了初步仿真实验台的搭建，对微型涡喷发动机的控制规律开展大量的研究；在第二阶段，该实验室在工控机上初步搭建了控制系统的软硬件平台，初步完成了对微型涡喷发动机先进控制算法的研究；最后以此为基础，基于 SOC 单片机 F021，设计了两种型号的微型涡喷发动机控制器，并且进行了模拟器仿真实验。

西北工业大学微型航空发动机研究所针对 W2P1 微型涡喷发动机搭建了一套发动机推力测试系统，可以对发动机的燃烧室性能、高速转子的动平衡、发动机试车频谱等进行实验分析，同时还能针对发动机的故障进行改进。该研究所开发的电子控制器采用 8089 单片机，并且对微型涡喷发动机进行了数学建模，采用研发的电子控制器进行半物理仿真实验。与此同时，基于 83C552 单片机设计了一套流量闭环控制系统，通过电动油泵对燃油流量进行比较精确的控制，并且对该控制系统做了性能实验。结合上述研究，针对微型涡喷发动机的测控要求，研发了一套综合测控系统，该系统主要包括试车、半物理模拟以及电动供油实验等功能，为后续微型涡喷发动机的研制提供了宝贵的经验。

8.1.2 燃烧室设计技术

不管是大中型的涡轮喷气发动机还是微小型的涡轮喷气发动机，燃烧室结构都是其核心部件，燃烧室的性能好坏从一定程度上将决定发动机的总体性能好坏。因此，燃烧室的设计是涡轮喷气发动机整机设计中最主要的环节。虽然微型涡轮喷气发动机与大中型微型涡轮喷气发动机之间有较大的差别，但是其基本工作原理相似，初步设计方法基本相当，因此，有必要对大中型涡轮喷气发动机的燃烧室设计方法进行系统的分析与研究，方可获得适用于微小型涡轮喷气发动机燃烧室设计的初步设计方法和理论。

一般情况下，燃烧室的设计包括以下四个阶段，如图 8-2 所示。

图 8-2　燃烧室的设计阶段

在燃烧室的设计过程中，方案设计是确定燃烧室的设计要求；初步设计是对燃烧室基本尺寸的确定以及修改这些基本尺寸以达到在方案设计阶段确定的燃烧室设计要求；详细设计是在初步设计完成之后对燃烧室进行的详细设计；最后的实验验证是通过实验得到发动机燃烧室的各项性能，对设计完成的燃烧室进行验证，判断是否满足设计的要求，因为有几项参数不能通过仿真计算的方式得到，燃烧室设计中存在的某些问题只有通过实验的方式才能发现。

燃烧室内的反应是一个非常复杂的过程，存在点火、蒸发、湍流混合等物理及化学反应，这对于从理论上分析燃烧室内的燃烧过程增加了不小的难度。20世纪70年代，燃烧室的设计一般采用经验试凑法，就是通过对燃烧室的实验研究不断地优化以及改进燃烧室设计的一个过程，如此反复实验以及优化改进，直到设计出来的燃烧室满足方案要求为止。该方法需要大量的经验积累以及后人不断的完善。随着人们对燃烧室的深入研究，总结出了比较多的经验以及半经验公式，再加上近代计算机技术的支持以及数值仿真软件的开发，大大缩短了设计燃烧室的周期。近几年CFD（计算流体动力学）技术的不断发展，更是大大促进了燃烧室设计的不断发展。

燃烧室设计软件的开发最早可以追溯到1988年，俄克拉荷马州立大学开发了一个燃气轮机设计以及分析系统，但由于技术等原因，开发出的软件存在比较多的问题，针对存在的问题，2005年对该软件进行了改进，可以实现航空燃气轮机的初步设计。该软件包括高度计算、气体热力学性质以及航空发动机初步设计三个部分。图8-3为该软件的界面。

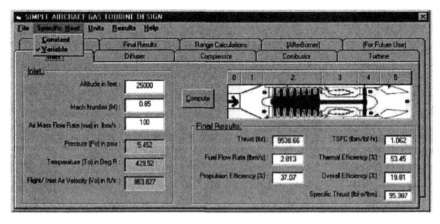

图8-3　燃气轮机初步设计软件界面

Honeywell公司在1998—2002年基于CFD软件开发了一套燃气轮机燃烧室

的设计及分析软件,该燃烧室的设计分析软件包括前处理器、CFD 求解器以及后处理器三个部分,通过该软件,可以对压气机出口到透平入口之间的流场进行模拟分析,可以分析和设计直流或者回流单筒燃烧室。2005 年,Honeywell 公司又采用 Fortran 语言开发了一套燃气轮机模拟系统,该软件可以初步设计燃气轮机系统,对非设计工况下的瞬态和稳态进行模拟,对数据结果进行分析以及建模。

2006 年,Fuligno 等人针对小型燃气轮机燃烧室的设计,提出一种优化设计方法。该方法由 0 – D 代码、CFD 分析、多目标优化博弈算法三部分组成。0 – D 代码主要负责燃烧室基本尺寸的初步设计,随后对设计完成的燃烧室建模,导入 CFD 中进行数值仿真计算,根据仿真计算的结果利用 modeFRONTIER 工具对燃烧室的设计进行进一步优化,优化内容包括燃烧室火焰筒上孔的位置及孔的面积和火焰筒出口的形状,通过优化来达到 NO_x 排量、压力损失和出口温度分布系数的要求。通过该设计方法设计了一个 100 kW 的燃气轮机燃烧室,最后得到的燃烧室燃烧效率接近 1,NO_x 排放量小于 20 ppm,CO 排放量小于 2 ppm。但是该设计结果并未通过实验验证,实验验证将在后续工作中完成。

2011 年,DLR 推进技术研究所开发了一个燃烧室初步设计软件——ComDAT(Combustor pre – Design and Analysis Tool),该软件可以对燃烧室进行初步设计以及优化和分析。通过输入燃烧室设计中的少量已知参数即可得到传统或者是贫预混燃烧室设计方案,该软件在燃烧室几何尺寸的确定阶段包含了燃烧室的冷却方式以及空气流量的分配优化两个模块。此外,该软件还可以预测现有燃烧室非设计点时的静压损失、空气流量分配、火焰筒内燃气温度以及壁面温度。在该软件中,通过 XML(可扩展标记语言)格式对数据进行存储与传输,燃烧室几何尺寸的计算采用 C 语言和 Fortran 语言编程实现。目前,该软件尚无法确定火焰筒内燃气温度分布以及污染物排放,仍在不断完善当中。

在国内,中国航空工业总公司第 608 研究所与西北工业大学在 1996 年总结了大量关于燃烧室设计的成熟的经验以及半经验公式之后,联合开发了一款小型航空发动机燃烧室设计软件包,包括初始方案设计以及详细设计两部分。该软件还整合了多维气动热力分析软件,由 6 个模块组成,分别为环形通道流动模块、燃烧室性能模块、火焰筒转弯段混合模块、火焰筒冷却模块、排气发散模块、燃料喷射模块。该软件最大的优点在于能够将经验设计的可靠性和多维数值分析的先进性结合起来,使得燃烧室的设计过程得到更好的优化,缩短了燃烧室的研制周期。

沈阳航空发动机研究所在 1997 年开发了一套燃烧室基本尺寸确定模块，该模块是燃烧室计算机辅助设计系统——BN 系统中非常重要的一个模块。该模块的主要功能是在给定的设计要求下，如各飞行条件下燃烧室进口参数等，进而确定满足设计要求的燃烧室基本几何尺寸，其中包括扩压器长度、前置扩压器进出口面积比、进出口高度、长度、燃烧室总长、火焰筒各区长度以及总长等参数，以及燃烧室在不同工况下的主要性能。该套程序采用 Fortran 语言和 C 语言编制，与硬件无关，图形支持软件为 PHIGS，可适用于航空发动机具有突扩扩压器的直流环形燃烧室设计，对于各种机匣内外壁尺寸受到限制的情况均能处理。

西北工业大学的严红教授提出了航空发动机燃烧室的一体化设计系统，该系统主要由燃烧初步设计、几何建模、网格生成、CFD 数值模拟、性能优化等部分组成。所谓的一体化设计，就是把燃烧室各个过程的设计任务有机地联系起来，在一个统一的框架内执行，由一个主程序调用，这将大大缩短整个燃烧室设计的周期，节省资源，提高设计质量。

8.1.3 微型涡喷发动机实验技术

在国外，美国西密歇根大学为方便学生研究建造了一个微型涡轮喷气发动机和涡轮螺旋桨发动机的推进试验室，配有测试系统供学生使用，安装有各种类型的传感器，通过基于 LabVIEW 接口的数字图形软件可记录发动机运行时的各项数据。该实验室由一个控制室和一个发动机实验室组成，控制室主要以安全因素为考虑，配有各类电子设备以及传感器控制端，可监控发动机的性能，并且所有的电源供应、发动机的所有控制均在控制室内操作；在发动机实验室内安装有发动机实验台以及相应的配套测试设备。

西密歇根大学的 Edmond Ing Huang Tan 等人通过实验对不同燃料下微型涡喷发动机的性能做了深入研究，主要使用 B100 生物燃料、煤油、源于动力燃料的水处理可再生燃料（HJ）以及 JP-8 燃料，以这几种不同的燃料运行某微型涡喷发动机，研究和讨论该发动机的性能、燃料的消耗以及污染物的排放。研究结果表明，该发动机在多种燃料下工作都有不错的性能表现，并且相对于其他三种燃料来说，生物燃料有着其特有的不同之处。与其他三种测试燃料相对比，该生物燃料 B100 产生的未燃氮氧化物最少但同时产生的二氧化碳以及一氧化碳是最多的。生物燃料中的氧含量有助于促进燃料更加充分地燃烧，减少未燃 HC 的排放，一般可以减少 10%~55%，与煤油相比，未燃烃可以减少 93%，与 JP-8 相比，未燃烃可以减少 87%，具体得到的结果见表 8-1。

表 8-1 生物燃料相比于其他燃料燃烧产物变化的百分比   %

Biofuel compared to:	CO_2	CO	HC	NO	NO_x	O_2
Kerosene	9.16	49.94	-92.96	11.92%	-55.46	-1.07
JP-8	6.94	46.71	-86.82	8.94%	-57.72	-0.53
HJ	15.13	64.31	-79.87	64.63	-58.45	-1.08

杨欣毅等人为获得某型弹用涡喷发动机的启动性能参数,研究并设计了一套发动机地面启动系统,该系统包括了多个辅助工作系统,主要由发动机试车台、信号采集测量系统、时序控制系统、供油系统、高压吹转系统、点火系统和监控系统等分系统组成。采用该系统对某型微型涡喷发动机进行了地面启动实验,主要测量该发动机的转速、推力以及压气机出口压力等参数,通过对这些参数的分析,得到该发动机的启动性能。通过研究发现,在发动机点火的瞬间,压气机出口的压力会突然增加,而与此对应的空气流量和推力突然下降,说明了发动机的工作线存在一个回退的过程,此过程可以减小喘振裕度。因此,点火时机的选择对发动机启动可靠性有着重要的影响。

南京理工大学的王栋针对某 6 kg 级的微型涡喷发动机进行了实验研究,针对该发动机设计了一个推力实验台,如图 8-4 所示,同时设计一套微型涡喷发动机的测试系统及供油系统。该实验通过各类传感器如转速传感器、推力传感器、温度传感器、流量计等工具测量发动机在工作过程中的转速、推力、温度及燃油流量等参数。在此基础上,他对该发动机进行启动加速的性能实验研究,得到发动机在不同工作状态下的性能参数,以此来分析该发动机的启动加速性能规律。同时,其针对在微型涡喷发动机实验研究过程中遇到的问题提出了相应的解决办法。

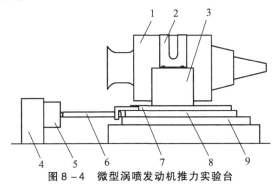

图 8-4 微型涡喷发动机推力实验台

1—试验发动机;2—卡箍;3—卡箍支撑板;4—承力架;5—推力传感器;6—传力杆;
7—主支撑板;8—导套滑座;9—导套轴承座

北京航空航天大学的陈巍等人对某微型涡喷发动机的地面试车实验进行了多种故障现象的分析总结并提出了对应的解决办法，还包括前期实验台的搭建以及测试系统的布置。微型涡喷发动机试车过程中会遇到的故障现象有点火可靠性、火焰拖尾、转速悬挂、转静件碰摩、尾喷管翼子板焊缝开裂、涡轮端轴承热失稳、发动机喘振、电控程序调试等。其分析了产生这些故障的原因，提出了解决这些故障的措施，得出若干结论，比如：燃烧室的结构会影响点火可靠性、涡轮端零件热负荷、燃油燃烧完全程度等方面，所以，对于微型涡喷发动机来说，燃烧室的设计以及优化非常重要，它可以直接影响发动机的安全性以及寿命；为了防止转子的振动，提高发动机在高速运行状态下转子的稳定性，可以通过干摩擦阻尼器有效控制转子的振动；若需要对发动机多次连续试车，每次启动前都应清理发动机内剩余的可燃物，增加安全性；对油路的检查极为重要，尽量缩短油路可以减少供油的油阻，及时排查油路中的气泡可以减少热悬挂现象的发生。通过一系列故障的分析得到的结论，对后人进行微型涡喷发动机实验将有着重要的参考意义。

8.2 燃烧室初步设计

燃烧室是微型涡喷发动机最核心的组件之一，其主要作用是将经过压气机减速加压后的来流空气与进入火焰筒内的燃料混合，并提供一个空间使其可以充分燃烧，最后使燃气通过涡轮排出燃烧室。微型涡轮喷气发动机燃烧室的结构与大中型涡喷发动机燃烧室的结构基本相似，主要由火焰筒、燃油雾化装置等部分组成。在微型涡喷发动机燃烧室的初步设计阶段，主要采用经验/半经验公式快速地确定燃烧室的基本结构，这是燃烧室详细设计之前不可缺少的一部分。

8.2.1 初步设计理论与方法

1. 燃烧室主要工作状态参数

在进行微型涡喷发动机燃烧室初步设计之前，需要首先确定燃烧室的主要工作状态参数。

（1）进口空气温度，T_3，K。

(2) 燃料温度，T_{f3}，K。

(3) 进口空气压力，P_3，Pa。

(4) 进口空气质量流率，m_3，kg/s。

(5) 进口空气密度，ρ_3，kg/m³。

(6) 出口温度，T_4，K。

(7) 燃烧效率，η_r。

(8) 出口温度分布系数，Q。

其中，空气密度 ρ_3 可根据理想气体状态方程加以计算。

设计所得的燃烧室燃烧效率 η_r 可用式（8-1）加以估算：

$$\eta_r = 0.71 + 0.15\tanh(1.5475 \times 10^{-3}(T_3 + 108\ln(P_3 - 1863))) \qquad (8-1)$$

2. 压力损失

燃烧室中总的压力损失包含了两部分：热损失和冷损失，如式（8-2）所示：

$$\Delta P_t = \Delta P_{\text{hot}} + \Delta P_{3-4} \qquad (8-2)$$

热损失（ΔP_{hot}）是指由加热引起的压力损失，一般占 P_3 的 0.5%~1%。冷损失一共包含了三部分：扩压器压损、蒸发管压损和火焰筒压损。

在当前的大部分燃烧室中，热损失如前所述，冷损失可以用式（8-3）加以计算：

$$\Delta P_{3-4} = \Delta P_{\text{diff}} + \Delta P_{\text{sw}} + \Delta P_L \qquad (8-3)$$

其中，三部分的分配比例如下：

$$\Delta P_{\text{diff}} \approx (0.3 \sim 0.4)\Delta P_{3-4} \qquad (8-4)$$

$$\Delta P_{\text{sw}} \approx \Delta P_L \approx (0.3 \sim 0.4)\Delta P_{3-4} \qquad (8-5)$$

不同结构燃烧室的流动阻力往往是不同的，可以用流阻系数来表示。通过"冷吹风试验"可以测得燃烧室在未燃烧状态下的流阻系数。对于某一具体燃烧室来说，当气流的雷诺数比较大时，流阻系数可以基本保持不变，这个状态称为"自模状态"。因此，对于目前大多数微型涡喷发动机燃烧室来说，一般都处于"自模状态"，只有燃烧室的结构形式才会影响流阻系数的大小。总压损失系数和流阻损失系数由设计人员依据燃烧室的形式来确定，它的值可以很直观地反映不同燃烧室结构的流动阻力。在微型涡轮喷气发动机中，多采用环形燃烧室。其中，环形燃烧室相关系数值见表 8-2。

表 8-2　总压损失系数、流阻系数取值

燃烧室形式	总压损失系数 $\left(\dfrac{\Delta P_{3-4}}{P_3}\right)/\%$	流阻损失系数 $\left(\dfrac{\Delta P_{3-4}}{q_{ref}}\right)/\%$
多筒燃烧室	7	37
环形燃烧室	6	20
环管燃烧室	6	28

3. 主燃区绝热火焰温度

在燃烧室中，假设主燃区的燃料完全燃烧，其释放出的热量完全用来加热燃烧产物以及剩余的过量空气，此时的主燃区温度称为主燃区绝热火焰温度。主燃区的温度变化对燃烧产物有很大影响。由图 8-5 可以看出，当主燃区的温度大于 1 700 K、小于 1 900 K 时，燃烧产物中的 CO 和 NO_x 含量都比较低，由此可以大致确定主燃区的温度。

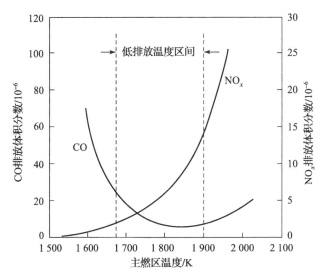

图 8-5　CO 和 NO_x 随主燃区温度的变化曲线图

因为主燃区的空气分配量将直接影响到主燃区的温度，所以可以根据主燃区的温度反推出主燃区的空气量。

根据燃料的组分可以计算出空气、燃料和燃气在不同温度下的热值（焓值），然后可以确定燃料的流量以及理论空气量。依据反应前后总的焓值相

等有

$$m_{pz}(i_a^{T_{f1}} - i_a^{T_1}) + (i_f^{T_{f1}} - i_f^{T_1}) + m_f Q_u^{T_1}\eta_r = (m_{pz} + m_f)(i_g^{T_f} - i_g^{T_1}) \quad (8-6)$$

由此可计算出主燃区的理论空气量：

$$m_{pz} = m_f \frac{i_g^{T_f} - i_g^{T_1} - Q_u^{T_1}\eta_r}{i_a^{T_{f1}} - i_a^{T_1} - i_g^{T_f} + i_g^{T_1}} \quad (8-7)$$

其中，m_{pz} 为主燃区的理论空气质量流率，kg/s；m_f 为进入燃烧室内燃料质量流量，kg/s；$i_a^{T_{f1}}$，$i_a^{T_1}$ 分别为空气在 T_{f1}、T_1 时的焓值，kg/s；$i_f^{T_{f1}}$，$i_f^{T_1}$ 分别为燃料在 T_{f1}、T_1 时的焓值，kg/s；$i_g^{T_f}$，$i_g^{T_1}$ 分别为燃气在 T_f、T_1 时的焓值，kg/s；$Q_u^{T_1}$ 为 T_1 时燃料低热发热量，kg/s；T_{f1} 为燃料进口温度，K；T_1 为进口空气温度，K；T_f 为主燃区燃气温度，K；η_r 为燃烧效率。

因此，确定主燃区总空气流量的步骤一般为以下三步。

（1）根据燃烧污染物随主燃区温度的变化曲线确定主燃区温度。

（2）计算主燃区的燃烧效率 η_r。

（3）根据式（8-7）计算主燃区空气量 m_{pz}。

4. 空气流量初步分配

在实际燃烧室中，进入的空气一般分为以下三部分：第一部分为燃料的充分燃烧提供充足的氧气；第二部分用于和燃烧产物混合，降低排出燃气的温度使之达到发动机工作要求的出口温度 T_4；第三部分用于火焰筒的冷却，使得壁面温度在材料的承受范围之内。因此，需要按照一定的规律，合理地分配空气流量。

流量分配，是指空气沿着燃烧室火焰筒轴向通过各排孔进入火焰筒内部的进气规律。通过对火焰筒各进气装置的数目、形状、尺寸以及配置的设定，可以完成对进入燃烧室的空气流量的分配。燃烧室空气流量的分配是燃烧时初步设计过程中最基本的问题，可以影响到燃烧室的大部分性能参数，比如燃烧室的点火、燃烧效率、总压损失、壁面温度、出口温度的分布等。

压气机出口的空气大致分为以下六部分。

（1）主燃孔总空气量，m_{ph}。

（2）蒸发管空气量，m_{sw}。

（3）锥顶冷却空气量，m_{dz}。

（4）掺混孔空气量，m_{dc}。

（5）用于燃烧室冷却的空气量，m_c。

（6）涡轮冷却抽取的空气量，m_{tc}。

在微型涡轮喷气发动机中，其涡轮无须冷却，涡轮冷却抽取的空气量为

0。与大中型涡喷发动机不同,微型涡喷发动机没有旋流器,按照大中型涡喷发动机空气流量初步分配的方法,将旋流器部分流量分配到蒸发管中。

主燃区的空气量主要由三部分组成,包括主燃孔总空气量、蒸发管空气量、锥顶冷却空气量。

$$m_{pz} = m_{ph} + m_{sw} + m_{dz} \tag{8-8}$$

锥顶冷却空气量 m_{dz} 占主燃区总空气量的 $10\% \sim 15\%$。蒸发管空气流量 m_{sw} 占主燃区总空气量的 $20\% \sim 40\%$。

用于燃烧室冷却的空气量包含两部分,即掺混孔空气量、火焰筒壁面冷却空气量。

$$m_c = m_{dc} + m_{lc} \tag{8-9}$$

其中, m_{lc} 指的是用于冷却火焰筒壁面的空气量,对于现在常见的微型涡喷发动机燃烧室来说, m_{lc} 一般占总进气量的 20%。

除了主燃区空气量、用于冷却火焰筒壁面的空气量以及涡轮冷却抽取的空气量,剩下的即为掺混孔空气量 m_{dc},这部分空气的主要作用是使燃烧室的出口温度达到设计要求。

5. 机匣和火焰筒尺寸

在微型涡喷发动机燃烧室的初步设计过程中,机匣的最大截面积主要与压力损失相关。其计算公式如下:

$$A_{ref} = \left[\frac{R_a}{2} \left(\frac{m_3 T_3^{0.5}}{P_3} \right)^2 \frac{\Delta P_{3-4}}{q_{ref}} \left(\frac{P_{3-4}}{P_3} \right)^{-1} \right]^{0.5} \tag{8-10}$$

压损系数和流阻损失系数 $\frac{\Delta P_{3-4}}{q_{ref}}$、$\frac{P_{3-4}}{P_3}$ 的值主要由设计者选定,可查看表 8-1。流阻系数是总压损失系数与参考动压头的比值,参考动压头的定义为

$$q_{ref} = \frac{1}{2} \rho_3 V_{ref}^2 \tag{8-11}$$

V_{ref} 为参考速度:

$$V_{ref} = \frac{m_3}{\rho_3 A_{ref}} \tag{8-12}$$

在确定了机匣的截面积之后,可以计算出机匣的直径 D_{ref}:

$$D_{ref} = \sqrt{A_{ref} \frac{4}{\pi}} \tag{8-13}$$

随后确定火焰筒的截面积,通常认为火焰筒的面积越大会越好,因为当火

焰筒的截面积增大时，火焰筒内的燃气流速相对来说会降低，使得燃气在火焰筒内的滞留时间相对增加，对于发动机的点火有一定的好处，也使得燃烧室内的燃烧更加稳定，提升燃烧效率。但是由于机匣面积是一定的，如果增大了火焰筒的截面积，环腔的截面积就会减小，会使环腔内空气的流速增加同时静压降低，从而导致孔的静压降减小。因此，过大的火焰筒截面积会使射入火焰筒内的流体的穿透力有所下降而引起流体的湍流强度不足，不利于流体射入火焰筒内与燃烧产物的混合。

Sawyer通过大量实验研究得出，火焰筒和机匣的面积比一般为0.6~0.72，即

$$A_L = (0.6 \sim 0.72) A_{\text{ref}} \qquad (8-14)$$

此外，Lefebvre也通过大量研究，认为两者之间存在一定的比例关系：

$$A_L = k_{\text{opt}} A_{\text{ref}} \qquad (8-15)$$

其中，k_{opt}是两者的最佳比值，可通过式（8-16）确定：

$$k_{\text{opt}} = 1 - \left(\frac{(1-W_{\text{sn}})2 - \lambda_{\text{diff}}}{\frac{\Delta P_{3-4}}{q_{\text{ref}}} - \lambda_{\text{diff}}^2} \right)^{1/3} \qquad (8-16)$$

其中，W_{sn}为从导流口进入火焰筒的相对流量；λ_{diff}为扩压器压力损失系数。

对于Lefebvre提出的计算方法，需要已知的条件比较多，且相对来说计算复杂，不适用于初步设计阶段，根据微型涡喷发动机燃烧室的结构特点，本书采用Sawyer的计算方法，取火焰筒面积为机匣面积的0.6~0.72倍。

由火焰筒截面积即可得到火焰筒的直径为

$$D_L = \sqrt{A_L \frac{4}{\pi}} \qquad (8-17)$$

火焰筒的内径可由燃烧室横截面面积分配规律得到：$A/B = D/C$，即

$$(D_{\text{ref}}^2 - D_{\text{Lo}}^2)/(D_{\text{Lo}}^2 - D_{\text{cav}}^2) = (D_{\text{Li}}^2 - D_{\text{i}}^2)/(D_{\text{cav}}^2 - D_{\text{Li}}^2) \qquad (8-18)$$

及

$$A_L = \pi(D_{\text{Lo}}^2 - D_{\text{Li}}^2)/4 \qquad (8-19)$$

其中，D_{Lo}为火焰筒外径；D_{Li}为火焰筒内径；D_{cav}为火焰筒中径；D_{i}为中心轴套筒直径。

随后可以确定环腔的面积，环腔的面积指的是火焰筒的外表面和机匣的内表面之间的部分面积，当机匣和火焰筒的面积都确定之后只需要再知道火焰筒的壁厚t_{liner}就可以算出来。公式如下：

$$A_N = A_{\text{ref}} - \frac{4}{\pi}(D_L + 2t_{\text{liner}})^2 \qquad (8-20)$$

火焰筒的壁厚 t_{liner} 可根据火焰筒的材料来选定。

6. 火焰筒长度

现代燃烧室中，火焰筒主要由主燃区和掺混区组成，主燃区的主要作用是让燃料及空气的混合物能有一个稳定的空间及足够的时间来燃烧，如果主燃区长度偏短，会使燃料在燃烧室内驻留的时间偏短，燃烧就会不够充分，导致燃料还未烧完就被冷却，燃烧效率降低；如果长度过长，那么火焰筒需要冷却的长度就会变长，会增加冷却空气量而减少燃烧空气量，这些对于稳定燃烧都是不利的。经调查发现，针对微型涡喷发动机燃烧室的特点以及燃烧的特性，可取微型涡喷发动机火焰筒主燃区长度为火焰筒直径的 1/3 左右，即

$$L_{\text{pz}} = 1/3 D_L \tag{8-21}$$

掺混区是用来使燃气和冷空气进行混合的区域，以此降低燃气温度，让燃气温度达到发动机的出口温度分布要求。所以，要根据出口温度分布系数 Q 来确定掺混区的长度。对于简单的微型涡喷发动机环形燃烧室来说，由于其燃油流量和空气流量都比较小，因此掺混区的长度通常是只取火焰筒直径的 1/4 ~ 1/3，过短掺混的效果会降低，过长会增加掺混的空气量。

$$L_d = \left(\frac{1}{4} \sim \frac{1}{3} \right) D_L \tag{8-22}$$

出口温度分布系数 Q 的定义式如下：

$$Q = \frac{T_{\max} - T_3}{T_4 - T_3} \tag{8-23}$$

对于环形燃烧室来说，出口温度分布系数为

$$\frac{T_{\max} - T_3}{T_4 - T_3} = 1 - \exp\left(-0.05 \frac{L_L}{D_L} \frac{\Delta P_L}{q_{\text{ref}}} \right)^{-1} \tag{8-24}$$

$$L_L = \frac{D_L q_{\text{ref}}}{-0.05 \Delta P_L e^{1 - \frac{T_{\max} - T_3}{T_4 - T_3}}} \tag{8-25}$$

其中，L_L 为火焰筒的长度；ΔP_L 为火焰筒的压力损失。

7. 主燃孔设计

由前人总结的设计经验可以得出，大中型涡喷发动机燃烧室的主燃孔在燃油喷嘴的下游，两者之间的距离和火焰筒头部的高度相等。对于微型涡喷发动机，由于结构比较微小，为了使燃油有更多时间和空间燃烧，可以选择主燃孔位于蒸发管出口同一截面处。

主燃孔的结构类型应该根据发动机的类型来确定，可选用结构简单、加工

成本低的圆孔。

8. 掺混孔设计

掺混孔的主要作用是使主燃区流过来的高温燃气与从掺混孔进来的冷空气混合，使得混合后排出的燃气满足设计要求中确定的出口温度分布。其示意图如图 8-6 所示。

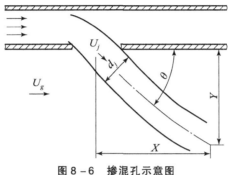

图 8-6　掺混孔示意图

对于环形燃烧室来说射流的最大深度大约为 $0.4D_L$。

$$Y_{\max} = 0.4D_L \tag{8-26}$$

最大射流深度和射流孔有效直径存在着如下的关系：

$$Y_{\max} = 1.25 d_j J^{0.5} \frac{m_g}{m_g - m_j} \tag{8-27}$$

其中，J 是掺混射流与主流的动量比。

$$J = \frac{\rho_j U_j^2}{\rho_g U_g^2} \tag{8-28}$$

式中，ρ_j 为掺混孔的气流密度；ρ_g 为主流燃气的密度；U_j 为射流孔的空气流速；U_g 为主燃气的流动速度，计算方法如下：

$$\rho_g = \frac{P_3}{R_a T_g} \tag{8-29}$$

$$U_j = \left(\frac{2\Delta P_L}{\rho_3}\right)^{0.5} \tag{8-30}$$

$$U_g = \frac{m_g}{\pi D_L^2 \rho_g / 4} U_j \tag{8-31}$$

其中，T_g 为燃气的温度，这里可取主燃区出口的温度。

根据最大射流深度可以确定掺混孔的有效直径，掺混孔的实际直径和有效直径之间的关系如下：

$$d_h = d_j / \sqrt{C_D} \qquad (8-32)$$

其中，C_D 表示掺混孔的流量系数。

在火焰筒的壁面上有 n_h 个掺混孔，那么总的掺混孔的空气质量流率为

$$m_j = \frac{\pi}{4} n_h \qquad (8-33)$$

由此可以算出掺混孔的个数 n_h 为

$$n_h = \frac{m_j}{\frac{\pi}{4} d_j^2 \, U_j \, \rho_j} \qquad (8-34)$$

一般情况下，掺混孔的空气量占进入燃烧室的总空气量的 20%~40%。

9. 冷却孔设计

前文已经对火焰筒的冷却空气量做过初步分配，则根据气体的不可压缩原理可以得到

$$A_{hc} = \frac{m_{hc}}{C_D \sqrt{\Delta P_L 2\rho}} \qquad (8-35)$$

其中，A_{hc} 为冷却孔总面积；m_{hc} 为火焰筒总的空气流量；C_D 为冷却孔的流量系数；ρ 为空气密度，取进口空气密度值 ρ_3。

由此可确定孔的数量及直径：

$$n_{hc} = \sqrt{\frac{4}{\pi} \frac{A_{hc}}{d_{hc}}} \qquad (8-36)$$

其中，n_{hc} 为冷却孔的数量；d_{hc} 为冷却孔的直径。

在一定范围内，冷却孔的直径越大，可以使进入冷却孔的空气量增多，冷却效果会更好。但是不能超过一定范围，如果冷却孔太大，会使用于冷却的空气过多，而减少了用于燃烧的空气量，反而得不偿失。因此，合理地选择冷却孔的直径大小至关重要。

8.2.2 气动热力参数计算

确定了燃烧室基本尺寸之后，需要对燃烧室进行气动热力参数计算。通过计算出各排孔的流量分配进而再计算出在该流量分配模式下的燃烧室气动热力参数，也是燃烧室初步设计阶段不可缺少的一部分。这是判断设计出的燃烧室是否满足设计要求的关键，如果计算结果不合理，需要对燃烧室的结构重新布

置,并进行各排孔流量计算以及燃烧室气动热力计算,直到得到合理的气动热力计算结果。

燃烧室内的燃气流动非常复杂,在燃烧室沿程参数计算中,将其简化为一维定常流动,也就是说计算过程中只考虑沿火焰筒轴向流动参数的变化,不考虑径向的参数变化。因此,在进行燃烧室沿程参数计算前,需要先制定四条基本假设:

(1) 一维定常流动。

(2) 不计火焰筒内的摩擦以及散热损失,但考虑二股通道中的摩擦和穿过壁面射流的突然扩张损失。

(3) 选取的各个截面均为孔排前,且计算 i 截面各个参数时不考虑通过 i 截面上各排孔的流量的影响。

(4) 空气由 i 截面上的孔进入火焰筒后,发生的化学反应过程以及气流混合的位置是在 i 截面和 $i+1$ 截面中间的封闭空间内。

通过流量分配的计算,可以检查燃烧室结构初步计算阶段空气流量初步分配是否合理。可以根据计算结果以及研制经验,对燃烧室基本尺寸进行修改,从而达到所需的燃烧室性能要求。空气流量分配的计算也是气动热力参数计算之前不可缺少的一个环节。

流量分配的计算方法主要有面积法、流阻法、等射流理论解法、平均流系数法、基本方程法等。本书主要介绍面积法和流阻法。

面积法相对简单粗糙,但在火焰筒设计计算给定初值或燃烧室调试过程中,现场分析时很方便。

面积法的定义为

$$\overline{W}_{hi} = \frac{A_{hi}}{\sum A_{hi}} = \overline{A}_{hi} \tag{8-37}$$

即各排孔的相对进气量等于其相对开孔面积。

面积法的基本假设如下:

(1) 沿火焰筒任一轴向截面,火焰筒内外压差相等。

(2) 燃烧室二股通道中气流密度无变化。

(3) 火焰筒的各处进气孔的流量系数完全相同。

而流阻法是考虑火焰筒各处进气孔的流量系数,其他假设条件同面积法一样。流阻法的计算方法为

$$\overline{W}_{hi} = \frac{C_{di}\overline{A}_{hi}}{\sum_{i=1}^{n}(C_{di}\overline{A}_{hi})} = \frac{C_{di}A_{hi}}{\sum_{i=1}^{n}(C_{di}A_{hi})} \tag{8-38}$$

其中,C_d 为流量系数。

孔的流量系数是燃烧室设计及研制中必需的基本数据，这种数据通常由试验得到。由于影响孔的流量系数的因素很多，因此，怎样安排流量系数的试验以及归纳试验数据，是一个重要问题。为此，需要由分析得出能概括影响流量系数的因素和基本符合流量系数试验数据的关系式。

（1）对于平孔来说，通过大量的实验研究，学者们得出了平孔流量的计算关系式如下：

$$C_d = \left[0.105 + 0.05634\left(\frac{P_{s1}}{P_{sj}} - 1\right)\right]\frac{\alpha}{\sqrt{K}} \quad (8-39)$$

流动参数 K 定义如下：

$$K = \frac{P_{t1} - P_{sj}}{P_{t1} - P_{s1}} \quad (8-40)$$

其中，P_{t1} 为环形通道总压；P_{sj} 为小孔射流静压；P_{s1} 为环形通道静压。

流量比 α 是流入孔的质量流量与通道中总的质量流量之比：

$$\alpha = \frac{K - 1 + 0.12K^4}{\left[0.225 + 0.04005\left(\frac{P_{s1}}{P_{sj}} - 1\right)\right]\sqrt{K} - 0.18} \quad (8-41)$$

（2）对于翻边孔来说，流量系数的计算如下：

$$C_d = \left[0.139 + 0.07437\left(\frac{P_{s1}}{P_{sj}} - 1\right)\right]\frac{\alpha}{\sqrt{K}} \quad (8-42)$$

其中，α 的计算和平孔相同。

（3）对于斑孔式气膜孔来说，流量系数计算如下：

$$C_d = \left[0.5171 + 0.2766\left(\frac{P_{s1}}{P_{sj}} - 1\right)\right]\frac{\alpha}{\sqrt{K}} \quad (8-43)$$

其中，α 的计算如下：

$$\alpha = \frac{K - 1}{\left[0.775 + 0.138\left(\frac{P_{s1}}{P_{sj}} - 1\right)\right]\sqrt{K} - 0.445} \quad (8-44)$$

Kaddah 通过对实验结果的详细分析得出平孔、矩形孔、椭圆孔流量系数的计算如下：

$$C_d = \frac{1.25(K - 1)}{\left[4K^2 - K(2 - a)^2\right]^{0.5}} \quad (8-45)$$

式（8-45）适用于不可压缩、无旋流体。

Freemen 则得出了翻边孔的流量系数的计算公式如下：

$$C_d = \frac{1.65(K-1)}{[4K^2 - K(2-a)^2]^{0.5}} \quad (8-46)$$

式（8-45）、式（8-46）中的 K 由式（8-47）确定：

$$K = 1 + 0.64\{2\varphi^2 + \sqrt{4\varphi^2 + 1.56\varphi^2(4\alpha - \alpha^2)}\} \quad (8-47)$$

其中，φ 表示流量比和孔面积比的比值：

$$\varphi = \frac{\alpha}{\dfrac{A_{hi}}{A_{on}}} \quad (8-48)$$

8.2.3　内外环腔沿程气动热力参数

在计算燃烧室内的气动热力参数时，采用的是逐截面求解的方法，如图 8-7 所示，选取 i 至 $i+1$ 两个截面之间的环形通道为控制体，并且在控制体内部使用动量方程、能量方程、质量连续方程以及状态方程，通过这些方程的求解来计算出控制体未知截面的流动参数。这样采用循环结构就可以计算出整个燃烧室部分所有选取截面上的流动参数。

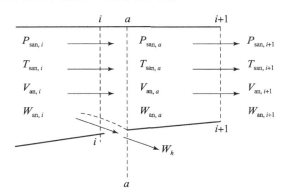

图 8-7　环腔通道计算控制体

环腔沿程气动热力参数计算的已知条件如下：
（1）压气机出口截面上所有气动热力参数。
（2）通过火焰筒内外环上各排孔的流量。
（3）有关的几何参数。

1. 动量方程的建立

由图 8-7 可以看出，一般情况下，控制体包含了两部分，第一部分是 $i-i$ 截面到 $a-a$ 截面之间，其中包含进气孔，在 $a-a$ 到 $i+1-i+1$ 之间的部分没有进气孔，所以在计算时就要分情况讨论。

1) 带进气孔段

如图 8-7 所示，在 i-i 截面到 a-a 截面之间，带有进气孔，a-a 截面的位置位于孔的下边缘。当环腔内的空气流过 i-i 截面后，一部分从 i-i 截面处的孔进入火焰筒内，一部分掠过孔流经 a-a 截面。因此，后一部分空气会突然扩张，造成压力损失。压力损失的计算公式如下：

$$\Delta P_{tan,i} = 0.925 \rho_{an,i} V_{an,i}^2 \left(\frac{W_{hi}}{1.36 W_{an,i}}\right)^{\frac{1}{0.5+0.242M_{an,j}^{2.21}}} \quad (8-49)$$

其中，$\rho_{an,i}$ 为环腔第 i 截面上的空气密度；$V_{an,i}$ 为环腔第 i 截面上的空气流速；W_{hi} 为第 i 截面上孔的流量；$W_{an,i}$ 为环腔第 i 截面上空气的质量流量；$M_{an,i}$ 为环腔第 i 截面上的马赫数。

通过 i 截面上的总压和总压损失，即可得到 a-a 截面上的总压。a-a 截面处的马赫数、总温、静温、静压、密度以及速度可通过理想气体的等熵流动方程得到。

通过求解以下方程，即可得到 a-a 截面的马赫数：

$$\frac{W_{an,a}}{A_{an,a}} = \left(\frac{k}{R}\right)^{0.5} \frac{P_{tan,a}}{\sqrt{T_{tan,a}}} M_{an,a} \bigg/ \left(1 + \frac{k-1}{2} M_{an,a}^2\right)^{\frac{k+1}{2(k-1)}} \quad (8-50)$$

其中，$W_{an,a}$ 表示环腔 a-a 截面上的空气质量流率，并且有如下的关系：

$$W_{an,a} = W_{an,j+1} = W_{an,i} - W_h \quad (8-51)$$

其中，k 为绝热系数；$A_{an,a}$ 为环腔 a-a 截面的面积；$P_{tan,a}$ 为环腔 a-a 截面的总压；$T_{tan,a}$ 为环腔 a-a 截面的总温。

$$T_{tan,a} = T_{san,i} + \frac{v_{an,j}^2}{2C_p} \quad (8-52)$$

a-a 截面上的静温与总温的关系为

$$\frac{T_{san,i}}{T_{tan,a}} = \frac{1}{1 - \frac{k-1}{2} M_{an,a}^2} \quad (8-53)$$

a-a 截面上的静压与总压的关系为

$$\frac{P_{san,i}}{P_{tan,a}} = \frac{T_{san,a}}{T_{tan,a}}^{\frac{k}{k-1}} \quad (8-54)$$

a-a 截面上的密度为

$$\rho_{an,a} = \frac{P_{san,a}}{kT_{san,a}} \quad (8-55)$$

a-a 截面上的速度为

$$V_{an,a} = \frac{W_{an,a}}{\rho_{an,a} A_{an,a}} \quad (8-56)$$

2) 不带进气孔段

图 8-7 所示的 $a-a$ 截面到 $i+1-i+1$ 截面,其中不含有进气孔,在这段控制体内主要建立动量方程、能量方程、质量连续方程和状态方程,并且联立求解。

建立动量方程如下:

$$P_{san,a}A_{an,a} + W_{an,a}V_{an,a} + \int_{x_a}^{x_{i+1}} P_{san}\frac{dA}{dx}dx - \int_{x_a}^{x_{i+1}} \frac{FA_w \rho_{an} V_{an}^2}{2}dx$$
$$= P_{san,i+1}A_{an,i+1} + W_{an,i+1}V_{an,i+1}$$

$$(8-57)$$

式中,F 为摩擦系数,其计算公式如下:

$$F = 0.0035 + 0.264 Re_{an,j}^{-0.42} \quad (8-58)$$

A_w 为每单位长度上浸壁面面积。

为方便计算,式(8-58)简化为

$$\int_{x_a}^{x_{i+1}} FA_w \rho_{an} V_{an}^2/2 dx = F(C_A + C_B)\rho_{an,a}V_{an,a}(x_{i+1} - x_a)/2 \quad (8-59)$$

式中,C_A 和 C_B 分别为 $a-a$ 截面与 $i+1-i+1$ 截面间的单位长度上内外壁面的面积。又

$$\int_{x_a}^{x_{i+1}} P_{san}\frac{dA}{dx}dx = (P_{san,a} - P_{san,i+1})\frac{2A_{an,i}A_{an,i+1}}{A_{an,i} + A_{an,i+1}} + P_{san,i+1}A_{an,i+1} - P_{san,a}P_{am,a}$$

$$(8-60)$$

因此,对 $a-a$ 截面至 $i+1-i+1$ 截面的控制体,最终的动量方程为

$$(P_{san,a} - P_{san,i+1})\frac{2A_{an,i}A_{an,i+1}}{A_{an,i} + A_{an,i+1}} - \frac{F(C_A + C_B)\rho_{an,a}V_{an,a}^2(x_{i+1} - x_a)}{2}$$
$$= W_{an,i+1}(V_{an,i+1} - V_{an,a})$$

$$(8-61)$$

$A_{an,i}$ 表示环腔 i 截面的流通面积。

2. 能量方程的建立

在 $a-a$ 截面和 $i+1-i+1$ 截面之间建立能量方程:

$$\left(h_{an,a} + \frac{V_{an,a}^2}{2}\right)W_{an,a} + \int_{x_a}^{x_{i+1}} q_w(C_A + C_B)dx$$
$$= \left(h_{an,i+1} + \frac{V_{an,i+1}^2}{2}\right)W_{an,i+1}$$

$$(8-62)$$

其中,h_{an} 表示当环腔内部空气的温度为 T_{san} 时的空气焓值;q_w 表示单位面积的火焰筒壁面和环腔中的空气交换的热量。如果不计环腔中的空气与机匣之间的

换热以及环腔内空气在 $i-i$ 截面到 $i+1-i+1$ 截面之间的温度变化。则式 (8-62) 可以改写为

$$\left(C_p T_{san,a} + \frac{V_{an,a}^2}{2}\right) W_{an,i} + q_w C_A (x_{i+1} - x_i) = \left(C_p T_{san,i+1} + \frac{V_{an,i+1}^2}{2}\right) W_{an,i+1} \tag{8-63}$$

3. 质量连续方程的建立

在截面 $i-i$ 和 $i+1-i+1$ 之间的环腔内建立质量连续方程如下：

$$\rho_{an,i} V_{an,i} A_{an,i} = \rho_{an,i+1} V_{an,i+1} A_{an,i+1} \tag{8-64}$$

4. 状态方程的建立

同时对 $i-i$ 截面和 $i+1-i+1$ 截面建立状态方程如下：

$$\frac{P_{san,i}}{\rho_{san,i} T_{san,i}} = \frac{P_{san,i+1}}{\rho_{san,i+1}} = R \tag{8-65}$$

5. 方程求解

联立动量方程、能量方程、质量连续方程、状态方程为方程组，解得 $V_{an,i+1}$、$P_{san,i+1}$、$\rho_{an,i+1}$、$T_{san,i+1}$ 如下：

$$V_{an,i+1} = \frac{-B_1 + \sqrt{B_1^2 + 4B_0 B_2}}{2B_2} \tag{8-66}$$

式中，

$$B_0 = V_{an,i}^2 + 2C_p \left[T_{san,i} + \frac{q_w C_A (x_{i+1} - x_i)}{C_p W_{an,i+1}} \right] \tag{8-67}$$

$$B_1 = \frac{2C_p}{R} \left[P_{san,a} \frac{A_{an,i+1}}{W_{an,i+1}} + V_{an,a} \left(\frac{A_{an,i} + A_{an,i+1}}{2A_{an,i}} \right) \left(1 - \frac{F(C_A + C_B)(x_{i+1} - x_i)}{2A_{an,i}} \right) \right] \tag{8-68}$$

$$B_2 = 1 - \frac{C_p}{R} \frac{A_i + A_{i+1}}{A_i} \tag{8-69}$$

$$P_{san,i+1} = P_{san,a} + \frac{W_{an,i+1}}{A_{an,i+1}} \left(\frac{A_{an,i} + A_{an,i+1}}{2A_{an,i}} \right) \left\{ V_{an,a} \left[1 - \frac{F(C_A + C_B)(x_{i+1} - x_i)}{2A_{an,i}} \right] - V_{an,i+1} \right\} \tag{8-70}$$

$$\rho_{san,i+1} = \frac{W_{an,i+1}}{A_{an,i+1} V_{an,i+1}} \tag{8-71}$$

$$T_{san,i+1} = \frac{P_{san,i+1}}{R \rho_{an,i+1}} \tag{8-72}$$

8.2.4 火焰筒内沿程气动热力参数

火焰筒是燃料燃烧的场所,其主要作用是使燃料能够稳定持续地燃烧并使燃气冷却以达到要求的出口温度分布。

1. 总温 $T_{t,i}$

火焰筒内的反应比较复杂,对于燃烧过程以及燃气温度沿轴向的变化情况也比较难以精确计算得到。但由于火焰筒内燃气温度对流量分配的影响较小,因此一般采用近似计算得到。本书主要根据反应前后的总焓不变计算燃气总温,具体的计算思路可以参考 2.1 节。

2. 静压 $P_{s,i+1}$

如图 8-8 所示,取第 i 排进气孔前缘截面至第 $i+1$ 排进气孔前缘截面间的区域为控制体。对所取的控制体,取壁面平均压力为 $(P_{s,i} + P_{s,i+1})/2$,则火焰筒轴线方向动量守恒方程为

$$P_{s,i}A_i + W_iV_i + \Delta I + \frac{P_{s,i} + P_{s,i+1}}{2}(A_{i+1} - A_i) = P_{s,i+1}A_{i+1} + W_{i+1}V_{i+1} \quad (8-73)$$

ΔI 为控制体进出口截面间由进气孔加入的动量,令

$$I_i = P_{s,i}\frac{A_i + A_{i+1}}{2} + W_iV_i \quad (8-74)$$

则上述动量方程可写为

$$I_i + \Delta I = I_{i+1} \quad (8-75)$$

由流量方程可得

$$V_{i+1} = \frac{W_{i+1}}{A_{i+1}}\frac{RT_{s,i+1}}{P_{s,i+1}} \quad (8-76)$$

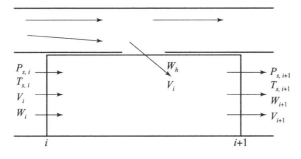

图 8-8 火焰筒内计算控制体

将式 (8-76) 代入 I_{i+1} 表达式，整理后可得

$$\frac{A_i + A_{i+1}}{2} P_{s,i+1}^2 - I_{i+1} P_{s,i+1} + \frac{W_{i+1}^2 R T_{s,i+1}}{A_{i+1}} = 0 \quad (8-77)$$

由式 (8-77) 解得 $P_{s,i+1}$ 为

$$P_{s,i+1} = \frac{I_{i+1} + \sqrt{I_{i+1}^2 - 2(A_{i+1} + A_i)\frac{W_{i+1}^2 T_{s,i+1}}{A_{i+1}}}}{A_{i+1} + A_i} \quad (8-78)$$

其中，ΔI 的计算如下。

（1）对于壁面冷却气膜：

$$\Delta I = W_h C_{dh} V_j \frac{A_h}{A_b} \quad (8-79)$$

（2）对于主燃孔及掺混孔：

$$\Delta I = W_h V_j \sqrt{C_{\max}^2 - C^2} \quad (8-80)$$

3. 速度 V_{i+1}

速度 V_{i+1} 可按式 (8-76) 计算。

4. 速度系数 λ_{i+1}

$$\lambda_{i+1} = \frac{V_{i+1}}{\alpha_{cr,i+1}} \quad (8-81)$$

其中，α_{cr} 表示当地声速的大小，其计算式如下：

$$\alpha_{i+1} = \sqrt{\frac{2k}{k+1} R T_{t,i+1}} \quad (8-82)$$

5. 静温 $T_{s,i+1}$

$$\tau(\lambda_{i+1}) = \frac{T_{s,i}}{T_{t,i}} = 1 - \frac{k-1}{k+1} \lambda_{i+1}^2 \quad (8-83)$$

6. 总压 $P_{t,i+1}$

$$\pi(\lambda_{i+1}) = \frac{P_{s,j}}{P_{t,j}} = \left(1 - \frac{k-1}{k+1} \lambda_{i+1}^2\right)^{\frac{k}{k-1}} \quad (8-84)$$

由 i 截面已知参数计算 $i+1$ 截面参数的步骤如下：

（1）由 I_i 及 ΔI 计算出 I_{i+1}。
（2）取 $i+1$ 截面上的总温作为该截面上静温的初值。

(3) 计算 $i+1$ 截面上的静压。

(4) 计算 $i+1$ 截面上的速度。

(5) 计算 $i+1$ 截面上的速度系数。

(6) 计算 $i+1$ 截面上的静温。

(7) 如果所计算出的 $T_{s,i+1}$ 值与取的初值不符合，则以新的 $T_{s,i+1}$ 值重新计算，直至相邻两次计算的静温 $T_{s,i+1}$ 足够接近。

(8) 计算 $i+1$ 截面上的总压。

将上述过程自火焰筒头部逐个计算站推进，即可求出火焰筒内沿程参数分布。

8.2.5 火焰筒壁温计算

火焰筒作为燃烧发生器，不仅要维持稳定燃烧，还要组织空气分配使燃烧室出口温度分布满足一定的要求。现代燃烧室中，燃烧加热后的燃气温度高达 2 100 K，这个温度远远高于燃烧室火焰筒壁面材料和透平叶片的最大允许温度，因此需要对火焰筒表面进行冷却。为保证火焰筒的寿命，必须控制温度和温度梯度在可以接受的范围内。对于镍或钴合金来说，运行温度最高不能超过 1 100 K，超过这个温度后，材料的机械强度会急剧下降。燃烧室设计中一个重要的指标是火焰筒壁温要低于材料允许的最高温度限制。

火焰筒的壁面换热主要有燃气与壁面对流传热、辐射换热、空气与壁面的对流换热、壁面与机匣之间的辐射换热和壁面两侧的导热。当燃烧室达到稳定状态时，具体换热模型如图 8-9 所示。

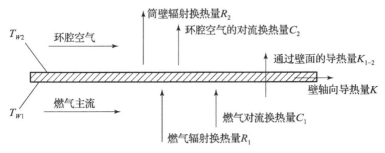

图 8-9 火焰筒换热模型

为了简化计算模型的复杂程度，提高计算速度，在火焰筒壁温一维计算模型中做了如下假设：

(1) 一维定常流。

(2) 一维燃气辐射模型。

(3) 壁室和燃气都是灰色辐射体，壁室发射率和吸收率为常数。

(4) 火焰筒内气膜均匀覆盖。
(5) 忽略环腔空气温升。
(6) 机匣壁温取环腔气流温度。

因为火焰筒壁厚度小，内外表面积相差不大，在计算时取两者相等；轴向导热相对于辐射换热与对流传热很小，因此在工程计算中通常忽略轴向导热。最后得到换热方程式为

$$R_1 + C_1 = R_2 + C_2 = K_{1-2} \tag{8-85}$$

1. 火焰筒壁径向导热

火焰筒壁由于内部存在温度梯度，所以会发生导热。单位面积的导热量为

$$K_{1-2} = \frac{\kappa_w}{\delta_w}(T_{w1} - T_{w2}) \tag{8-86}$$

其中，κ_w 为火焰筒壁面材料的导热系数，W/(m·K)；δ_w 为火焰筒壁面厚度，m；T_{w1} 为火焰筒内壁面温度，K；T_{w2} 为火焰筒外壁面温度，K。

火焰筒壁面材料的导热系数 κ_w 非常数，它是一个随着材料的不同以及火焰筒壁的温度会发生变化的数。

2. 环腔换热

1) 对流换热

在计算过程中假设整个流动过程是充分发展的湍流模型，在火焰筒外部，即环腔中对流换热计算模型为

$$C_2 = h(T_{w2} - T_{an}) \tag{8-87}$$

其中，

$$h = 0.02 \frac{k_{an}}{D_{an}^{0.2}} \left(\frac{W_{an}}{A_{an}\mu_{an}}\right)^{0.8} \tag{8-88}$$

其中，A_{an} 为环腔流动截面积；k_{an} 为环腔空气绝热系数；μ_{an} 为环腔空气的动力黏度；W_{an} 为环腔空气质量流量。

2) 辐射换热

火焰筒壁面与机匣的辐射换热量比对流换热要小，但是随着火焰筒壁温的升高，辐射换热量迅速增大。根据前面的假设可得，火焰筒壁面和机匣都是灰体，因此两者之间的辐射换热量计算公式为

$$R_2 = \frac{1}{A_{w2}} \left(\frac{\sigma(T_{w2}^4 - T_3^4)}{\frac{1-\varepsilon_{w2}}{\varepsilon_{w2}A_{w2}} + \frac{1}{A_{w2}F_{wc}} + \frac{1-\varepsilon_{ca}}{\varepsilon_{ca}A_{ca}}} \right) \tag{8-89}$$

其中，F_{wc} 为角系数，对于较长的环腔段有 $F_{wc}=1$。

在实际计算过程中，对式（8-89）进行简化：

$$R_2 = \frac{\sigma(T_{w2}^4 - T_3^4)}{\dfrac{1}{\varepsilon_{w2}} + \dfrac{1}{\varepsilon_{ca}} - 1} \tag{8-90}$$

3. 火焰筒内换热

1）对流换热

火焰筒内部对流换热很难计算准确，因为在主燃区，燃气的换热过程是在高温情况下并伴随着快速的物理反应和化学反应；同时，主燃区的温度、速度梯度和燃气组分变化等都增加了计算的难度。在缺少实验数据的情况下，燃烧室火焰筒内对流换热的计算方法如下：

$$C_1 = 0.02 \frac{k_g}{d_{hl}^{0.2}} \left(\frac{m_g}{A_L \mu_g}\right)^{0.8} (T_g - T_{w1}) \tag{8-91}$$

其中，A_L 为火焰筒表面积；k_g 为燃气绝热系数；μ_g 为燃气的动力黏度；d_{hl} 为火焰筒的水力直径。

燃气与壁面进行换热时，近壁面燃气的温度比主燃区燃气温度要小，公式中的 T_g 比实际换热的温度要大，因此对公式进行修正，将系数 0.020 减小为 0.017，最后计算公式为

$$C_1 = 0.017 \frac{k_g}{d_{hl}^{0.2}} \left(\frac{m_g}{A_L \mu_g}\right)^{0.8} (T_g - T_{w1}) \tag{8-92}$$

2）辐射换热

火焰筒内燃气与壁面的辐射换热量计算公式为

$$R_1 = \sigma(\varepsilon_g T_g^4 - \alpha_g T_{w1}^4) \tag{8-93}$$

其中，ε_g 和 α_g 分别为燃气的发射率和吸收率，都是燃气组分的函数。ε_g 是燃气辐射热量到壁面，主要受 T_g 的影响；α_g 是气体接受壁面辐射系数，主要受壁面温度 T_{w1} 影响。在实际中，暴露在燃气中的壁面不是黑体，其吸收率小于 1，因此计算辐射换热时要进行一定的修正，引入修正因子 $0.5(1+\varepsilon_w)$，则式（8-93）变为

$$R_1 = 0.05\sigma(1+\varepsilon_w)(\varepsilon_g T_g^4 - \alpha_g T_{w1}^4) \tag{8-94}$$

其中，ε_w 主要受材料、温度和壁面氧化情况影响。大量的数据研究表明，ε_g 和 α_g 的关系可以用下列近似表示：

$$\frac{\alpha_g}{\varepsilon_g} = \left(\frac{T_g}{T_{w1}}\right)^{1.5} \tag{8-95}$$

将两者的关系代入式（8-94），得

$$R_1 = 0.05\sigma(1+\varepsilon_w)\varepsilon_g T_g^{1.5}(T_g^{2.5} - T_{w1}^{2.5}) \qquad (8-96)$$

碳氢燃料的完全燃烧主要生成产物为 CO_2 和 H_2O，还有不参加反应的 N_2，其中 CO_2 和 H_2O 发出非可见光辐射是燃气辐射换热的主体。因此，燃气的发射率主要计算 CO_2 和 H_2O 的发射率即可。

第 9 章
冲压旋转爆震发动机

冲压旋转爆震发动机是将传统液体冲压发动机的等压燃烧室替换为旋转爆震，实现液体冲压发动机从等压循环向近似等容循环的转变，有利于提高发动机的总体性能，是近些年新概念动力的热点研究对象之一。本章简单介绍了爆震波的基本概念以及爆震发动机的分类，并结合作者的研究成果，重点讨论了冲压旋转爆震发动机的工作原理、进气道、隔离段、燃烧室，以及喷管的设计基础，为从事旋转爆震发动机领域研究工作者提供参考。

9.1 爆震波基本概念

在预混可燃气体混合物中，点火后形成的燃烧火焰可看作厚度无限薄的波，称为燃烧波。燃烧波在预混可燃气体中的传播就是燃烧的物理化学过程的传播，其传播规律受燃烧反应动力学和流体动力学的共同控制，是燃烧学中的一个经典课题。目前，燃烧波主要分为爆燃波（deflagration wave）和爆震波（detonation wave）两类，前者相对于未燃气体以亚声速传播，后者相对于未燃气体以超声速传播，两者存在明显区别。

9.1.1 爆燃波与爆震波的区别

考察图9-1所示的长管，管中充满预混可燃气体。假设在左端点火，管中预混可燃气体将很快燃烧，但预混可燃气体不是瞬间燃烧的，而是在一个很薄的区域内燃烧，该区域以一定速度向未燃气体移动，这就是燃烧波的传播。当燃烧波扫过预混可燃气体时，气体经过燃烧反应变成燃烧产物，留在波后，同时释放出热量使燃烧产物的温度升高。

在图9-1（a）所示的两端开口的长管中，燃烧波移动的速度即传播速度较低且稳定，这种燃烧波称为爆燃波，其传播速度称为火焰速度（flame speed）。爆燃波的传播速度是亚声速的，取决于预混可燃气体的组分和初始状态，其量级为每秒几厘米至几米。

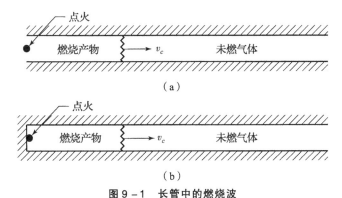

图 9 – 1 长管中的燃烧波

(a) 开口管中的燃烧波；(b) 闭口管中的燃烧波

如果长管的一端是封闭的，如图 9 – 1 (b) 所示，则在封闭端点火后形成的燃烧波可能很快加速，并达到超声速，这种燃烧波称为爆轰波或爆震波，相对于未燃气体的传播速度称为爆震速度 (detonation velocity)。爆震波只有在一定条件下才能形成。

在实际情况中，究竟发生爆燃波还是爆震波取决于很多因素，主要是预混可燃气体混合物的组分、初始状态、点火能量，以及管道点火端是开口还是闭口等边界条件。爆燃波与爆震波的区别如表 9 – 1 所示。

表 9 – 1　爆燃波与爆震波的区别

流动参数	爆燃波		爆震波	
	基本特征	量级	基本特征	量级
波前马赫数（传播速度）Ma_1	<1	0.001～0.03	>1	5～10
波后与波前速度比 v_2/v_1	>1	4～16	<1	0.4～0.7
波后与波前压强比 p_2/p_1	<1	0.98～0.976	>1	13～55
波后与波前温度比 T_2/T_1	>1	4～16	>1	8～21
波后与波前密度比 ρ_2/ρ_1	<1	0.06～0.25	>1	1.4～2.6
波后马赫数 Ma_2	<1		≤1	

9.1.2　爆震波基本理论

Chapman 和 Jouguet 于 1889 年和 1905 年分别独立地提出了一个简单的爆震波理论波形，即 C – J 理论。该理论以流动动力学和热力学为依据，假设爆震波是一个伴随有化学反应热释放的强间断面,并快速向未燃反应物传播的现象,在强间断面上化学反应是瞬间完成的。C-J理论给出了爆震波稳定传播的条件及表达式,从而为爆震波参数(如压力、温度和传播速度)的理论计算奠定了基础。

20世纪40年代,苏联的Zeldovich、美国的Von Neumann和德国的Doering提出了ZND爆震理论。考虑可燃气体有限的化学反应速率,该理论把爆震波简化为三个过程:前导激波加热、燃烧诱导期和热能释放。即前导激波把可燃气体加热到其自燃极限以上,可燃气体经过一段化学反应诱导时间,然后逐步释放其化学能,最后燃烧后的气体达到C-J状态,化学反应释放的能量由一系列的压缩波传至前导激波从而维持前导激波的强度,形成了爆震波的自持过程。因此,ZND爆震波模型主要由激波、诱导区以及反应区等组成,如图9-2所示。

结合ZND模型可知,爆震波从初始状态点1达到C-J爆震波状态前,未反应的可燃混合气需在无反应激波的H线上从初始状态点1经过绝热激波压缩至状态点2,再从状态点2经爆燃波后达到J点,如图9-3所示。J点为初始状态点1对应的C-J爆震状态,2点为对应的Von Neumann尖峰,该值约为爆震波C-J压力的2倍。

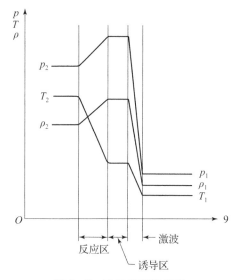

图9-2 ZND爆震波模型

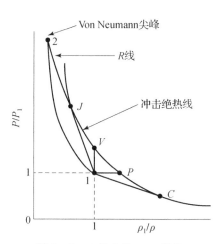

图9-3 H线上的ZND结构

9.2 爆震发动机分类

爆震波相对于未燃气体以超声速传播，其传播速度通常达 km 量级。爆震波可以描述为具有化学反应的强激波，强激波压缩使反应物在极短的时间和距离内完成热量释放。由于反应过程中没有足够的时间使压力平衡，因此爆震燃烧过程可近似认为是多了等容燃烧过程。众所周知，基于等容燃烧的发动机比基于等压燃烧的发动机具有更高的循环热效率。因此，基于爆震燃烧的发动机一直是新概念发动机技术关注的焦点。

9.2.1 爆震燃烧热循环效率

由于爆震燃烧的能量释放率快，其燃烧过程可近似为等容燃烧。图 9-4 为三种燃烧模式（爆震燃烧、等压燃烧、等容燃烧）的理想热循环过程，爆震过程接近等容循环，而相对于传统的喷气发动机采用的等压循环过程，在相同条件下，等容循环产生的熵增较小，具有更高的热效率。表 9-2 统计了对于初始压缩比为 5 的三种燃料的理想热循环效率，所有工况条件下，爆震燃烧均具有比等压和等容燃烧更高的热循环效率。

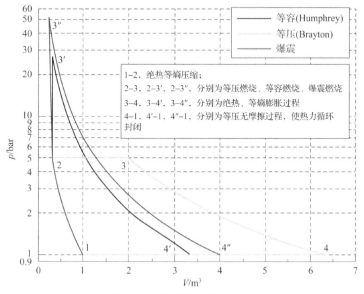

图 9-4 不同热力循环过程

表 9-2 不同燃料理想热效率对比   %

燃料	等压燃烧	等容燃烧	爆震燃烧
H_2	36.9	54.3	59.3
CH_4	31.4	50.5	53.2
C_2H_2	36.9	54.1	61.4

9.2.2 爆震发动机种类

爆震过程的热效率及其迅速的能量转换机理引起了推进领域研究学者的广泛关注。目前,利用爆震燃烧的发动机主要有三大类:脉冲爆震发动机(pulse detonation engine,PDE)、驻定爆震发动机(standing detonation wave engine,SDE)和旋转爆震发动机(rotating detonation engine,RDE)。

PDE 的研究工作最早,其工作过程为:首先将由燃料和氧化剂组成的可爆混合物填充至爆震管内,当可爆混合物充满爆震管时关闭燃料和氧化剂供给,并在封闭端点火,通过直接起爆或爆燃向爆震转变(deflagration to detonation transition,DDT)过程形成爆震波;随后爆震波向出口传播,当爆震波传至出口外,爆震管内的高温高压燃气开始膨胀排气并产生推力;随着排气过程的进行,爆震管内的压力逐渐降低,当其压力低于燃料和氧化剂的填充压力时,反应物开始再次填充,并进入下一循环工作,如图 9-5 所示。PDE 具有结构简单、推重比大、工作范围宽等优点,但由于受到反应物填充和爆震波起爆等过程制约,PDE 的工作频率受限,推力不连续,一直制约着发展。

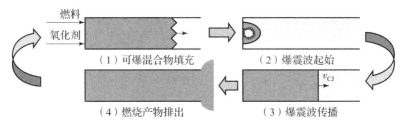

图 9-5 PDE 工作原理

SDE 适用于吸气式高超声速飞行器,图 9-6 给出了斜爆震超燃冲压发动机的概念示意图,空气来流经过飞行器进气道压缩进入燃烧室,燃料在燃烧室前提前喷入,并与空气混合形成可爆混合物进入燃烧室,在燃烧室内通过斜激波诱导混合气的爆震燃烧,当可爆混合物的气流速度与爆震波的传播速度相匹配时,爆震波可驻定在燃烧室内,形成驻定爆震波发动机。但驻定爆震的实现相对比较困难，仅当来流速度相当于燃料的爆震速度，爆震波才能驻定，来流速度的波动可能导致爆震波失稳，发动机稳定工作范围有限。目前针对 SDE 的研究仍处于探索阶段，对斜爆震波的起爆、驻定范围与爆震不稳定特性等问题还需进一步研究。

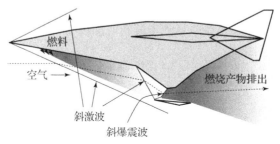

图 9-6　SDE 工作原理

RDE 通常都采用环形燃烧室，推进剂从燃烧室一端喷注，存在一个或者多个爆震波在燃烧室内沿周向连续旋转传播，高压爆震产物迅速膨胀，从燃烧室另一端高速排出，从而产生推力，如图 9-7 所示。由于燃料入射方向与爆震波旋转传播方向相互垂直，这样理论上可以实现较宽的速度入流条件下爆震波的连续传播。发动机稳定工作后，反应物通过环缝或均匀分布于燃烧室封闭端的微型喷孔填充进入燃烧室，利用起爆装置在燃烧室某处点火形成爆燃波，爆燃波沿环形燃烧室周向传播并逐渐发展为爆震波，爆震波沿环形燃烧室周向传播，由于爆震波峰面处的压力较高，高于反应物的填充总压，爆震锋面处没有新的反应物喷入。在爆震波下游由于排气过程的进行，压力已降至反应物填充总压以下，新鲜的反应物开始再次喷入环形燃烧室，这样在爆震波再次传播至此时，此处已有足够的新鲜反应物，为爆震波的下一循环提供燃料，维持旋转爆震波的连续旋转传播。

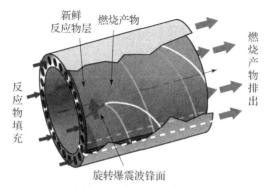

图 9-7　RDE 工作原理

RDE 具有以下特点：
(1) 具有爆震燃烧特有的自增压、热循环效率高、热释放快等优势。
(2) 只需初始起爆一次，爆震波便可以持续旋转传播下去，解决了高频点火的问题。
(3) 燃料连续供给，发动机工作频率高达数千赫兹，推力稳定。
(4) 可通过调节入口燃料质量流率分布、加装喷管产生矢量推力。
(5) 结构简单紧凑。

鉴于 RDE 的诸多优势，近些年得到了国内外学者的广泛关注。

9.3 冲压旋转爆震发动机工作原理

鉴于 9.2 节中总结的 RDE 的诸多优势，提出了多种基于旋转爆震燃烧的动力形式，如旋转爆震火箭发动机、旋转爆震涡轮发动机以及冲压旋转爆震发动机等，其中冲压旋转爆震发动机的研究进展较快。

9.3.1 工作原理

冲压旋转爆震发动机是将传统液体冲压发动机的等压燃烧室替换为旋转爆震，实现液体冲压发动机从等压循环向近似等容循环的转变，有利于提高发动机的总体性能，是近些年新概念动力的重点研究对象之一。

冲压旋转爆震发动机由进气道、隔离段、旋转爆震燃烧室、喷管以及燃料喷射供给装置等部件系统组成，如图 9-8 所示。其中进气道用于自由来流空气的压缩，将低温、低压、高速的气流压缩为高温、高压、低速的气流，进入旋转爆震燃烧室为发动机提供氧化剂；隔离段位于进气道和旋转爆震燃烧室间，用于平衡旋转爆震燃烧室的前传激波，实现定常进气道与非定常燃烧室的

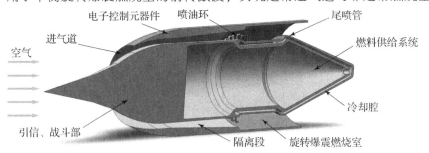

图 9-8 冲压旋转爆震发动机示意图

匹配；燃料供给系统向燃烧室内提供燃料，并与来流空气掺混，在旋转爆震燃烧室内实现反应物的旋转爆震燃烧，完成燃料化学能的释放；爆震燃烧产物通过喷管膨胀加速后排出，产生推力。

在 RDE 稳定工作过程中，旋转爆震波在环形燃烧室内沿周向连续旋转传播，如图 9-9 所示。旋转爆震波锋面产生的高压、高温环境会分别向上游和下游诱导出斜激波，该斜激波与旋转爆震波一道绕环形燃烧室周向旋转传播，从尾部看为顺时针传播。向下游诱导的斜激波从经喷管膨胀后随高温燃气一同排出，向上游诱导的斜激波不断前传，在前传的过程中由于耗散效应逐渐衰减，并在进气道喉道后形成一道结尾正激波，该道正激波对前传斜激波具有抑制作用，使旋转爆震燃烧室和隔离段内的非定常流动不会影响进气道的正常工作。

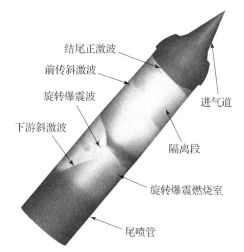

图 9-9　冲压旋转爆震发动机全流场压力云图

9.3.2　技术优势

与传统冲压发动机（图 9-10）相比，旋转爆震冲压发动机是将传统的圆筒形燃烧室替换为环形燃烧室，实现等压循环向等容循环的转变，主要优势体现在：

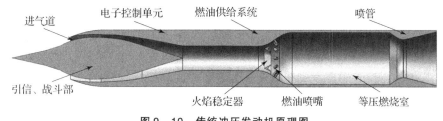

图 9-10　传统冲压发动机原理图

（1）高理论比冲。爆震燃烧是一种近似等容燃烧的能量转换方式。与传统的等压燃烧相比，爆震燃烧具有自增压特点，且循环热效率高。因此，若采用爆震燃烧替代等压燃烧，有望大幅提升现有动力装置的比冲性能。

（2）高容积热强度。旋转爆震波以 km/s 量级的速度传播，远高于现有等压燃烧的火焰传播速度。与等压燃烧相比，基于旋转爆震燃烧的发动机容积热强度可提升一个量级，在保证推力相同条件下，可大幅降低燃烧容积尺寸。

（3）宽工作包线。燃烧室内的旋转爆震波在超声速气流和亚声速气流中均可稳定传播，即可以以超燃和亚燃两种模态工作。

（4）燃烧室长度短。与等压燃烧相比，爆震燃烧的反应区极短，能量可在极短的区域内完全释放，能大幅缩短发动机长度尺寸和减轻重量，缩小热防护面积。

（5）无须火焰稳定装置。传统冲压发动机需要借助火焰稳定器或凹腔来稳定火焰，旋转爆震燃烧室不需要火焰稳定装置，可减轻附加重量和降低流动损失。

（6）高空间利用率。与传统冲压发动机相比，旋转爆震冲压发动机的燃烧室容积大大降低，环形燃烧室的中心体内可用来存储燃料或其他控制部件，大幅提高了全弹的空间利用率。

（7）大推重比。旋转爆震波传播速度快、能量释放率高，同时燃烧室结构紧凑、重量轻。因此，RDE 具有大推重比特点。

9.4 冲压旋转爆震发动机进气道及隔离段设计

冲压旋转爆震发动机由进气道、隔离段、旋转爆震燃烧室、喷管等组成。其中，进气道用于自由来流空气的压缩，为旋转爆震燃烧室提供氧化剂，并且要承受旋转燃烧室内前传激波的强扰动；隔离段位于进气道和旋转爆震燃烧室间，平衡旋转爆震燃烧室的前传激波，实现定常进气道与非定常燃烧室的匹配。因此，进气道和隔离段设计对旋转爆震冲压发动机至关重要。

9.4.1 超声速进气道分类

鉴于冲压旋转爆震发动机的工作原理，该发动机需在超声速气流条件下工作，理想的工作马赫数范围通常为 $Ma = 2.0 \sim 5.0$。同时，考虑旋转爆震燃烧室通常为环形燃烧室，其内流道与轴对称进气道具有较好的几何匹配特性。因此，这里仅讨论超声速轴对称进气道。

按照气流扩压方式的不同，超声速轴对称进气道通常可分为外压式进气道、内压式进气道和混压式进气道三种，如图 9-11 所示。外压式进气道是在进口之前将超声速气流压缩到亚声速；内压式进气道是超声速气流的减速扩压过程完全在进气道内部进行；混压式进气道是外压式进气道和内压式进气道的组合，通过进气道外和进气道内的斜激波系（包括反射斜激波）及结尾正激波完成对超声速气流的滞止扩压。

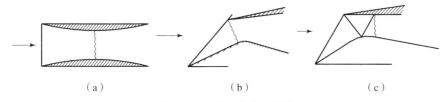

图 9-11 进气道基本类型
(a) 内压式；(b) 外压式；(c) 混压式

与外压式进气道相比，混压式进气道进口前的气流偏转角小，外部阻力较小，通常适用于 $Ma>2.5$ 的情况，鉴于冲压旋转爆震发动机理想的工作马赫数范围通常为 $Ma=2.0\sim5.0$。因此，对于混压式进气道是冲压旋转爆震发动机的理想选择。但需要注意的是，混压式进气道存在启动问题，在设计时须合理选择内、外压缩比例，保证进气道具有一定的超临界裕度，使得结尾正激波位于内喉道下游一定距离，且确保亚声速扩压段出口不出现气流分离。

图 9-12 为超声速轴对称混压式进气道结构示意图，其主要由超声速扩压段和亚声速扩压段两部分组成，其中 θ_s 为半锥角，α_i 为前缘内角，α_e 为前缘外角，ξ 为前缘结构角。超声速扩压段设计关键在于波系的组织，使超声速气

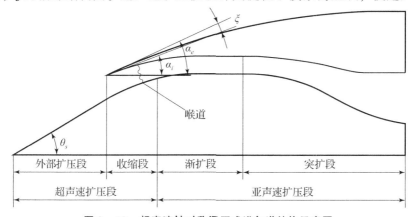

图 9-12 超声速轴对称混压式进气道结构示意图

流有效地减速为亚声速气流。亚声速扩压段由渐扩段构成,亚声速扩压段设计则是以考虑高亚声速气流在扩张通道内分离小、流场畸变小为目的的通道型面设计,包括初始段和中尾段的通道设计、扩压规律的选取和当量扩张角等几何参数的确定等。

9.4.2 超声速扩压段设计

在超声速扩压段设计中,一方面,半锥角 θ_s 应选得足够小,以免在其工作的最低马赫数下激波脱体;另一方面又希望半锥角尽量大,以缩短锥体部分的长度,使附面层不致过厚。当马赫数为 1.8~5.4 时,半锥角在 25°~30°比较合适。在设计马赫数为 2.5 的条件下,对长度相等且具有同等扩压特性的单/双锥进气道进行数值模拟,研究表明,双锥进气道的总压恢复系数比单锥进气道高,抗反压能力更强,且稳定工作范围更宽。因此,为抵抗旋转爆震波前传激波的扰动,双锥进气道更适用于冲压旋转爆震发动机。

对于轴对称进气道,在锥形激波后是锥形流场,在锥面和激波角 β 这一范围内,所有从点 O 发出的射线上,流体各物理参数均为常数,如图 9-13 所示。在求解锥形流场时,根据设计马赫数 Ma_D 和半锥角 θ_s,利用斜激波关系式和 Taylor – Maccoll 方程可求出相应的锥形波后马赫数和压强,其中 Taylor – Maccoll 方程的表达式为

$$-\frac{d^2 V_r}{d\theta^2}\left(\frac{\gamma+1}{2}\left(\frac{dV_r}{d\theta}\right)^2 - \frac{\gamma-1}{2}(V_m^2 - V_r^2)\right) - \frac{\gamma-1}{2}3\left(\frac{dV_r}{d\theta}\right)\cot\theta \\ -\gamma V_r\left(\frac{dV_r}{d\theta}\right)2 + \frac{\gamma+1}{2}(V_m^2 - V_r^2)\frac{dV_r}{d\theta}\cot\theta + (\gamma-1)V_r(V_m^2 - V_r^2) = 0 \tag{9-1}$$

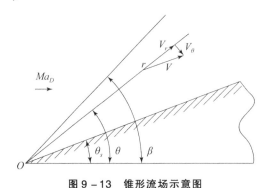

图 9-13 锥形流场示意图

式中,V_r 和 V_θ 为沿 Or 的径向和切向速度分量,θ 为射角,γ 为比热比,V_m 为极限速度,即

$$V_m = \sqrt{2\gamma R T_0/(\gamma-1)} \tag{9-2}$$

在求解常微分方程组（9.1）时，采用四阶龙格-库塔法求解，以加快收敛速度。

对于单锥进气道，在求得锥形激波后马赫数和压强后，计算进气道捕获面积

$$A_c = \frac{\dot{m}_a}{\rho_\infty Ma_D \sqrt{\gamma RT}} \quad (9-3)$$

式中，ρ_∞ 为自由流密度；Ma_D 为设计马赫数；$\dot{m}_a$ 为进气道捕获的质量流率；R 为气体常数；T 为来流静温。

对于混压式进气道，还必须确定进气道启动喉部面积 A_t，即保证在最低飞行马赫数 Ma_{min} 下进气道能正常启动，其计算公式为

$$\frac{A_c}{A_t} = \sqrt{\frac{\gamma+1}{2+(\gamma-1)Ma_{min}^2}} Ma_{min}^{\frac{\gamma+1}{\gamma-1}} \left(\frac{2\gamma}{\gamma+1}Ma_{min}^2 - \frac{\gamma-1}{\gamma+1}\right)^{\frac{1}{1-\gamma}} \quad (9-4)$$

9.4.3 亚声速扩压段和隔离段设计

亚声速扩压段和隔离段设计的要求是在截面积逐步扩张和拐弯的管道内使气流在减速增压过程中减少气流分离和畸变，以实现在增压减速的同时尽可能减少总压损失、提高进气道出口的流场品质，得到满足冲压发动机燃烧室进口要求的速度和流场。

设计中应避免亚声速扩压段内出现气流的严重分离或由于气流急剧转弯时离心力造成的二次流，它们会使流动损失大大增加、出口流场畸变严重恶化，因此，设计的通道拐弯曲率不应太大，通道的当量扩张角应限于 6° 以内。

亚声速扩压段包括渐扩段和突扩段两部分。渐扩段的作用是稳定通道允许结尾正激波前后移动，起缓冲作用，防止气流分离。因此其内通道设计的原则为转弯平缓，面积变化率适当的小。研究表明：渐扩段的长度取 4 倍的喉道高度、当量扩张角小于 1.5° 较为理想。常见的突扩段扩压规律有等压强梯度扩压、等马赫数梯度扩压、等当量扩张角或等面积扩压等。实际设计过程中也可直接控制扩压段通道的局部当量扩张角沿通道轴向按"两头小、中间大"的方式变化，尽可能降低通道中最大的局部当量扩张角值，并在通道结尾段迅速降低局部当量扩张角，这样既可以缩短亚声速扩压段长度，又可达到良好的性能，具体量级为进口初始段局部当量扩张角为 1° 左右；中段不大于 15°，结尾段迅速下降为 0°。

亚声速扩压段后与隔离段相连，通常隔离段可按等截面积设计。由于隔离段内旋转斜激波的存在，对隔离段面积选取时需考虑隔离段的总压恢复，典型亚声速扩压段和隔离段如图 9-14 所示，左侧为空气入口，并在喉道 A_t 处达

到临界状态,亚声速扩压段前段为超声速流动,经过结尾正激波后在扩压段后段变为亚声速流动,隔离段出口施加旋转反压,模拟燃烧室旋转爆震波向上游诱导的旋转斜激波。

图 9-14　典型亚声速扩压段和隔离段

基于旋转爆震波的真实压力信号特点,利用指数函数的非线性特征来拟合模拟隔离段出口的压力分布,拟合公式为

$$p_b = A\sin(\pi \cdot \exp(B \cdot N(k,t,f))) + C \tag{9-5}$$

式中,A 为反压振幅,B 为形状因子,C 为恢复区压力,其中形状因子 B 控制旋转反压压力振型的尖锐程度。$N(k,t,f)$ 为与时间 t、旋转频率 f、空间点 k 相关的时间和空间变量。取 $A=1$ MPa、$C=0$ MPa,不同形状因子 B 对应的旋转反压振型由图 9-15 给出。通过调整反压振幅 A、形状因子 B、恢复区压力 C 以及旋转频率 f 可以构建与真实旋转爆震波压力信号相似的压力振型。

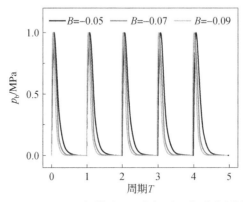

图 9-15　RRDE 旋转反压压力振型(书后附彩插)

本节以高度 $H=15$ km,马赫数 $Ma=3.5$ 的模拟飞行条件为例,给定入口预混气质量流率 2 kg/s,来流总温 734 K,取反压振幅 $A=0.5$ MPa,恢复区压力 $C=0.3$ MPa,形状因子 $B=-0.05$,反压旋转频率 $f=2\,320$ Hz,对应爆震波的传播速度为 1 400 m/s。模拟获得的隔离段出口旋转反压分布如图 9-16 所示,图中旋转反压逆时针传播。

图 9 – 17 给出了沿环形通道中心环面二维展开后的压力分布。图中清晰表明：连续传播的旋转反压会向上游隔离段拖曳出一道运动斜激波，斜激波在隔离段内螺旋上升，其强度随着上升距离的增大而减弱，最终被结尾正激波抑制在扩压段内。结尾正激波所处的轴向位置表征了旋转反压在亚声速扩压段和隔离段内所能影响到的最上游位置，需要特别注意的是，结尾正激波波面在周向方向并不完全是一个平面，这是由于前传斜激波最终都会汇入结尾正激波，造成交汇位置的结尾正激波波后压力高于其他周向位置的波后压力，因此交汇位置的结尾正激波便有了向上游运动的趋势，表现为激波波面向上游凸起。

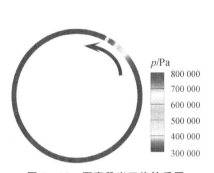

图 9 – 16 隔离段出口旋转反压

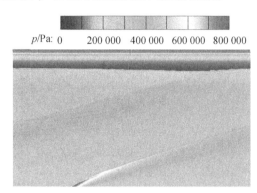

图 9 – 17 环面二维展开压力分布（书后附彩插）

9.4.4 外罩型面设计

对于进气道外罩型面，首先考虑外罩前缘内角 α_i，见图 9 – 12，通常 α_i 应小于或等于最低飞行马赫数时进气道前缘处的局部气流偏转角，对于外压式进气道，一般选局部气流偏转角为外罩前缘内角 α_i。同时还必须考虑在计入前缘结构角 ξ 后得到的外罩前缘外角 α_e 不会产生外部脱体激波，脱体激波会引起溢流，使流量系数下降，附加阻力增大。通常选取 $\xi \approx 3° - 5°$。外罩前缘外角为

$$\alpha_e = \alpha_i + \xi \qquad (9-6)$$

进气道外罩型面采用抛物线型设计方法。抛物线型外罩与弹丸外表面圆柱段光滑连接。假设自由来流为超声速且平行于轴线，x 轴为弹丸轴线，定义外罩前缘和最大横截面处 x 轴坐标分别为：$x = 0$，$x = l$，R_0 为 $x = 0$ 处弹丸半径，R_l 为弹丸最大半径（$x = l$）。外罩型面方程为

$$R = R_l - (R_l - R_0)\left(1 - \frac{x}{l}\right)^n, \ (n \geq 1) \qquad (9-7)$$

当 $x = 0$ 时，$R = R_0$，其斜率即相当于外罩前缘外角 α_e 的正切值，即

$$\left(\frac{dR}{dx}\right)_{x=0} = \tan \alpha_e = \frac{n(R_l - R_0)}{l} \tag{9-8}$$

式中,外壳长度 l 通常可由亚声速扩压段设计确定。

图 9-18 所示依次为 $n=1$、1.5、2、3、4、5 和 6 时,由式(9-7)所产生的 6 种外罩型面。由图可以看出,n 越大,所生成的抛物线型面曲率越大。然而,如前所述,n 是由外罩前缘外角 α_e 的正切值所决定,过大的 n 值将导致外罩前缘产生脱体激波,从而显著增大进气道阻力。

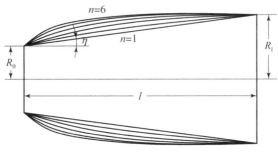

图 9-18 外罩型面图

9.5 冲压旋转爆震发动机燃烧室设计

9.5.1 旋转爆震燃烧室设计准则

旋转爆震发动机燃烧室如图 9-19 所示,主要由燃料喷注掺混段和环形燃烧室两部分组成。燃料喷注掺混段包括燃料腔、空气腔、燃料喷注孔、空气环缝等组成。燃料从燃料腔内通过燃料喷注孔喷入燃烧室,喷注孔沿周向均匀阵列;空气从空气环缝喷入环形燃烧室;从燃料喷注孔喷出的燃料与环缝喷出的空气在燃烧室头部快速掺混,形成可爆的新鲜混合物。旋转爆震燃烧室设计的关键参数包括燃烧室长度为 L_c、燃烧室半径为 R_c、燃烧室宽度为 Δc。图 9-19(b)为点火器以及传感器沿周向的安装位置示意图,其中以点火器位置为周向 0°起点,沿逆时针对测量孔进行编号,而在测量孔轴向位置布置如图 9-19(a)所示。

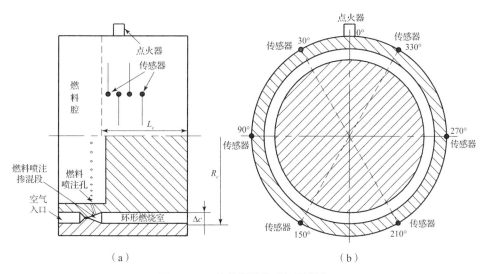

图 9-19 旋转爆震发动机燃烧室

(a) 发动机剖面结构；(b) 燃烧室传感器布置

旋转爆震波在环形燃烧室内稳定传播的前提条件是波前需有足够高度的新鲜反应物层来维持旋转爆震波的持续稳定传播。研究表明，为使旋转爆震波稳定传播，新鲜反应物层的高度 h 存在临界值，即

$$h \geqslant (12 \pm 5)\lambda \tag{9-9}$$

式中，λ 是可爆反应物的胞格尺寸，这里需要注意的是可爆反应物的胞格尺寸受多种因素影响，如反应物的组分、初始压力、初始温度、当量比以及混合质量等。给定的发动机尺寸反应物高度与反应物总质量流率相关。

旋转爆震燃烧室的长度 L_c 尺寸必须大于新鲜反应物的高度 h，否则会造成大量的燃料填充至燃烧室外，导致发动机性能降低。研究表明，旋转爆震燃烧室稳定工作，燃烧室长度 L_c 和燃烧室宽度 Δc 需满足

$$L_c \geqslant 2h \tag{9-10}$$

$$\Delta c \geqslant 0.2h \tag{9-11}$$

旋转爆震燃烧室半径 R_c 与爆震波高度 h 满足

$$K = \frac{2R_c \pi}{nh} \tag{9-12}$$

式中，n 为旋转爆震波波头数。对于大部分环形燃烧室，K 接近一个常数，$K = 7 \pm 2$。因此，旋转爆震燃烧室半径 R_c 为

$$R_c = \frac{nKh}{2\pi} \tag{9-13}$$

9.5.2 旋转爆震燃烧实验方法

冲压旋转爆震发动机的燃料通常为液态煤油燃料，但对于旋转爆震燃烧基础研究，气态 H_2 燃料是一种较为理想的选择，因此本节的旋转爆震燃烧实验方法介绍主要针对 H_2/Air 反应物。

旋转爆震燃烧室实验系统主要由旋转爆震燃烧室模型、反应物供给系统、点火系统、控制系统以及信号采集系统等组成。图 9-20（a）为旋转爆震燃烧实验系统示意图，主要组成部件在图中已有简要说明，其中 1~12 组成反应物供给系统，19 为旋转爆震燃烧室实验模型。图 9-20（b）为实验台实物图，其中 1 表示反应物供给管道，2 表示点火器，3 为压阻式压力传感器，4 为离子探针，5 表示引出气流测量管（infinite tube pressure，ITP），6 为燃烧室模型。

1. 反应物供给系统

实验所用反应物为氢气/空气，采用非预混喷注方式，氢气与空气分别采用独立的一套供气管路向发动机供给，两套供气管路的组成部件基本一致，主要由氢气或空气高压气瓶组、减压阀、限流喉道、单向阀、电磁阀、高压软管等组成，对于氢气供气支路，考虑到氢气易燃易爆特性，为安全起见，在氢气电磁阀下游安装有防回火阀，以确保点火实验的安全进行。如图 9-20 所示，高压气瓶中的氢气或空气，经过减压阀降压至实验设定压力后，经过声速喷嘴，当下游的单向阀和常闭式电磁阀开启时，声速喷嘴处达到壅塞，通过流动壅塞公式，即可分别计算出氢气和空气的质量流率。实验过程中通过调节减压阀出口压力，获得不同反应物质量流率及当量比下的 RDE 工作状态。

2. 点火系统

旋转爆震燃烧室的点火方式主要有高能火花放电和预爆震管两种方式。

高能火花放电装置是经过改造的电容储能低压高能放电系统，如图 9-21（a）所示，稳压电源经限流电阻向储能电容充电，当储能电容的电压达到放电管击穿电压时，放电管被击穿而放电，储能电容器上所储存的能量通过放电管、电感、点火电缆、导电杆、传递到半导体火花塞上，使半导体火花塞端面产生强烈的火花，从而点燃燃料。通过控制时序调节储能电容的充电时间，可以调节半导体火花塞的连续点火次数。通过多次点火实验，调整控制时序，可使高能火花放电装置有效地实现单次点火，点火能量约为 2 J。

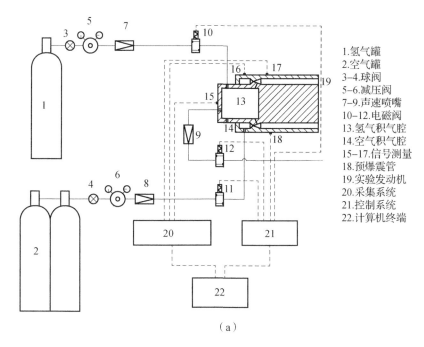

1. 氢气罐
2. 空气罐
3-4. 球阀
5-6. 减压阀
7-9. 声速喷嘴
10-12. 电磁阀
13. 氢气积气腔
14. 空气积气腔
15-17. 信号测量
18. 预爆震管
19. 实验发动机
20. 采集系统
21. 控制系统
22. 计算机终端

(a)

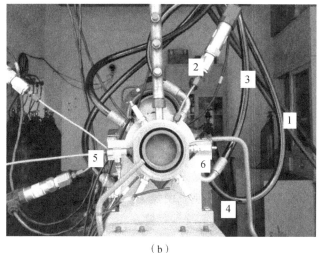

(b)

图 9-20 气态燃料旋转爆震实验系统

(a) 示意图；(b) 实物图

相比于火花放电，预爆震管起爆方式具有起爆能量大、起爆成功率高等特点。本节介绍的预爆震管采用氢气/氧气作为反应物，如 9-21（b）所示。氢气和空气采用对撞式喷注方式，由头部喷注进入预爆震管，氢气和氧气的供应系统与主管路的组成基本一致，由高压气瓶、减压阀、限流喉道、电磁阀、单向阀等组成。小能量火花塞安装于预爆震管头部位置,用于起爆预爆震管内的氢氧混合物。预爆震管沿轴向安装有高频压力传感器和离子探针,如图 9 – 21 (b) 所示,用以判断预爆震管内是否形成充分发展的爆震波。

(a)

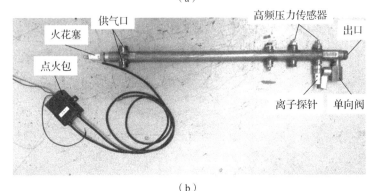

(b)

图 9 – 21　两种旋转爆震燃烧室点火装置
(a) 高能火花放电装置;(b) 预爆震管点火

3. 控制系统

实验中控制反应物供给和点火器的工作,皆通过控制系统发出的时序指令控制完成动作。工作时序由控制系统发出的方波信号控制,控制信号的时间分辨率为 μs 量级,以确保控制系统地精度。

图 9 – 22 为旋转爆震燃烧实验的工作时序图。箭头向上代表开启,箭头向下代表关闭,Δt 为模型发动机的工作时间。点火实验时,数据采集系统首先触发,采集系统开始采集信号。随后,氢气和空气供应管路的电磁阀同时开启,开始向发动机供气,供气稳定后,点火系统被触发,点火器点燃燃烧室内的预混气体,产生旋转爆震波,发动机开始工作,旋转爆震燃烧室稳定工作 Δt 时间后,氢气和空气供应管路的电磁阀同时关闭,发动机因缺少燃料供应而停止工作,随后,数采系统关闭,信号采集结束。

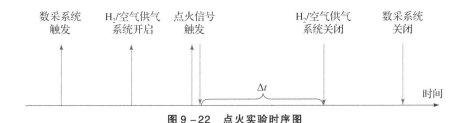

图 9-22 点火实验时序图

4. 测量与采集系统

氢气/空气旋转爆震波的传播速度通常为 km/s 量级，要求测量传感器及数据采集卡有较高的响应频率。实验所用控制与数据采集系统如图 9-23 所示，图中不含测量传感器及传输线。之前已经详细介绍过控制系统，这里重点介绍测量和采集系统部分。实验中所用的数据采集卡为两块 NI 公司 X 系列多功能高频压力采集模块，型号为 USB-6366，采用 NI-STC3 定时、同步技术与 USB 总线技术，共有 16 通道同步模拟输入，最大单通道采样频率可达 2 Mb/s，输入分辨率为 16 bit，能够精确采集到旋转爆震波的高频压力和火焰信号，满足燃烧室中高频信号的采样要求。

图 9-23 控制与采集系统

选取 PCB 动态压电式压力传感器对爆震波的压力信号进行捕捉，如图 9-24 (a) 所示。该高频动态压力传感器谐振频率大于 550 kHz，上升时间小于 1.0 μs，能够迅速响应燃烧室内的压力脉动，足以捕捉旋转爆震波的高频压力振荡信号。对于燃烧室短时实验，PCB 传感器直接采用平齐安装方式，以减少对爆震波面的干扰，同时更能真实地反映燃烧室内的高频压力波动。当进行燃烧室长程实验时，需对 PCB 传感器进行冷却，避免高温燃气长时间接触传感器损害压电晶体。

采用扩散硅式压力变送器测量各集气腔及燃烧室内的平均压力，传感器如

图 9-24（b）所示，其测量精度为 1%FS，响应时间小于 1 ms。

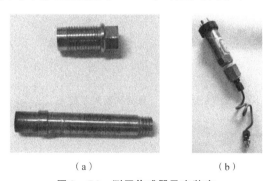

图 9-24 测压传感器及安装座
（a）PCB 高频压力传感器；（b）扩散硅式压力变送器

爆震波可看作一个前导激波与其后反应区的耦合体，当燃烧室内爆震波扫过后，反应区内的剧烈化学反应会产生大量带电粒子，在外加直流偏置电场的作用下，定向移动形成离子电流。据此测量原理，作者自制了用于测量爆震波的离子探针测量装置，如图 9-25 所示，离子探针有两个电极，分别为中心电极和侧电极，实验测试过程中，两个电极均置于燃烧室内，而离子探针的外壳作为负极与发动机外壳相连，电路接地，如图中 GND 所示，DC 所示为直流电源，采用 9 V 直流源供电。离子探针测量燃烧室中的火焰信号的基本原理为：当燃烧室内为冷流气体或者化学反应很微弱时，燃烧室内的离子浓度很低，离子探针两极之间的离子电流很弱，此时电路可视为断路。当燃烧室内发生剧烈的化学反应时，产生大量的带电粒子，当火焰面扫过离子探针的两极时，带电粒子形成离子电路，电路导通，离子电流经电阻转换为电压信号，电压值与离子浓度的高低成正比。因此，通过离子探针采集到的电压信号的高低，可以判断离子浓度的高低和化学反应的剧烈程度，捕捉爆震波火焰锋面。

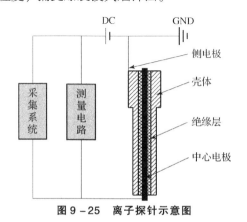

图 9-25 离子探针示意图

图9-26为采用PCB动态压力传感器和离子探针测量的爆震波压力信号与火焰锋面信号,从图中可以看出,压力信号和火焰信号几乎同时上升,表明压力波和火焰锋面耦合传播,可判定为爆震波。

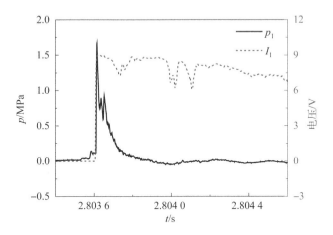

图9-26 预爆震管内氢氧爆震的压力和火焰信号

9.6 冲压旋转爆震发动机尾喷管设计

环形的旋转爆震燃烧室主要由燃烧室中心内筒和外筒组成,塞式喷管式由中心塞体和锥型外壳组成,两者具有较好的结构匹配性。此外,塞式喷管还具有推重比高、工作范围宽等优点。因此,塞式喷管在冲压旋转爆震发动机中具有良好的应用前景,本节仅讨论塞式喷管,包括塞式喷管工作原理、特性以及设计方法等。

9.6.1 塞式喷管的类型

塞式喷管可视为常规收敛—扩张喷管的改型,一般可以分为三种基本类型,如图9-27所示:①完全内膨胀塞式喷管,气流超声速膨胀完全发生在喷管的环形通道内;②混合膨胀塞式喷管,气流超声速膨胀部分发生在喷管内部,部分发生在喷管外;③完全外膨胀塞式喷管,气流超声速膨胀完全发生在喷管外。

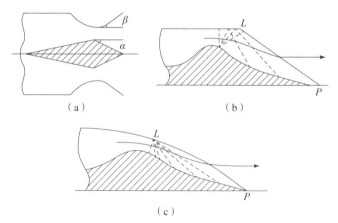

图 9 -27 不同塞式喷管方案示意图
(a) 完全内膨胀塞式喷管；(b) 混合膨胀塞式喷管；(c) 完全外膨胀塞式喷管

9.6.2 塞式喷管的工作原理

1. 完全内膨胀塞式喷管

完全内膨胀塞式喷管是利用中心塞体与喷管锥形外壳间的环形扩张通道产生气流的超声速膨胀。与一般收敛—扩张喷管相比，这种塞式喷管虽然具有相似的性能，但也有不同之处：

(1) 它可把气流扩张角增大，从而使喷管长度缩短；

(2) 环形通道有内外浸湿面积，摩擦表面比常规喷管要大，因而摩擦损失增大。

这种形式的喷管内的气体流动可假设为有源流，其源点在塞体与喷管外壳壁面延伸后的交点，于是喷管的发散损失系数 C_A 为

$$C_A = \frac{(\sin\alpha + \sin\beta)^2}{2[(\alpha+\beta)\sin\alpha + \cos\alpha - \cos\beta]} \tag{9-14}$$

式中，α 为塞体壁面与轴线间的夹角；β 为喷管外壳的扩张角。

当 $\alpha \to 0°$ 时，即不带中心塞体，那就成了一般的收敛—扩张喷管。当 $\beta \to 0°$ 时，即外壳壁面平行于喷管轴线的内膨胀式喷管，其发散系数 C_A 可如式 (9-15) 计算：

$$C_A = \frac{\sin^2\alpha}{2[\alpha\sin\alpha + \cos\alpha - 1]} \tag{9-15}$$

从式 (9-15) 可以看出，即使采用较大顶角 α 的塞体，也不会带来过大的发散损失。

2. 完全外膨胀塞式喷管

气流在尾喷管的最小截面之后超声速膨胀,膨胀的内边界是中心塞体的表面,而外边界是"流体壁面"。如图 9 – 28 (a) 所示。在设计状态下,气流在尾喷管最小截面外达到声速,然后绕外壳唇口 L 处做勃朗特 – 迈耶膨胀;从 L 点出发的一系列膨胀波与特殊设计的中心塞体型面相交时不产生反射,并且最后一道膨胀波 LP 与中心塞体型面相交于其顶点 P;气流经过这一系列膨胀波后膨胀到大气压的同时,气流方向转折成轴向。正是因为气流是在塞体表面与外界大气之间进行膨胀,所以它的性能与收敛—扩张喷管的性能有所不同,如将中心塞体设计成等熵型面,并在设计膨胀比下,气流沿塞体表面膨胀后转折成沿平行尾塞轴线方向流出,则这时喷管的推力系数为

$$C_F = \frac{F_{\text{NZ}}}{p_t A_{\text{th}}} = C_{FV} - \frac{p_a A_e}{p_t A_{\text{th}}} \qquad (9 – 16)$$

式中,C_{FV} 为真空推力系数;p_t 为喷管入口气流总压;A_{th} 为喷管临界面积;F_{NZ} 为发动机总推力;p_a 为环境压力;A_e 为喷管出口面积。

在非设计状态下,当可用膨胀比小于设计值时,排气流外边界"流体壁面"自动向内收缩,不会出现严重的过度膨胀。图 9 – 28 (b) 表示零飞行速度时的流动情况,沿喷流的外边界气流的压力等于外界大气压,在中心体上的 A 点气流压力膨胀到大气压,A 点的下游气流受中心塞体型面的压缩,中心塞体表面保持较高的压力。所以这种状态下的推力系数高于一般的收敛—扩张喷管。图 9 – 28 (c) 给出了可用膨胀比小于设计值时外部流动对尾喷管出口流动的影响。由于外流流过后喷管外壳表面时会膨胀加速,所以喷流出口压力比周围环境压力还要低。

完全外膨胀塞式喷管的缺点是尾部阻力比较大。特别是当可用膨胀比低于设计值时,排气流向内收缩使得外流相内的折转程度加大,引起外机身尾部上的压力减少,阻力加大。为了减少尾部阻力,可采用混合膨胀塞式喷管。

3. 混合膨胀塞式喷管

在设计工况下,混合膨胀式喷管唇口边射流的压强正好等于外界大气压,由唇口发出的膨胀波 LP 恰好与中心塞体交于其顶点 P,见图 9 – 27 (b)。由于这种尾喷管有一部分超声速流体在喷管外完成膨胀,所以在较低的可用压力比下,其推力系数高于一般的收缩—扩张喷管,且其超声速内膨胀减少了喷管外壳的尾缘角,降低尾部阻力。

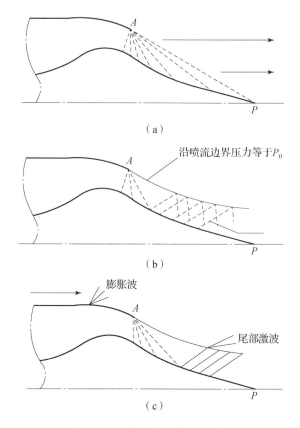

图 9 – 28 完全外膨胀塞式喷管

(a) 设计状态；(b) 膨胀比小于设计值（无外流）；(c) 膨胀比小于设计值（无外流）

因为气流经过混合膨胀塞式喷管时发生内外膨胀，所以这种喷管兼有完全内膨胀喷管长度短和完全外膨胀喷管推力系数高的优点。混合膨胀式塞式喷管的主要问题是中心塞体的有效冷却。

9.6.3 塞式喷管的设计

一般在设计塞式喷管时，根据要求预先给定喷管进出口气流条件、推力（或推力系数），气流的总压、总温，出口直径和外界大气调节等，而后按下列步骤设计。

（1）根据设计膨胀比确定出口设计马赫数：

$$\frac{P_t}{P_a} = \left(1 + \frac{\gamma-1}{2}Ma_e^2\right)^{(\gamma/\gamma-1)} \qquad (9-17)$$

（2）用设计马赫数确定气流的转角：

$$\delta = \sqrt{\frac{\gamma-1}{\gamma+1}}\arctan\sqrt{\frac{\gamma-1}{\gamma+1}(Ma_e^2-1)} - \arctan\sqrt{Ma_e^2-1} \qquad (9-18)$$

（3）由给定的推力估算喷管喉道面积：

$$A_{th} = \frac{F_{NZ}}{C_F P_t} \qquad (9-19)$$

（4）另外，喉道面积与各几何参数有如下关系：

$$A_{th} = \pi(R_e^2 - r_1^2)\frac{1}{\cos[(\delta+\theta_1)/2]} \qquad (9-20)$$

式中，R_e 为外罩的出口处半径。

喷口面积 $A_e = \pi R_e^2$，如图 9-29（a）所示，所以

$$\frac{A_e}{A_{th}} = \frac{R_e^2\cos[(\delta+\theta_1)/2]}{(R_e^2 - r_1^2)} \qquad (9-21)$$

由式（9-20）和式（9-21）就可以定出塞体在喷管喉道处的半径 r_1 及斜角 θ_1，如图 9-29（a）所示，有了这些基本尺寸，就可以进行塞体的型面设计了。

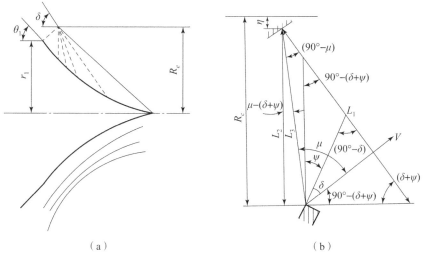

图 9-29 塞体几何参数

（a）塞体喉道处几何关系；（b）塞体任意点处几何关系

塞体型面曲线可用特征线法加附面层修正，初步设计时可使用下列简便的工程方法绘制塞体型面。

假定塞体的等熵型面曲线就是一条流线，并且在设计条件下气流折转后平行于塞体的中心线。沿塞体任一点的流道截面是 L_1（垂直于塞体表面并与唇口处流线相交）旋成的环形面，如图 9-29（b）所示。所以流道截面积 $A = \pi L_1(r + R_e)$。

气流的最大马赫数 Ma 沿塞体是增大的,到塞体顶端达到设计值 Ma_e,并与喷管轴线平行。沿塞体的马赫数 Ma 与流道面积比满足

$$\frac{A}{A_t} = \frac{1}{Ma}\left[\frac{2}{\gamma+1}\left(1+\frac{\gamma-1}{2}Ma^2\right)\right]^{\frac{\gamma+1}{2(\gamma-1)}} \quad (9-22)$$

μ 与气流的折转角 δ 都与每一个马赫数 Ma 相关联。再结合塞体表面任意点处的几何关系:

$$\phi = 90° + \mu - (\delta + \psi) \quad (9-23)$$

$$L_2 = L_1 \sin(\delta + \psi) \quad (9-24)$$

$$L_3 = L_2 / \cos(\mu - \delta - \psi) \quad (9-25)$$

$$R_3 = R_e - L_2 \quad (9-26)$$

最后得出

$$L_3 = \frac{\sin(\delta+\psi)}{\cos(\mu-\delta-\psi)}\left\{\frac{R_e}{\sin(\delta+\psi)} - \left\{\left[\frac{R_e}{\sin(\delta+\psi)}\right]^2 - \frac{A}{\pi\sin(\delta+\psi)}\right\}^{1/2}\right\}$$

$$(9-27)$$

表示为无量纲长度:

$$\overline{L_3} = \frac{L_3}{R_e} = \frac{1}{\cos(\mu-\delta-\psi)}\left\{1 - \left[1 - \frac{A_s n(\delta+\psi)}{\pi s R_e^2}\right]^{1/2}\right\} \quad (9-28)$$

图 9-30 给出了不同设计膨胀比下,对绝热指数 $\gamma = 1.17$ 的无量纲长度的结算结果。

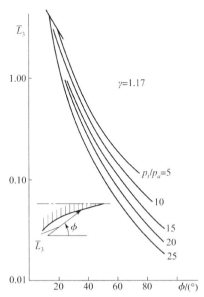

图 9-30 塞体无量纲长度 $\overline{L_3}$ 与 ϕ 角的关系

参 考 文 献

[1] 周长省,鞠玉涛,等. 火箭弹设计理论 [M]. 北京:北京理工大学出版社,2008.

[2] 武晓松,陈军,等. 固体火箭发动机原理 [M]. 北京:兵器工业出版社,2011.

[3] 闵斌,刘国雄,杨可喜,等. 防空导弹固体火箭发动机设计 [M]. 北京:宇航出版社,1993.

[4] 王春利. 航空航天推进系统 [M]. 北京:北京理工大学出版社,2004.

[5] 萨顿,比布拉兹. 火箭发动机基础 [M]. 洪鑫,张宝炯,等译. 北京:科学出版社,2003.

[6] 丘哲明,等. 固体火箭发动机材料与工艺 [M]. 北京:宇航出版社,1995.

[7] 杨启仁. 火箭外弹道 [M]. 南京:南京理工大学出版. 2001.

[8] 刘莉,喻秋利. 导弹结构分析与设计 [M]. 北京:北京理工大学出版社,1999.

[9] 韩品尧. 战术导弹总体设计理论 [M]. 哈尔滨:哈尔滨工业大学出版社,2000.

[10] 周长省. 星孔装药结构特征数的理论计算方法 [J]. 弹箭与制导学报,1995 (4):48-56.

[11] 周长省,夏静,王举邦. 新型星孔装药设计方法 [J]. 弹道学报,1996 (2):34-38.

[12] 周长省,赵秀超. 动静不平衡度对旋转火箭弹散布影响的实验分析 [J]. 弹道学报,1998,10 (1):59-62.

[13] 周长省,朱福亚. 主要误差源对无控火箭密集度影响的系统分析 [J]. 弹箭与制导学报,1998 (2):12-16.

[14] 周长省,许宝庆. 影响固体火箭发动机推力偏心特性的误差源研究 [J]. 南京理工大学学报,1998 (4):293.

[15] 鞠玉涛,周长省. 弧形翼-身组合体空气动力特性的数值模拟研究

[J]. 空气动力学学报, 2000 (3): 356-360.

[16] 陈军, 周长省, 董师颜, 等. 固体火箭发动机自动化设计系统与 AutoCAD 的"无缝"联结及应用 [J]. 南京理工大学学报, 2000, 24 (4): 338-340.

[17] 杨挺青, 罗纹波, 等. 黏弹性理论与应用 [M]. 北京: 科学出版社, 2004.

[18] 孟红磊. 改性双基推进剂装药结构完整性数值仿真方法研究 [D]. 南京: 南京理工大学, 2011.

[19] 王玉峰, 李高春, 刘著卿, 等. 持续降温过程中发动机药柱的热黏弹性应力分析 [J]. 航空动力学报, 2010, 25 (10): 2606-2611.

[20] 潘文庚, 王晓鸣, 陈瑞, 等. 环境温度对发动机药柱影响分析 [J]. 南京理工大学学报, 2009, 33 (1): 117-121.

[21] 许进升, 鞠玉涛, 周长省, 等. 变截面星孔药柱在温度冲击载荷作用下的力学特性 [J]. 固体火箭技术, 2011, 34 (2): 184-188.

[22] 许进升, 鞠玉涛, 周长省, 等. 模数对药柱热应力的影响 [J]. 弹道学报, 2011 (3): 74-78.

[23] XU J S, JU Y T, HAN B, et al. Research on relaxation modulus of viscoelastic materials under unsteady temperature states based on TTSP [J]. Mechanics of Time-dependent Materials, 2013, 17 (4): 543-556.

[24] CHYUAN S W. Numerical study of solid propellant grains subjected to unsteady state thermal loading [J]. Journal of Sound and Vibration, 2003, 268 (3): 465-483.

[25] CHEN J T, LEU S Y. Finite element analysis, design and experiment on solid propellant motors with a stress reliever [J]. Finite Elements in Analysis and Design, 1998, 29 (2): 75-86.

[26] YILDIRIM H C, OZUPEK S. Structural assessment of a solid propellant rocket motor: effects of aging and damage [J]. Aerospace Science and Technology, 2011, 15 (8): 635-641.

[27] OZUPEK S. Computational procedure for the life assessment of solid rocket motors [J]. Journal of Spacecraft and Rockets, 2010, 47 (4): 639-648.

[28] MICCI M M, KETSDEV R A D. Micropropulsion for small spacecraft [M]. Reston, Va.: American Institute of Aeronautics and Astronautics, 2000.

[29] BRILL T B, REN W Z, YANG V. Solid propellant chemistry, combustion, and motor interior ballistics [M]. Reston, Va.: American Institute of

Aeronautics and Astronautics, 2000.

[30] TUMNER M J L. Rocket and spacecraft propulsion: principles, practice, and new developments [M]. New York: Springer, 2000.

[31] SUTTON G P, BIBLARZ O. Rocket propulsion elements [M]. 9th ed. New York: John Wiley & Sons, 2001.

[32] GODDARD R H. Rockets [M]. Reston, Va.: American Institute of Aeronautics and Astronautics, 2002.

[33] ZELDOVICH Y B. On the theory of the propagation of detonation in gaseous systems [J]. Technical Report Archieve & Image Library, 1940, 10 (1261): 542–568.

[34] VON NEUMAN J. Theory of detonation waves [R]. Institute for Advanced Study, Princeton NJ, 1942.

[35] DOERING W. On detonation processes in gases [J]. Annals of Physics, 1943, 43: 21–436.

[36] WOLAŃSKI P. Detonative propulsion [J]. Proceedings of the Combustion Institute, 2013, 34 (1): 125–158.

[37] HOFFMANN H. Reaction – propulsion produced by intermittent detonative combustion [R]. German Research Institute for Gliding, Report ATI – 52365, 1940.

[38] NICHOLLS J A, WILKINSON H R, MORRISON R B. Intermittent detonation as a thrust – producing mechanism [J]. Journal of Jet Propulsion, 1957, 27 (5): 534–541.

[39] KRZYCKI L J. Performance characteristics of an intermittent – detonation device [R]. Naval Ordnance Test Station, China Lake, Calif., 1962.

[40] HELMAN D, SHREEVE R P, EIDELMAN S. Detonation pulse engine [R]. AIAA 86–1683, 1986.

[41] BUSSING T, PAPPAS G. An introduction to pulse detonation engines [R]. AIAA 94–0263, 1994.

[42] BUSSING T R A, BRATKOVICH T E, HINKEY J B. Practical implementation of pulse detonation engines [R]. AIAA 97–2748, 1997.

[43] KAILASANATH K. Recent developments in the research on pulse detonation engines [J]. AIAA Journal, 2015, 41 (2): 145–159.

[44] ROY G D, FROLOV S M, BORISOV A A, et al. Pulse detonation propulsion: challenges, current status, and future perspective [J]. Progress

in Energy and Combustion Science, 2004, 30 (6): 545-672.

[45] FROLOV S M, AKSENOV V S, BASEVICH V Y. Initiation of detonation in sprays of liquid fuel [J]. Advances in Chemical Physics, 2005, 24 (7): 71-79.

[46] VIGUIER C, GOURARA A, DESBORDES D. Three-dimensional structure of stabilization of oblique detonation wave in hypersonic flow [J]. Symposium on Combustion, 1998, 27 (2): 2207-2214.

[47] JÄKEL C, PACIELLO R. Unstable combustion induced by oblique shock waves at the non-attaching condition of the oblique detonation wave [J]. Proceedings of the Combustion Institute, 2009, 32 (2): 2387-2396.

[48] FUJIWARA T, HISHIDA M, KINDRACKI J, et al. Stabilization of detonation for any incoming mach numbers [J]. Combustion, Explosion, and Shock waves, 2009, 45 (5): 603-605.

[49] 杨成龙. 旋转爆震波起爆过程及稳定传播特性研究 [D]. 南京: 南京理工大学, 2018.

[50] ANAND V, GEORGE A S, DRISCOLL R, et al. Analysis of air inlet and fuel plenum behavior in a rotating detonation combustor [J]. Experimental Thermal and Fluid Science, 2016, 70: 408-416.

[51] BOULAL S, VIDAL P, ZITOUN R. Experimental investigation of detonation quenching in non-uniform compositions [J]. Combustion and Flame, 2016, 172: 222-233.

索 引

A~Z、ε、Φ

A_p/l^2 与 A_f/l^2 随 $(r+e)/l$ 变化的关系曲线（图） 108
ASSM 整体式固体火箭冲压发动机 276、277
 试验弹剖面（图） 276
 性能与结构参数（表） 276
AT-1500 发动机 286
ECU 287
H 线上 326~331
 R 线及其交点（图） 326
 ZND 结构（图） 331
 各区特点 329、330（表）
 特征点（表） 329
 特征点与 H 线分区 327
Kelvin 模型（图） 140
Maxwell 模型（图） 139
MTE-110 微型涡喷发动机 288
$n=6$、7 时 S/l 随 $(r+e)/l$ 的变化（图） 102
PDE 工作原理（图） 333
$p-1/\rho$ 图上瑞利线（图） 326
$p-t$ 曲线特征（图） 203
p_1 压力曲线放大（图） 340
RDE 333（图）、334、334（图）、370、371
 特点 334
稳定工作过程 370
旋转反压压力振型（图） 371
工作原理（图） 333
STFT 分析结果（图） 354
TJ100 涡轮喷气发动机（图） 286
Wiechert 模型（图） 141
ZND 330、331
 爆震波模型（图） 331
 爆震理论 330
 模型 330
$\varepsilon_{max}\sim N_1$ 曲线（图） 94
Φ157 单室双推力固体发动机在不同温度下试验结果（表） 241

A~B

安定性 83
包覆材料选择 133
包覆层 132、134
 机械性能 134
 主要功能 132
包覆层材料性能要求 134、135
 绝热性能好 135
 耐烧蚀 135
 与推进剂粘接强度应大于推进剂本体强度 135
 与推进剂相容 135
包覆工艺方法 135
爆燃波与爆震波 323、327（图）
 区别（表） 323

爆震波 322、326、342~346、351、357、359、360、365~368、388
    传播主频统计（图） 351
    低频振荡特性（图） 360
    对撞转向（图） 368、388
    基本理论 322
    建立过程高速摄影（图） 343
    解耦（图） 365
    解耦转向过程（图） 367
    连续稳定传播工况结果（表） 351
    强弱交替 359
    瞬时速度和频率（图） 357
    与爆燃波基本特征 326
    再次形成后转向（图） 367、388
    在起爆和连续传播过程高速摄影（图） 342
    转向现象 365
    状态统计（表） 345、346
爆震波传播速度 346、347
    随 Δt 变化（图） 346
    随当量比变化（图） 347
爆震过程热效率 332
比冲 48、49
    影响因素 49
比冲量 14
比热比对火箭发动机推力系数影响（表） 38
边界层损失 68
边界条件 249
边缘力 161
    力矩 161
变截面星孔装药 122~125
    几何尺寸所设计参量 123
    几何尺寸与设计参量关系 123
    两端面尺寸（图） 123
    设计 122
    设计方法 125

    示意（图） 122
    体积装填系数 125
变质量系统运动方程 52
玻璃钢壳体固体发动机试验结果（表） 172
不带进气孔段 306
不同 Δt 条件下爆震波状态统计（表） 345
不同比冲时质量比对理想飞行速度影响（图） 56
不同当量比条件下爆震波状态统计（表） 346
不同扩张半角时扩张损失修正系数 69（表）、70（图）
不同起爆技术对比 350
不同损失之间相关性（表） 75
不同推进剂串联组合装药发动机内弹道 211、213
    计算框图（图） 213
不同星角数对应的等面角（表） 196
不同约束条件下装药设计方法 91
不同装药类型下散热损失经验常数（表） 66
不稳定传播模态 359
不稳平衡 184
不限长装药设计方法 91

C

材料与结构 260
采用不同装药方案其质心位置随时间变化（图） 243
采用方法二获得处理结果（图） 358、359
参考文献 380
参数 251
    对固体发动机性能综合影响（表） 251
    综合影响 251
掺混孔示意（图） 300

掺混区 299

缠绕角计算 170

缠绕壳体 169、170
  壁厚计算假设 169
  纤维预计厚度 170

缠绕筒体结构（图） 154

缠绕纤维总厚度 171

产生控制力和控制力矩装置示意（图） 10

常规环形隔离段 373、378
  计算工况流场信息（表） 378
  结构参数（表） 373

常规环形隔离段物理模型（图） 372

常见装药药型（图） 85

常用密封结构（图） 157

长管中的燃烧波（图） 322

长径比 250、251（图）
  对压强影响（图） 251
  与锥角影响 250

长尾管发动机流动损失修正系数 71

超声速反舰导弹 275

超声速反舰导弹用整体式固体火箭冲压发动机 275
  方案 275
  结构方案（图） 275

车轮形装药 112

充满系数 88

冲量（图） 47

冲压旋转爆震发动机 321、331、335、369、370
  隔离段 369
  工作原理 331
  全流场（图） 370
  燃烧室 335
  示意（图） 335

初始压强峰 204

初温 182

传感器与火花塞安装位置（图） 338

串联式多级火箭 58

D

大型运载火箭 23

带进气孔段 305

带密封齿或凹槽密封结构（图） 157

带喷射棒隔舱（图） 260

带椭球封头壳体 161、161（图）
  应力分析 161

单孔管状内孔燃烧圆孔装药 190、190（图）

单孔管状药 86、96
  尺寸表达式 90
  燃烧面变化规律 86
  装药设计 86

单室多推力固体发动机 233、243

单室三推力固体发动机 243、244
  可行方案 243
  内弹道计算 244

单室三推力装药方案（图） 244

单室双推力发动机 130、209、210、233、240~242
  比冲随推力比变化 240
  比冲随推力比变化（表） 241
  不同推进剂串联组合装药（图） 210
  不同推进剂双层组合装药（图） 210
  特殊装药组合形式 209
  相同推进剂不同结构组合装药（图） 210
  装药方案改进 242

单室双推力固体发动机设计 238~240
  单室双推力固体发动机试验研究 240
  单室双推力平衡压强计算 239
  两段装药量确定 239
  设计方法 238

单室双推力可能实现途径 233

单推力方案 256

单种推进剂实现双推力的某些方案（图） 234

挡药板设计 158
档环连接 155
等熵方程 202
等熵过程计算 202
等温过程计算 201
等效排气速度 43、44
第一级固体火箭发动机起飞推力中占有比例
　　（表） 23
典型发动机和导弹一体化布局方案（图） 273
点火方式下各组实验中旋转爆震波建立时间
　　统计（图） 350
点火系统 335
点火装置 11、259
　　设计 259
碟形封头壁厚确定 160
丁腈软片 133
丁羧比啶包覆剂 134
动量方程 305、324
　　建立 305
动态平衡 184
对流换热 311、312
多次点火 260
　　技术 260
多次点火脉冲固体发动机 253、254
　　特点 254
多根装药内实排列法（图） 89
多管火箭武器系统 20
多级火箭 55、57
　　布局结构（图） 57
　　可以采用多种结构形式构成 57
多推力固体发动机意义 243

E ~ F

俄罗斯早期导弹 22
发动机 31、60、61、181、276、268、339
　　表面上的轴向合力 268
　　面喉比 181

燃烧效率 61
推进效率 60
外壁面上压强分布（图） 31
尾焰对比（图） 339
系统组成 276
效率 61
主要部件 276
发动机装药 137
　　结构完整性分析 137
　　设计 137
方程求解 307
非一维流动对边界层损失有较大影响 75
飞行高度对推力系数影响 39
飞行高度对最佳推力系数影响 40
封头壁厚确定 160
封头结构 154、154（图）
　　型式 154
辐射换热 312、313
复合材料筒体结构 154
复合改性双基推进剂 7
复合推进剂 7、51
　　比冲与燃烧室压强关系（图） 51
复合药型装药设计 122
富燃料推进剂 277

G

改进单室双推力固体火箭发动机装药（图）
　　243
高当量比工况下爆震波解耦（图）
　　365、387
高能火花放电起爆过程分析 341
高能火花塞起爆过程压力和速度变化（图）
　　343
高通滤波信号（图） 352
隔舱技术 260
隔离段 370、372
　　流场结构分析 372

旋转反压构建　370
工作内压载荷　146
工作原理　276
固-液混合火箭发动机　6
固化降温载荷　145
固体冲压发动机设计基础　263
固体发动机　159、165、168、240、255
　　壁厚情况（表）　159
　　参数　240
　　低应力破坏情况（表）　168
　　计算与实际爆破压强比较（表）　165
　　结构（图）　240
　　空空导弹及地空导弹速度特性（图）　255
　　试验结果　240
固体火箭冲压发动机　267、273
　　性能　273
固体火箭发动机　5~14、29、52、60、64、74、77、79、151、173、204、224
　　弹道参数计算　173
　　各因素统计偏差（表）　224
　　工作过程　13
　　基本结构　7
　　结构设计　151
　　能量转换过程　14（图）、52
　　缺点　12
　　实际性能参数测量与计算　77
　　实际性能参数预估　74
　　特点　7、11
　　效率　60
　　效率与实际性能参数　60
　　性能参数　14、29
　　性能参数修正　64
　　压强-时间曲线特征　204
　　优点　11
　　装药设计　79
　　装药药型（图）　8
固体火箭推进技术　15、27

发展简史　15
发展与应用　15
固体火箭推进技术应用与发展现状　19~22
　　在导弹武器中的应用　20
　　在航天技术中的应用　22
　　在火箭武器中的应用　19
　　在其他推进装置中的应用　27
固体推进剂　7、81、137、145、147
　　黏弹性力学特征　137
　　破坏性能　147
　　选用原则　81
　　载荷分析　145
固体推进剂装药　7、189
　　几何参数计算　189
固液混合火箭发动机　281、282
　　示意（图）　282
　　研制主要问题　282
　　主要优点　282
刮板法　136
广义 Maxwell 模型　141、141（图）
过渡圆弧半径选取　110

H

焊接结构　153、153（图）
航空发动机燃烧室一体化设计系统　291
航天飞机　24、25（图）
后封头缠绕角　170
后效段计算　201
化学动力学损失　70
化学火箭发动机与吸气式发动机的性能比较（表）　6
化学火箭推进装置　4、5（图）
环面二维展开压力分布（图）　377
环腔换热　311
环腔通道计算控制体（图）　305
环腔沿程气动热力参数计算已知条件　304
环氧树脂聚硫型包覆剂　133

混合火箭发动机 264、281
火花放电起爆 337
    技术 337
    实验工作时序（图） 337
火花塞点火装置（图） 337
火箭 4、17、33、53~55
    变质量系统示意（图） 53
    飞行性能 55
    技术重大进展 17
    控制体示意（图） 33
    推进装置 4
    最大理想飞行速度 54
火箭冲压发动机 265~267、280
    补燃室 266
    发展与展望 280
    分类 266
    基本组成 265
    技术 280
    进气扩压器 266
    燃气发生器 266
    示意（图） 265
    推力计算简图（图） 268
    尾喷管 266
    性能参数 267
    性能参数 267
    作用 265
火箭发动机 3、4、30、60
    性能参数假设 60
火箭理想飞行 52（图）、53
    速度 52、53
火焰筒 299、309~312、316
    换热模型（图） 311
    结构示意（图） 316
    换热 312
    计算控制体（图） 309
    外壁面孔安排（图） 316
火焰筒壁 310、311

    壁温计算 310
    径向导热 311
    温一维计算模型假设条件 311
火焰筒内沿程气动热力参数 308~310
    静温 310
    静压 308
    速度 309
    速度系数 309
    总温 308
    总压 310
火焰筒上孔参数 315、315（表）

J

基于 STFT 分析结果（图） 354
基于方法一计算得到爆震波瞬时速度和频率
    （图） 357
积分型本构模型 142
极限充满系数 88
计算差分格式及差分方程 248
计算特征长度 109
计算压强时间曲线 174
计算装药长度与装药质量 110
加速度载荷 146
尖角星孔装药燃面变化（图） 99
减面性装药周边长变（图） 103
减小侵蚀压强峰装药结构（图） 205
降低扩张损失 70
浇注法 136
胶带缠绕包覆层 133
角分数选取 111
金属高强度钢筒体结构 153
进气道 277
精确计算 239
经济性 84

K

考虑底部阻力的火箭控制体示意（图） 33

考虑后效段计算内弹道计算框图（图） 203
壳体 148、166、172、238、261、269
　　安全系数 166
　　对固体发动机性能影响（表） 172
　　分段技术 261
　　设计原则 238
　　外表面上的轴向合力 269
可供缠绕壳体选用纤维（表） 170
可靠性概率 166
可行双推力加单推力方案（图）
　　257、258
空空导弹用火箭冲压发动机方案 277、277
　　（图）
孔的流量分配（表） 317
控制方程 247
扩张比对推力系数影响（图） 39
扩张损失修正系数 69、70

L

离心法 136
理想气体—维内弹道计算压强曲线（图） 219
力学 83、137
　　特性 83
　　行为 137
连接 155、156、324
　　结构 155、156（图）
　　方程 324
两次点火发动机 209
两级行星探测器（图） 58
两脉冲分别为双推力和单推力方案 258
两脉冲均为单推力方案 258
两相流动对扩张损失有较大影响 75
两相流损失 66、67
　　经验常数（表） 67
　　修正系数经验公式 67
两种推进剂（图） 235、239
　　串联药柱方案（图） 236

同心层药柱方案（图） 235
零维内弹道 175、199、201、213
　　计算与分析 199
　　微分方程 175
　　压强计算过程（图） 201
　　预估参数 213
零维压强计算曲线与实测曲线对比（图）
　　207
流场分布（图） 373、374
流量分配计算方法 302
流速修正 69
龙格-库塔解法 215
轮辐 113、115、116
　　高度极值（图） 115
　　消失条件 113
　　最大高度 116
轮辐数 n 与轮孔半角 $\theta/2$ 关系（表） 114
轮辐形装药 112
轮孔药 112
　　装药设计 112
轮孔装药 112、118、119
　　设计方法 119
　　通气面积变化规律 118
　　药型（图） 112
　　余药面积计算 119
轮孔装药 s/l 随 $(r+e)/l$ 变化（图） 117
轮孔装药尺寸 112、113
　　符号（图） 113
轮孔装药燃面变化 113、113（图）
　　规律 113
螺钉连接 155
螺纹连接 155
螺旋缠绕层厚度 171

M

马赫数 375、376、378
　　分布（图） 375、376、378

周向分布曲线（图） 376
脉冲固体发动机 254、259、260
 关键技术 260
 特点 254
 装药设计 259
脉冲固体发动机设计 256~259
 设计特点 259
 推力方案 256
 装药方案 258
脉冲固体发动机应用意义 254~256
 改善导弹速度特性 255
 改善命中精度 256
 减小导弹弹翼 256
 三脉冲比双脉冲性能更好 256
 提高导弹可用过载 256
 提高导弹射程 254
 与 TVC 结合实现攻击目标机动控制 256
美国部分导弹基本情况（表） 21
美国运载火箭性能（表） 24
密度比冲 15
密封结构 156
面积法基本假设 303
描述固体推进剂力学性能本构模型 138

N

内弹道 81、80、219、225、228
 参数随机偏差预估 219
 曲线对实际燃面修正步骤 228
 特性 81、82（表）
 性能预示精度 219
 预示精度提高途径 225
内、外孔和端面同时燃烧圆孔装药 192、192（图）
内、外孔同时燃烧圆孔装药 191、191（图）
内外环腔沿程气动热力参数 304

内效率 61
能量方程 307、324
 建立 307
能量特性 81
黏合剂 279
 性能（表） 279
 选择 279

P

喷管 9~11、34、36、41、46、68~71、238
 基本功能 10
 扩张损失 68
 流动状态（图） 41
 内外壁面压强分布 34、35（图）
 潜入损失 71
 入口质量流率损失示意（图） 68
 设计原则 238
 源流示意图（图） 69
 质量流率 46
喷喉面积 A_t 的计算 120
喷喉直径 226、227
 呈线性变化 226
 烧蚀规律非线性表达式 227
 烧蚀或沉积规律 226
喷气推进装置分类 3、3（图）
喷涂法 136
膨胀比为 5.74 时比冲随推力比变化（图） 242
膨胀比为 7.03 时比冲随推力比变化（图） 242
膨胀效率 61
贫氧固体推进剂 277~279
 特点 278
 组分 278、279（表）
 组分选择 278
频率相关性 138
平板密封圈 158
平衡压强 178~182、198

迭代计算过程（图）　180
　　计算公式　178
　　随面喉比 K_N 变化（图）　182
　　随时间变化计算　198
　　随时间变化计算过程示意（图）　198
　　影响因素　181
平均散热损失（表）　66
破坏判据　148
破坏性能　147、148
　　主曲线（图）　148

Q

起爆技术对比　350
起爆装置安装位置示意（图）　336
气动热力参数计算截面划分（表）　316
气流分离时推力系数计算　40
前封头缠绕角　170
前后串联装药结构初步估算　239
潜入式喷管示意（图）　71
强爆震区　330
侵蚀燃烧效应　83、204
球形燃烧室固体火箭发动机（图）　9
确定装药外径　109

R

燃料理想热效率对比（表）　332
燃面调节　236
燃气发生器　277
燃气流动分离影响　40
燃气轮机初步设计软件界面（图）　290
燃气膨胀损失修正系数　66
燃烧　83
　　特性　83
　　稳定性　83
燃烧波　323～326
　　波后燃烧产物运动　326
　　基本方程　324

　　控制方程组　323
燃烧不完全修正中的系数 C 值表（表）　65
燃烧不完全修正中的系数 k 值表（表）　65
燃烧产物在喷管中的膨胀程度对比冲影响　51
燃烧剂　7
燃烧面变化规律　99、101、113、
　　117、127
燃烧面积　120、228、233
　　计算　120
　　实际变化规律　228
燃烧室　9、65、176、205、277、289、
　　291、302、314～318
　　火焰筒沿程参数（表）　318
　　计算机辅助设计系统 – BN 系统　291
　　空气流量初步分配方案（表）　314
　　内反应　289
　　内环腔沿程参数（表）　318
　　喷管组件　277
　　气动热力参数计算结果　315
　　散热损失　65
　　头部压强计算　205
　　外环腔沿程参数（表）　317
　　沿程参数计算基本假设　302
　　装药燃烧过程示意（图）　176
燃烧室尺寸　315
　　基本参数（表）　315
燃烧室初步设计　294～302
　　CO 和 NO_x 随主燃区温度变化曲线
　　（图）　296
　　掺混孔设计　300
　　初步设计方法　294
　　初步设计理论　294
　　工作状态参数　294
　　火焰筒长度　299
　　机匣和火焰筒尺寸　297
　　空气流量初步分配　296
　　冷却孔设计　301

气动热力参数计算 302

压力损失 294

主燃孔设计 300

主燃区绝热火焰温度 295

总压损失系数、流阻系数取值（表） 295

燃烧室初步设计结果 313~315

 参数设定 313

 初步设计结果与分析 315

 设计要求 313

燃烧室壳体 152、159、165、167

 爆破压强 165

 壁厚确定 159

 低应力破坏 167

 结构 152

燃烧室设计 289、313

 国内外研究现状 289

 思路（图） 289

 要求（表） 313

燃烧室压力 314、349

 损失系数（表） 314

燃烧室压强 50、174、184

 对比冲的影响 50

 影响 174

 自动恢复 184

燃烧室压强稳定 183、184

 含义 184

 稳定性分析 183

 一般条件 184

燃烧室压强稳定条件 185~189

 几何意义示意（图） 187、189

燃速 82、236

 不同燃面不同药柱组合方案（图） 236

 调节 236

热防护 259、261

 技术 261

热力学效率 62、63

 随压强比和比热比变化（图） 62

 与喷管扩张比关系（图） 63

热力循环过程（图） 332

热射流管（图） 336

任意端面形状装药示意（图） 96

蠕变和应力松弛 137

软片粘贴法 135

瑞利方程 325

弱爆燃区 330

S

30次重复性实验爆震波传播主频统计（图） 351

三参量固体模型 140、140（图）

三脉冲固体发动机与采用双脉冲固体发动机导弹性能比较（图） 257

三心封头 155、160

 壁厚确定 160

 参数（图） 160

 型面 155

散热损失经验常数及平均散热损失（表） 66

生物燃料相比于其他燃料燃烧产物变化百分比（表） 292

实验结果放大图（图） 361、362、385

时间-温度移位示意（图） 143

树脂厚度 171

率相关性 138

双波对撞转向过程（图） 369

双层组合装药单室双推力发动机压强曲线（图） 211

双基推进剂 7、183

 在不同面喉比下的压强初温敏感系数实测值（表） 183

双脉冲固体发动机 255、258、259

 结构（图） 259

 与连续推力单室双推力固体发动机导弹性能比较（图） 255

 装药方案（图） 258

双燃速推进剂装药　126
　　设计　126
双燃速星孔装药燃面变化规律（图）　127
双室双推力发动机　209、209（图）
双推进剂星孔装药主要几何参数　127
双推力发动机　208、209
　　结构形式　208
　　推力-时间曲线（图）　208
　　推力比　209
双推力固体火箭发动机装药（图）　243
双推力加单推力方案　257
双推力药柱一些可能方案（表）　131
双推力装药设计　130
双用途燃烧室　280
双圆弧喷管扩张半角（图）　70
四阶龙格-库塔法　200
　　计算步骤　200
四氢呋喃聚醚包覆剂　134
速燃药燃面变化　129、130
随动平衡　184

T

特殊固体火箭发动机　231、232
特殊装药发动机的内弹道　208
特征速度　30、43～45
　　影响关系（图）　44
通气参量　87、108、121
　　和喉通比计算　121
　　与装药尺寸关系　87
　　装填系数与装药尺寸关系　108
通气面积变化规律　105、107、118、119
筒体壁厚确定　159
头部压强预估及修正　249
涂刷法　136
推进剂　49、51、60、64、80、82、143、147、181
　　初温对比冲影响　51

化学能　60
力学性能温度效应　143
能量对比冲的影响　49
能量特性（表）　82
燃烧不完全损失　64
燃烧过程中能量损失修正系数　64
型号与装药药型选择　80
性质　181
选择　80
药柱破坏分析　147
推进效率　63
　　与速度比关系（图）　63
推　力　14、30、45、221、233、256、269、355
　　方案　256
　　基本公式　30
　　偏差预估　221
　　随时间变化（图）　355
　　影响因素　45
推力公式　31、32、48
　　假设　31
　　结论　32
推力和其他参数计算　206
推力、推力系数和特征速度　30
推力系数　35～38、50、270
　　定义　36
　　物理意义　37
　　影响因素　38
　　与燃烧室压强关系（图）　50
　　综合影响关系（图）　39
拖尾段内弹道方程　177
椭球封头　154、160、163
　　壁厚确定　160
　　型面　154
　　与筒体结合后产生的 P_0 和 M_0 引起的壳体内应力　163

W

外实排列法　89
　　各层装药根数（表）　89
　　装药（图）　89
外效率　63
完整工作过程压力曲线（图）　340
危险性　84
微分型本构模型　139
微型涡轮喷气发动机 TJ100　286
微型涡喷发动机　285、286、291、293
　　地面试车实验　293
　　国内外研究现状　285
　　实验技术国内外研究现状　291
　　推力实验台（图）　293
温度　83、138
　　敏感系数　83
　　相关性　138
稳定传播段放大图（图）　353、384
稳定传播模态　351
稳定三种类型（图）　184
稳态燃烧时固体发动机平衡压强　233
涡轮喷气发动机　283~285
　　国内外研究现状　285
　　设计方法　285
　　设计基础　283
　　研究背景　284
　　意义　284
我国现代固体火箭推进技术发展　17
无包覆单孔管状药燃烧面变化示意（图）　86
无喷管固体发动机　10（图）、245~252
　　比冲与重现性　252
　　工作特点　246
　　结构（图）　245
　　结构设计　247
　　可能应用　246

　　内弹道性能预示方法　247
　　设计　246
　　推力–时间曲线（图）　252
　　性能影响因素　250
　　压强–时间曲线（图）　252
　　意义　245
　　优缺点　245
物理上的平衡　184

X

吸气式发动机　3、4（图）
西北工业大学研制微型涡轮喷气发动机　288
系统偏差　220
纤维缠绕固体发动机壳体　169~171
　　壁厚计算　169
　　设计　169
　　总厚度　171
限长装药设计方法　94
限肉厚装药设计方法　95
相对坐标系中燃烧波（图）　324
硝基纤维素包覆剂　133
硝基油漆布　133
小尺寸标准发动机　225
　　要求　225
　　预示全尺寸发动机燃速　225
小能量火花放电起爆过程分析　339
小型运载火箭基本情况（表）　25
星边消失后　196
星边消失前　195
星根半角 $\theta/2$ 选取　111
星根半角消失前　194
星根圆弧半径选取　111
星角数 n 与等面角 $\theta/2$ 关系（表）　100
星孔药装药设计　98
星孔装药　98、99、102、105、109、110、
　　122、192、193、198

尺寸符号（图） 99
　　基本参数选取方法 110
　　几何参数 192、193（表）
　　燃面变化类型（图） 198
　　燃烧面变化规律 98
　　燃烧示意（图） 193
　　设计方法 109
　　通气面积变化规律 105
　　星边消失前后燃面变化（图） 102
　　药形（图） 98
　　一般设计步骤 109
　　优点 122
星孔装药余药 107、196、197
　　面积计算 107
　　燃烧示意（图） 196
星形装药 98
修正动推力 69
修正系数 64
绪论 1
旋转爆震波 335、338、350、351
　　成功起爆现象 338
　　传播模态 351
　　建立时间统计（图） 350
　　起爆 335
旋转爆震波解耦 362~364、386、387
　　与再次起爆（图） 363、364、386、387
选择推进剂要求 80

Y

压力高频振荡现象（图） 360
压力曲线 338、345、366、384、
　　测量结果（图） 345、384
　　对比（图） 338
　　与速度分布局部放大图（图） 366
压力信号FFT分析（图） 341
压气机出口空气 297

压强 82、187、219
　　偏差预估 219
　　稳定影响 187
　　指数 82
压强-时间曲线微分方程分析 199
压强比 62
亚声速长尾管计算（图） 71
氧化剂 7、278
　　选择 278
药柱 132、148、150、236、251
　　包覆和装填工艺 132
　　孔径比对压强影响（图） 251
　　破坏判据 148
　　完整性分析 150
　　组合方案（图） 236
液体火箭冲压发动机 5、267
一阶常系数微分方程组的龙格-库塔解法 215
一维内弹道 213、218
　　压强计算过程（图） 218
一维内弹道方程组 214、216
　　求解 216
乙基纤维素包覆剂 133
隐式方程迭代计算平衡压强 179
影响比冲其他因素 51
影响燃烧室压强预示精度主要因素 220
拥塞截面确定 250
有效推力 268
有效载荷比 59
余药 107、196
　　面积 107
余药燃面变化 104、105（图）
　　规律 104
雨贡纽 324、325
　　方程 324
　　曲线（图） 325
预爆震管 334、336（图）、344

点火时序（图） 344
结构示意（图） 344
预爆震管起爆 343、344、347~349
过程高速摄影（图） 349
过程压力和速度变化（图） 348
技术 343
能量实验研究 344
实验工作时序（图） 347
预估固体火箭发动机实际比冲统计法 76
原始压力信号（图） 352
圆孔装药几何参数 190
圆筒段结构 153

Z

早期运送航天器的运载火箭 23
增面燃烧装药 189
真空推力 33
真空推力和最佳推力 33
整体结构 154
整体式固体火箭冲压发动机 271~274、281
典型结构方案举例 274
工作过程 272、274（图）
结构简图（图） 272
结构组成 272
性能 272
整体式液体燃料冲压发动机（图） 271
整体式助推发动机技术 280
直径157 mm 无喷管固体发动机性能（表） 253
质量比定义式 56
质量连续方程建立 307
质量流率 67、220
偏差预估 220
损失 67

质心位置随时间变化（图） 243
中低空防空导弹用整体式固体火箭冲压发动机 274、275
方案 274
结构方案（图） 275
中国古代火箭（图） 16
轴向合力 268、269
主燃区总空气流量步骤 296
转动喷管几种结构方案（图） 10
装填参量变化时燃烧室压强稳定条件 188、189
几何意义示意（图） 189
装填参量不变时燃烧室压强稳定条件 185、187
几何意义示意（图） 187
装药包覆 132
装药尺寸与设计参量关系 86、98、112
装药结构完整性设计 137
装药燃烧阶段内弹道方程 175
装药设计 91、238
方法 91
原则 238
装药药型 8（图）、84、85（图）
选择 84
装药质量 m_p 的计算 120
装药总肉厚计算 121
状态方程建立 307
锥长对压强影响（图） 251
自由装填药柱 132
总冲 47
总冲量 14
组合发动机 3、6、263
最大速度增量 55
最佳扩张比 35、40
最佳推力 33

（王彦祥、张若舒 编制）

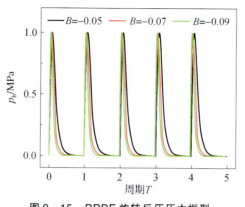

图 9-15　RRDE 旋转反压压力振型

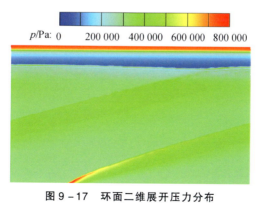

图 9-17　环面二维展开压力分布